教育部人文社会科学研究青年基金项目
"杜夫海纳美学思维方式研究"
（13YJC720009）的中期成果

杜夫海纳美学中的
主客体统一思想研究

董惠芳◎著

中国社会科学出版社

图书在版编目（CIP）数据

杜夫海纳美学中的主客体统一思想研究／董惠芳著 . —北京：中国社会
科学出版社，2015.4
ISBN 978 - 7 - 5161 - 5933 - 0

Ⅰ. ①杜…　Ⅱ. ①董…　Ⅲ. ①杜夫海纳，M.（1910—1995）- 美学思想 -
研究　Ⅳ. ①B83 - 095.65

中国版本图书馆 CIP 数据核字（2015）第 075054 号

出 版 人　赵剑英
责任编辑　任　明
特约编辑　孙少华
责任校对　王　斐
责任印制　何　艳

出　　　版　中国社会科学出版社
社　　　址　北京鼓楼西大街甲 158 号
邮　　　编　100720
网　　　址　http：//www. csspw. cn
发 行 部　010 - 84083685
门 市 部　010 - 84029450
经　　　销　新华书店及其他书店

印刷装订　北京市兴怀印刷厂
版　　　次　2015 年 4 月第 1 版
印　　　次　2015 年 4 月第 1 次印刷

开　　　本　710×1000　1/16
印　　　张　13.5
插　　　页　2
字　　　数　229 千字
定　　　价　55.00 元

序   一

惠芳的《杜夫海纳美学中的主客体统一思想研究》，即将由中国社会科学出版社出版，她嘱我写一篇序，我非常高兴地接受了这个任务。下面就谈谈我在这方面的感想和我对于本书的一些体会。

惠芳硕士期间就读于内蒙古师范大学，硕士论文写的是《杜夫海纳现象学美学中的艺术真实论》。她2006年报考我的博士生，我那时正集中研读现象学美学著作。从2000年开始，我指导的研究生先后有9位硕士、3位博士选择现象学美学做学位论文。惠芳前期现象学美学的研究基础，是我所感兴趣的。录取后，她就确定了继续研究杜夫海纳美学的方向。本书正是她在博士论文基础上修改而成的。

在胡塞尔现象学哲学的影响下，盖格尔、海德格尔、英伽登、萨特、梅洛-庞蒂、杜夫海纳等人将现象学的观念与方法运用于美学领域的研究，被称为现象学美学。如果说，现象学作为一种哲学的方法，受到了一定指责和批评的话，那么，有一种共同的声音说，现象学的方法尤其适合于美学研究。胡塞尔在致霍夫曼斯塔尔的信中说："现象学的直观与'纯粹'艺术中的美学直观是相近的。""世界对他来说成为现象，世界的存在对他来说无关紧要。"① 出于对胡塞尔的认同，日本学者金田晋的《现象学》也说："美学本来的学科性质与现象学的方法之间有着一种本质上的密切联系。"② 日本学者的另一位学者大西克礼在《现象学派的美学》中也说过类似的话。③ 意向性概念与美学就有着相通之处，艺术创造和艺术欣赏中就包含着明显的意向性因素——能动的、有目的的、指向特定对象的活动。如果把现象学运用于艺术作品研究，则可以理解为，一要把作品的起源和存在的客观环境悬置起来，摆脱历史主义立场。二要把欣赏者主观的感受和印象悬置起来，摆脱心理主义的立场。三要对作品的审美经

---

① 胡塞尔：《艺术直观与美学直观》，倪梁康编：《胡塞尔选集》下册，上海三联书店1997年版，第1203页。
② 今道友信主编：《美学的方法》，文化艺术出版社1990年版，第53页。
③ 同上。

验进行还原，终止实用与理论的判断。阿多诺认为："现象学及其分支似乎命中注定就有助于一种新美学的论述，因为它们强烈反对自上而下的概念程序，而且也同样强烈地反对自下而上的方法，这确实是现代美学应有的样子。"① 凡此，都说明现象学的方法对于美学研究的重要性。也正因如此，现象学美学得以在世界范围内发展。

　　杜夫海纳的美学思想诞生于德国现象学向法国现象学的发展过程之中。胡塞尔确立的超越二元对立的思维方式在海德格尔、萨特、梅洛－庞蒂等人的哲学体系中得到了不同维度的发展，同时，现象学与各门类艺术、美学的内在联系也逐渐引起了盖格尔、英伽登等人与上述诸位的普遍关注，在他们的共同启发下，杜夫海纳致力于对美学与哲学的内在相通性进行专门研究。杜夫海纳认为，人类的审美经验可以解决胡塞尔现象学试图克服的二元对立问题，并且在更深的层次为美学的思维方式与现象学哲学的相通性寻求先验的根源。

　　杜夫海纳的美学思想反映了他超越二元对立的思维方式。杜夫海纳认为审美对象是一种"准主体"，强调审美主客体之间是二元合流的姻亲关系，从而消解二元对立，使主客体关系走向和谐；借助意向性思维，杜夫海纳将审美对象与审美知觉统一起来，并指出审美主客体之间既相互区别，又相互关联，从而进一步明晰了人们对主客体关系的认识。他还把知觉与想象视为使主体与客体、感性与理性得以贯通与融合的重要途径。这种超越二元对立的思维方式实现了美学理论建构从认识论向存在论的转向，并给美学研究带来方法论上的启迪和借鉴。

　　惠芳在本书中力图从现象学、现象学美学的语境中把握杜夫海纳美学思想的特色与价值。她认为"杜夫海纳美学的建构路径也是其超越主客二元对立的思维方式逐渐展开的过程"，因此，杜夫海纳美学中的主客体统一思想自然地与现象学的思维方式一脉相承。她在对杜夫海纳的主客体统一的美学思想进行研究时，充分地注意到了杜夫海纳美学的渊源，专门对杜夫海纳美学的现象学渊源与存在主义渊源进行了探究。在论述很多具体的问题时，惠芳也力图在现象学与现象学美学的背景中见出杜夫海纳的特色与贡献，如将杜夫海纳对审美对象的界定与盖格尔、英伽登、萨特的界定相对照；对审美对象的存在方式的理解，她深入剖析了其与胡塞尔图

────────────

① 阿多诺：《美学理论》，四川人民出版社 1998 年版，第 590 页。

像客体的存在方式的关联，以及与萨特和英伽登的差异；对杜夫海纳审美知觉的认识，她在系统梳理这一理论与胡塞尔的意识知觉和梅洛－庞蒂的身体知觉的内在联系的基础上彰显杜夫海纳的贡献；对于审美知觉中的想象，她则通过杜夫海纳与萨特的对比，突出了杜夫海纳想象理论的独到价值。通过这些缜密的论述，胡塞尔现象学与杜夫海纳的现象学美学之间的内在逻辑演变得到了较为清晰的阐释，现象学哲学的具体观念和方法在美学问题上如何得以具体运用也变得具体实在了。

杜夫海纳的思想庞杂，涉及哲学、美学、艺术、语言学、社会学等多个领域，而且杜夫海纳的美学思想与20世纪的各种哲学论题具有密切的关系。然而杜夫海纳原著的中文翻译从1985年开始至今，只有《审美经验现象学》、《美学与哲学》（第一卷）和《当代艺术科学主潮》。囿于资料引进和翻译的限制，国内学界对杜夫海纳美学体系的内在发展脉络尚缺乏完整、清晰的认识，因而影响到对其美学、哲学体系的整体认识。本书在尝试理顺杜夫海纳理论中的意向性、人与世界、审美经验、先验、自然、存在、造化自然与自然哲学等关键词之间的纷繁复杂的流变和关系，推衍杜夫海纳美学体系的内在演进逻辑，分析、探索杜夫海纳美学理论建构的内在理路等方面，都做出了一定的努力。

本书还有一些地方值得进一步深入研究。例如杜夫海纳美学主客体统一的思维方式与中国古典美学的物我关系有一定的契合之处，目前一些研究者已经注意到了这一点。从思维方式的角度对杜夫海纳美学与中国古典美学进行深入的思考与研究，对于中国当代美学建设也有一定的参考价值。这是杜夫海纳美学及现象学美学研究应该予以重视的问题。

以上是我读本书的一些感想，不当之处，尚请惠芳和学界同仁指教。我祝愿惠芳今后在学业上日益进步，做出更大的成绩来。

朱志荣

序　二

　　还是在 18 世纪，康德就明确地认识到，人类的认识能力是有限的，人类总是从自身的先验范畴和先验时空形式去界定事物。自在之物是不可知的，我们的感观知觉所能认识的只是自在之物显现于意识的方式。理智也不能知觉或直观物自体，理智是推论的，而非直观的。将范畴应用于自在之物是不正当的，我们不能证明凡存在的都乃作为实体存在。

　　康德的这些观点像一缕阳光，照亮了胡塞尔的哲学头脑，启发他走上自己的现象学研究之途。既然自在之物不可知，那么就暂且将它搁置起来，我们只去观照它呈现于意识的现象。然而，我们头脑中充斥着各种印象，形成了一定的成见，这必然影响我们对对象的正确把握。因而，胡塞尔试图将我们既有的一切成见也都排除掉，这样剩下的便只是纯粹意识，即先验自我。这便是胡塞尔的现象学还原。在胡塞尔那里，不是去抽象事物背后的普遍性，而是直接面对事物本身，即以纯粹意识去直观向我们显现的意向对象，进行意向性作用，从而生成真理。也就是说，真理是先验自我与意向对象的相互作用而生成的，是主体与客体达成的一致。

　　现象学当其在德国渐次式微时，却在法国找到了重整旗鼓、发扬光大的土地。有种说法，有多少现象学者，就有多少现象学。现象学只是研究世界事物的一个视角，一种特殊方法。杜夫海纳正是用现象学方法去描述、分析人类的审美活动，并试图打通现象学与形而上学的隔膜，在美学领域独辟蹊径，产生了不凡的影响。

　　杜夫海纳的美学认为，在审美活动中，审美知觉直接面对审美对象，这亦如胡塞尔之先验自我直接面对意向对象。作为一般物的艺术作品，在审美知觉静观之下便成为审美对象。当审美知觉静观审美对象之时，便产生审美经验，通过审美经验感知审美对象的意义，这亦如胡塞尔之谓纯粹意识直观对象进行意向作用，从而生成真理。杜夫海纳在其《审美经验现象学》引言中说，"审美就是作为'绝对'的要素或作为'绝对'来实现的"；"绝对"即"主客体的密切关联表明有一种统一"，在此，"心与物、主体与客体、意识活动与意识对象辩证地统一在一起"。杜夫海纳在著作中指出，审美活动中的这种主客体统一，其根源在于"先验情感"。"先验情感"归纳为类，即是"情感范畴"。由此，杜夫海纳的现象学美学试图得以形而上学的验证。

董惠芳博士的这部著作，正是围绕杜夫海纳美学中的主客体统一这一基本思想展开研究。与胡塞尔现象学关于一般认知中的纯粹意识、意向对象、意象作用三要素相对应，杜夫海纳现象学美学关于审美活动的三要素是审美知觉、审美对象和审美经验。董惠芳博士的著作追根溯源，分别从这三个方面探讨、分析了杜夫海纳美学的主客体统一。

杜夫海纳研究的审美经验，是欣赏者的审美经验。他指出，审美对象是被欣赏者知觉的艺术作品，只有在审美知觉的感知下艺术作品才能作为审美对象表现自身。审美知觉是审美对象的基础，但是它只是以某种方式完善审美对象，而并不创造审美对象。因此，他在研究审美经验之时，从审美对象开始，以避免陷入心理主义。

董惠芳博士的《杜夫海纳美学中的主客体统一思想研究》从审美对象的鉴定、它的存在方式、它的构成要素、它由潜在存在向显势存在的过渡、它的世界等几方面全面考查了杜夫海纳关于审美对象的研究，从审美对象的外在形态和存在方式深入其内在世界的主客统一。关于审美知觉，董惠芳博士则从审美知觉的特殊性、审美知觉中的想象、审美知觉中的理性因素几方面讨论了杜夫海纳审美知觉理论中超越主客对立的尝试。著作中又从情感先验、艺术真实和审美深度三方面论述了杜夫海纳关于审美经验的主客体统一性问题。

《杜夫海纳美学中的主客体统一思想研究》以杜夫海纳主客体统一的美学思想为纲，举纲张目，较全面地勾绘了杜夫海纳审美经验现象学的基本面貌，系统地深入了其思想底里，并且将其放置于更广阔的学术背景中进行考查，从而不仅勾勒出它的思想关联，而且更加突显出它的学术价值和学术地位。

董惠芳博士攻读硕士学位期间以西方文艺理论为研究方向，在广泛学习、钻研西方文艺思想的基础上，将杜夫海纳现象学美学作为自己主要的研究课题。读博时，她仍以这一课题为主攻方向，在导师朱志荣先生的悉心指导下进一步扎实基础，延展领域，进而深入杜夫海纳现象学美学之堂奥。工作之后，董惠芳博士依然从未松懈这一研究。在十多年的探究中，董惠芳博士不断夯实专业基础，拓展学术视野，在更广大的学术背景下审视杜夫海纳的美学意义和价值。《杜夫海纳美学中的主客体统一思想研究》应该是她长期研究的总结和汇报。

当然，总结不是终结，应该是奠基和开端。杜夫海纳的美学思想丰富而深邃，需要不断研究，深入解读。相信董惠芳博士会在现有基础上继续探进，重新发现，不断取得新的、更重大的成果。

杜夫海纳的美学思想近些年来越来越引起国内学界的关注，除了译介，且陆续出现一些研究成果，但是，专门性研究著作尚为鲜见。董惠芳博士的这本《杜夫海纳美学中的主客体统一思想研究》对我国的杜夫海纳美学研究应是一个颇有价值的贡献。

书成有序，似为定式。董惠芳博士找我作序，义不容辞。但是学浅言微，毕竟惴惴。谨赘数语，权且充之，以为尽责。

克　冰

2014 年 9 月，于呼和浩特

目　　录

导　论

　　米盖尔·杜夫海纳（Mikel Dufrenne，1910—1995），法国著名美学家，现象学美学的重要代表人物。他1932年毕业于巴黎高等师范学校，曾任法国普瓦杰大学（l'Université de Poitiers）和巴黎第十大学（l'Université de Paris X Nanterre La Défense）教授，法国《美学杂志》主编和法国美学协会主席（1971—1994）。其主要哲学、美学著作有《卡尔·雅斯贝尔斯及其存在哲学》（*Karl Jaspers et la philosophie de l'existence*，1947，与利科合著）、《审美经验现象学》（*Phénoménologie de l'expérience esthétique*，上、下卷，1953）、《先验的概念》（*La notion d'a priori*，1959）、《语言与哲学》（*Language and Philosophy*，1963）、《诗学》（*Le Poétique*，1963）、《路标》（*Jalons*，1966）、《美学与哲学》（*Esthétique et philosophie*，3卷，1967、1976、1981）、《为了人类》（*Pour l'homme*，1968）、《艺术与政治》（*Art et politique*，1974）、《颠覆与堕落》（*Subversion*，*perversion*，1977）、《当代艺术科学主潮》（*Main Trands in Aesthetics and the Sciences of Art*，1979，主编，撰写部分内容）、《先验知识的清点》（*L'Inventaire des a priori*，1981）、《感性的呈现——美学论文集》（*In the Presence of the Sensuous*：*Essays in Aesthetics*，1987）、《眼与耳》（*L'Œil et l'Oreille*，1987）、《白鲑头》（*Le Cap-Ferrat*，1994，合著）15种[1]。其中，《审美经验现象学》最为著名，该书不仅奠定了杜夫海纳在法国美学界不可动摇的地位，而且也为他带来了国际性的声誉。本书从主客体统一的角度对杜夫海纳的美学思想进行研究，以《审美经验现象学》中的论题为论述的核心，同时兼及杜夫海纳的其他著作。

一　杜夫海纳：现象学美学的集大成者

　　胡塞尔（Edmund Huserl，1859—1938）开创的现象学与美学存在一

---

　　[1]　据《诗学》的"杜夫海纳作品"还提到有 *Some Problems of Language*，Indiana University Press，1963。这部作品在别处尚未看到。此外，杜夫海纳还有一部社会学方面的专著 *La personnalité de base——un concept sociologique*，Presses Universitaires de France，1953。

种内在的联系，这种联系是胡塞尔本人首先发现的。在《逻辑研究》出版的七年后（1907年），胡塞尔在与霍夫曼斯塔尔的通信中，认为哲学家对待世界的态度与艺术家对待世界的态度是类似的，而且，现象学与美学都在运用本质直观的方法。此后，在《纯粹现象学通论》中，他对丢勒铜版画《骑士、死和魔鬼》的分析，开启了现象学意向性理论分析艺术作品的先例。而在《想象·回忆·图像意识》中，他又认为美不是一种实体。胡塞尔的这种思路无疑给后来者带来了深刻的启迪。因而，胡塞尔确立的现象学哲学的思维方式、基本方法和特有精神，都被尽可能地运用到了美学问题的研究中，由此诞生的便是现象学美学。

我们认为，如果把康拉德（Waldemar Conard，1878—1915）、盖格尔（Moritz Geiger，1880—1937）、英加登（Roman Ingarden，1893—1970）、海德格尔（Martin Heidegger，1889—1976）、萨特（Jean-Paul Sartre，1905—1980）和梅洛–庞蒂（Maurice Merleau-Ponty，1908—1961）等人都看作现象学美学的前辈，与之相比，杜夫海纳可以当之无愧地被称为现象学美学的集大成者。这一结论我们可以从以下几个方面去考察：

其一，与现象学美学前辈相比，杜夫海纳的美学体系运用了更多的现象学理论与方法。康拉德的《审美对象》一文，主要运用胡塞尔《逻辑研究》中的相关理论研究审美对象，他主张对存在和历史悬搁，以描述法研究审美对象。盖格尔主要运用了意向性理论、还原和本质直观的方法研究审美对象。他比较重视的是直观的方法，审美态度、审美判断也都在一定程度上使用了这一方法。英加登在研究艺术作品的审美对象时主要运用了意向性理论，具体化和审美经验问题则主要运用本质直观与构成理论。海德格尔从20世纪30年代开始，陆续发表了《艺术作品的本源》（1936）、《荷尔德林和诗的本质》（1936）、《如当节日的时候》（1941）、《诗人何为》（1950）和《人诗意地栖居》（1954）等有关美与艺术的论著。尽管他的主要哲学旨趣已经很大程度上背离了胡塞尔，但从中依然可隐约窥得其师的影子，如意向性理论、生活世界理论，只不过在海德格尔那里，它们都巧妙地融化在存在哲学的基础上了。萨特在研究审美对象时运用了意向性理论和本质直观的方法，对于他，审美对象是想象对象，审美经验是一种想象活动。萨特的审美经验也注意运用了主体间性理论。在梅洛–庞蒂身上比较突出地显示出来的与美学的关联，主要在于意向性理论和本质直观的方法。与盖格尔和英加登的认识一致，杜夫海纳坦言：

"现象学向我们提出些什么呢？一种方法。它给哲学推论引进了一种崭新的风格。因此，它能给那些根本不属于哲学的学科，如文学批评，带来启发，是毫不奇怪的。"① 立足于自己的美学体系，他运用的现象学方法与理论包括：意向性理论、本质直观、悬搁、还原与主体间性理论等。如果我们稍作比较，不难看出，杜夫海纳的美学研究运用了更多的现象学哲学的有关理论与方法。

其二，与现象学美学前辈相比，杜夫海纳在更广泛的文艺领域运用现象学的理论与方法研究了更多的美学问题，并且建立起了自己的美学体系。康拉德作为现象学美学研究的第一人，仅探讨了审美对象，认为审美对象是观念对象。盖格尔主要探讨的美学问题有：审美价值、审美经验、审美态度、审美对象及美学的学科定位等问题。英加登则致力于艺术作品的基本结构和存在方式、审美对象、审美价值、审美经验、艺术真实及现象学美学范围的界定等问题的研究与探索。海德格尔比较注重的是宏大而根本性的问题，如美与真理、美与生活世界，以及艺术作品的本源等。萨特主要关注创作的意义、审美价值、审美对象与审美经验。梅洛－庞蒂则主要偏爱画家的表达、知觉和审美经验。在这些前辈的基础上，杜夫海纳以审美经验为框架，将审美对象、艺术作品结构、审美知觉、情感先验、艺术真实、审美深度和审美态度等问题都囊括进了他的美学体系。此外，他对于美、审美价值、自然美、文学、诗歌、电影、音乐、绘画、文艺批评以及当代艺术等问题都展开了深入的思考，这些内容构成了他整个美学体系非常重要的一部分。对于现象学美学中比较突出的审美对象、审美经验、审美价值等问题，杜夫海纳关于审美对象的论述最为系统和全面，关于审美价值的论述最为深刻，关于审美经验的领域的论述最为宽广。而杜夫海纳探讨的不少美学问题却是他的前辈们未曾碰触或有待深入的，如自然美和审美知觉等问题。而且，他对各类艺术的全面关注显然远超前辈。所以，杜夫海纳从现象学哲学出发对美学问题的研究和阐释更为全面。

其三，杜夫海纳的现象学美学体系创造性地融合了现象学前辈之长，真正体现出了集大成的特点。杜夫海纳与胡塞尔并无师承关系，然而他的勤奋好学、敏感善思，使得他能够在现象学哲学的殿堂里自由游走，随意进退。在他的哲学、美学体系里，我们经常可见胡塞尔、英加登、海德格

---

① ［法］杜夫海纳：《美学与哲学》，孙非译，中国社会科学出版社 1985 年版，第153—154 页。

尔、雅斯贝尔斯、萨特、梅洛－庞蒂、康德等人的思想之光相互辉映。胡塞尔有关意向性的思维方式、海德格尔对人与世界关系的思考，梅洛－庞蒂对知觉的特殊关注，它们都巧妙地融汇于杜夫海纳的体系之中。当然，杜夫海纳并非亦步亦趋，其哲学、美学体系的综合性更体现在它的不受束缚上。整体来看，杜夫海纳的现象学美学绝不仅仅独尊胡塞尔、海德格尔、梅洛－庞蒂等人，康德和斯宾诺莎同样是他的理论源泉。而且，黑格尔、柏格森、雅斯贝尔斯、舍勒的理论都可以引进。杜夫海纳美学体系的开放性，使得他的现象学美学只能在广义上被视为现象学，施皮格伯格就曾指出这一点。① 这恐怕正是后继者们对胡塞尔的思想不断进行修正、改造和补充的必然结果。

总之，在胡塞尔现象学中仅仅是辅助手段的美学阐述，在后继者身上得到了继承和发展，并且，在杜夫海纳这里形成了现象学美学的高峰。盖格尔曾经充满自信地说："在这种特殊的美学科学之中，也许人们会找到能够使现象学方法本身得到最出色的运用的领域。"② 盖格尔的这种预言在杜夫海纳身上得到了确证。对于杜夫海纳，现象学美学不仅仅是个别现象学方法和个别美学问题的简单相加，而是二者的全面、有机的结合。也是在这个意义上，我们把杜夫海纳称作现象学美学的集大成者。

二　主客体问题研究的哲学史追溯

主客体关系是近代以来西方哲学所关注的核心问题，事实上，对这一问题的探究、思考与回答贯穿了整个西方哲学史发展的始终。无论是古希腊时期的先贤对话、中世纪神学家的宗教解读，都在力图得到人在世界上处于何种位置的"图谱"。在处理人与世界的关系的思辨中，从人的主体位置开始，一代又一代的哲学家获得了对于客体的认知，并因此产生了主客体关系问题。

在古希腊时期，各个哲学流派还没有清晰地把人从客观世界剥离开来，他们更喜欢做的是把人置于客观世界之中，做原始并混沌的主客体统一的思考。当然，这种主客体统一是当时人思维局限的结果，与后来的有

---

① ［美］施皮格伯格：《现象学运动》，王炳文、张金言译，商务印书馆1995年版，第823页。

② ［德］盖格尔：《艺术的意味》，艾彦译，华夏出版社1999年版，第20页。

意识的主客体统一论是有质的区别的。如德谟克利特认为整个世界都由原子组成，包括人的灵魂，只不过组成人的灵魂的原子更具灵活性。与主张物质统一主客体的德谟克利特不同，苏格拉底则认为，世界是神的造物，包括人的心灵。其弟子柏拉图进而通过"理念"来解释世界的构成，他划分出了真实的"理念世界"和具体但虚假的感性世界。这种划分显然是一种二元论的思维方式，为主客体的划分提供了前提。但无论是德谟克利特，还是苏格拉底、柏拉图，都还没有意识到人的主体性这个关键。这一时期，对主客体问题做出最大贡献的是亚里士多德。他提出了"实体"的概念，并通过它来研究哲学。在解释"第一实体"的时候，他创造了"主体"一词。他在《工具论》一书中提到："第一实体之所以最恰当地被如此称呼，是因为它们是其它一切事物的基础和主体。"① 尽管这个"主体"不具备主客体问题中的"主体"内涵，但这依然是"主体"一词的第一次提出。

第一个把人作为自己哲学关注点的是古希腊的普罗泰戈拉。他提出："人是万物的尺度，是存在的事物存在的尺度，也是不存在的事物不存在的尺度。"苏格拉底的解释是"事物对于你就是它向你呈现的样子，对于我就是它向我呈现的样子"，那么，"风对于感觉冷的人是冷的，对于感觉不冷的人是不冷的"。② 除却其中的相对主义，这其实是把人从物我不分的混沌状态中独立出来，代表着个体意识的觉醒。显然，主体观念正是从个体意识的觉醒开始的。

如果哲学史沿着这条道路继续前行，那么我们今天对主客体关系的研究也许会更进一步，但遗憾的是，中世纪神学对主客体关系的认识并不比希腊人更高明，甚至可以说，还有一些倒退。在神学光辉的笼罩下，人和其他的一切都成为神的创造物。尽管在伦理上神学家们区分了善与不善，但对人的主体属性的认识，他们是全无概念的。此时期人的主体性被神掩盖，因此也就不具有深入展开主客体关系研究的可能了。

真正哲学意义上的主客体关系研究肇兴于文艺复兴时期的人文主义思潮。从这时起，欧洲哲学的主要主张都是建立在人的意识的觉醒上的。伴随着同时期的博物学兴起和地理大发现，哲学家前所未有地全面清晰地认

---

① ［古希腊］亚里士多德：《工具论》，李匡武译，广东人民出版社 1984 年版，第 14 页。
② 北京大学哲学系外国哲学史教研室：《古希腊罗马哲学》，三联书店 1957 年版，第133 页。

识了他们所处的世界。这个进步带来的不仅是欣喜，也为哲学家带来了新的问题，即如何确认人的属性和客观世界的存在，也即人与客观世界的关系。这样，主客体关系研究的道路铺平了，几乎所有的近现代哲学流派都卷入了这个伟大的基础哲学问题的论争中。

在梳理主客体关系研究流变的时候，必须提到的一位哲人是勒内·笛卡尔（René Descartes，1596—1650）。他所提出的"我思故我在"（Je pense, donc je suis.），以第一人称的表述方式确立了人的主体性。他把人、人的精神与物质世界对立起来，认为人可以通过灵魂、通过理性认识世界，从而人可以成为世界的主人。这样，笛卡尔第一次将"我"确立为具有思维能力和自我意识的、能动的认识主体。这就是近代主体主义的兴起。从此，隐藏在传统哲学中的主体/客体、主观/客观、精神/物质、思维/存在等的关系问题被突出出来，而且，二元对立的思维方式在笛卡尔的哲学中得到了强化，主客对立变得尖锐起来。

此后，西方近代哲学进入了长期的争论之中，逐渐形成了相互对立的经验论与唯理论、唯物论与唯心论、观念论与实在论等思潮。这些流派之间的争论从不同维度充分暴露了二元论的局限与矛盾。其中，值得一提的是英国主观唯心主义者贝克莱。他从主体和客体相互关联的意义上，对主体和客体作出了规定。贝克莱首先明确了主体是什么，他说："这个能感知的能动的主体，我们叫它作心灵，精神或灵魂，或自我。"[1] 他还把作为知识对象的客体称为观念，认为观念若不为主体所感知，便不可能存在，更不可能成为"客体"，这就是他所谓"存在就是被感知"。尽管贝克莱从感知和被感知相互关联的意义上规定主体、客体的理论，具有鲜明的唯心主义倾向，然而，他将主客体置于相互关系中进行研究的思路是非常值得肯定的。叔本华评价说：贝克莱是把主体和客体相关联的"真理""说出来的第一人"[2]。此外，卢梭提出的"身外的客体"也是比较值得重视的一个概念。他在《爱弥尔》一书中明确地区分了身内的感觉和身外的客体。"身外的客体"作为感觉的对象，已经非常接近于我们现在的理解，他还把感觉作为沟通主体和客体的枢纽，这对主客体理论的发展有重大意义。

康德的哲学美学体系致力于解决当时的各种矛盾与纷争，主客体关系

---

① ［英］乔治·贝克莱：《人类知识原理》，关文运译，商务印书馆 1973 年版，第 20 页。
② ［德］叔本华：《作为意志和表象的世界》，石冲白译，商务印书馆 1982 年版，第 26 页。

问题成为他要面对的一个根本性的问题。康德承认"物自体"的不可知的客观存在，从而在"现象"与"本体"之间划出一条不可超越的鸿沟，这就导致了他的哲学的二元论。对于康德而言，在知识的范围内，主体与客体是对立的。"主体以自己的逻辑必然性为客体立法，以求经验知识的先验性；涉及本质的理念是一种纯主体性原则，但却不是属于知识的范围，知识只是现象的、经验的、科学的，所谓本体的、超越的、哲学的知识，只是形而上学的独断。这就是说，在康德看来，只有在主体和客体对立的前提下才有知识的问题。"① 这无疑是说，康德陷入了以二元论立场来缓和二元论的困境。康德的思路是先设定二者的对立然后去克服，《判断力批判》就是他沟通认识与道德的努力。然而，建立在主客二分基础上的统一，不过是主体对主体之外的客体进行认识的结果。主客二分的理论基础使康德对主体和客体的调和显得苍白而无力，因此，康德美学以二元论立场克服二元论的努力终究是失败的，康德美学与主客体关系及二元论思维的矛盾与纠缠也由此得到了揭示。

在黑格尔的哲学美学体系中，主客体关系照样有着非同一般的地位与意义。对于黑格尔，"一切问题的关键在于：不仅把真实的东西或真理理解和表述为实体，而且同样理解和表述为主体"，② "实体在本质上即是主体，这乃是绝对即精神这句话所要表达的观念"。③ 由此可知，黑格尔所谓实体就是主体，而主体就是绝对精神或理念。由于黑格尔的客体是绝对精神外化的结果，所以，尽管黑格尔追求的是主客体的统一，实则也难逃自我意识与意识关系之责。

从以上的追溯不难看出，哲学界对主客体关系的认识先后经历了古希腊时期的混沌统一和初步区分，中世纪的倒退，文艺复兴时期的觉醒，近现代的尖锐对立和艰难克服。伴随人的自我觉醒和人对自身的认识，主客对立的二元论思维方式在西方哲学的发展历程中逐渐根深蒂固，而且成为西方近现代哲学继续发展的困境。尽管康德、黑格尔等人已经看到了二元论思维模式的局限性，并做出了巨大的努力，但其体系和方法依然存在使

---

① 戴茂堂：《超越自然主义——康德美学的现象学诠释》，武汉大学出版社 2005 年版，第 218 页。

② ［德］黑格尔：《精神现象学》（上卷），贺麟、王玖兴译，商务印书馆 1979 年版，第 12 页。

③ 同上书，第 17 页。

人诟病之处，这也指明了西方现代哲学继续努力的方向。

由于西方哲学二元论的思维特点根源在于西方哲学的形而上学思维方式，所以，反对和批判形而上学几乎是现代西方各哲学流派和各位哲学家的自觉追求。胡塞尔开创的现象学从一开始就把反对和批判形而上学及其二元论思维方式作为自己的哲学使命，因而，主客体关系问题与现象学的追求有着密切的关联。总体而言，现象学家们大都采取了一种回到本体与现象、主体与客体、感性与理性等尚未分化的本源状态的思路，杜夫海纳也不例外。不同于其他现象学家的是，杜夫海纳走的是一条从美学通往哲学的道路，就是说，他是通过美学领域的主客体关系问题来解决哲学上的主客体对立的。因此，通过研究杜夫海纳对主客体关系的看法，我们无疑可以触碰到西方哲学、美学中最核心的问题。

总之，主客体问题在西方哲学史上逐渐发展成为一个举足轻重的问题，而西方哲学由本体论向认识论的转变更使得主客体关系成为近现代哲学家们关注的焦点。杜夫海纳作为现代西方美学重要流派现象学美学的代表人物，他对主客体关系的看法正是在近现代哲学关注主客体问题的理论视野下展开的，前人的思想成果既为他提供了丰富的给养，也成为他超越的目标。

三　杜夫海纳美学研究现状述评

杜夫海纳的主客体统一思想是包含在其哲学、美学整体体系中的。因此，在展开研究之前，先全面了解目前国内外杜夫海纳美学思想的研究现状是非常必要的。杜夫海纳的美学研究起步于 20 世纪 60 年代，已经取得了大量研究成果。

（一）国内研究的现状和趋势

杜夫海纳的美学思想引进到中国大陆始于 1985 年。在将近 30 年的研究历程中，国内学者已经积累了丰富的研究成果。据不完全统计，杜夫海纳美学研究专著两部，博士学位论文两篇（1 篇已出版），硕士论文 22 篇，以杜夫海纳为主要研究对象的期刊论文 80 多篇，包含杜夫海纳美学章节的各种书籍近 80 种。主要研究内容如下：

第一，对某一美学概念或范畴的分析和研究。

学界对杜夫海纳美学体系中的大量美学概念或范畴都进行了研究，如审美对象、审美知觉、审美深度、审美价值、情感先验、审美公众、表演、感性、审美经验、再现和表现等。其中，尤以审美对象的研究最多、最深入。代表性成果如张永清的著作《现象学审美对象论——审美对象从胡塞尔到当代的发展》和张云鹏、胡艺珊的著作《审美对象存在论——杜夫海纳审美对象现象学之现象学阐释》。前者从审美对象的哲学理论与方法论，审美对象的构成要素与深度效应，交互主体性与审美对象的主要表现形态等方面，把以杜夫海纳审美对象为代表的现象学审美对象研究全面推向深入。相对于张永清的宏观视野，后者的研究包括了审美对象的存在方式、存在形态和存在特性等内容，显示出了专而深的特色，二者形成了一种互补。

此外，一些硕士学位论文、期刊研究论文均显示出对审美对象的偏爱。硕士论文中选取杜夫海纳的审美对象进行研究的有：李志华的《杜夫海纳对审美对象和艺术作品类型的现象学描述》，主要以杜夫海纳的审美对象理论为研究对象。作者认为审美对象与艺术作品的定义是杜夫海纳理论大厦的基础，并认为杜夫海纳对艺术作品的分类是对审美对象的必要补充。董惠芳的《杜夫海纳现象学美学中的艺术真实论》以杜夫海纳的艺术真实论为研究对象，并将之放在整个西方艺术真实理论的脉络中进行了考察。作者认为杜夫海纳的艺术真实论基本属于"对心理情感的模仿"。其固然研究的是艺术作品的真实问题，但也是审美对象的真实。李瑞春的《杜夫海纳：表演是艺术作品成为审美对象的必经之途》，从杜夫海纳特殊的"表演"入手来研究审美对象的呈现。李瑞春认为，杜夫海纳给予表演以一种本体的地位——"表演是艺术作品呈现于知觉的方式"[①]，这一评价抓住了杜夫海纳表演理论的实质。李乖宁的《审美对象的现象学阐释》以杜夫海纳对审美对象的探讨为主线，对审美对象进行了现象学的阐释，她比较注重现象学在研究审美对象上的方法论意义。这些不同维度的研究极大地促进了杜夫海纳审美对象理论研究的深化。

第二，对其美学思想作整体性的评介。一方面，这类研究在西方美学的论著、教材中表现得格外突出，如叶秀山的《思·史·诗——现象学和存在哲学研究》、朱狄的《当代西方美学》、王岳川的《现象学与解释学文论》、张法的《20世纪西方美学史》、李兴武的《当代西方美学思潮

---

① 李瑞春：《杜夫海纳：表演是艺术作品成为审美对象的必经之途》，硕士学位论文，内蒙古师范大学，2005年，第33页。

评述》等著作，都对杜夫海纳的美学思想进行了整体性的审视，并从西方美学、西方文艺理论的发展历程高屋建瓴地给予了评价。另一方面，一些期刊论文也尝试简明扼要地勾勒杜夫海纳的美学体系，如张法、周文彬、李晓林、胡健、袁义江、郭延坡等人的研究。

第三，结合现象学的基本问题对其展开研究。这类研究主要表现在对杜夫海纳美学与意向性、主体间性、生活世界以及本质直观等现象学基本问题的探析。尹航的著作《重返本源和谐之途——杜夫海纳美学思想的主体间性内涵》，张云鹏、胡艺珊的著作《现象学方法与美学——从胡塞尔到杜夫海纳》，以及戚小莉的《杜夫海纳的主体间性美学思想》、宋传东的《意向性与杜夫海纳美学》和裴云的《从胡塞尔的"现象"到杜夫海纳的"审美对象"——对杜夫海纳美学的现象学审视》等硕士论文，代表了这方面的主要研究成果。尤其是尹航的专著突破了国内杜夫海纳原著及文献的局限状况，对杜夫海纳美学的主体间性内涵进行了系统研究。这些成果深刻地揭示了杜夫海纳美学与现象学的渊源，使得杜夫海纳美学与现象学哲学的关系逐渐明晰起来。

第四，对其思想多角度的挖掘与探究。2000年以来，张法的《20世纪中西美学原理体系比较研究》从建立体系的角度，彭锋的《完美的自然——当代环境美学的哲学基础》从环境美学的角度，苏宏斌的《现象学美学导论》从现象学方法论的角度，蒋济永的《现象学美学阅读理论》从阅读学角度，汤拥华的《西方现象学美学局限研究》从中国学者的视角，于润洋的《现代西方音乐哲学导论》从音乐哲学的角度，分别对杜夫海纳的美学理论进行了解读。这类研究极大地丰富了杜夫海纳美学研究的视角，显示出杜夫海纳美学研究的广阔空间和深层活力。2000年后的杜夫海纳美学思想研究整体上非常活跃，2011年，更是同时出版了两部杜夫海纳美学的研究专著。这无疑是借了新世纪以来现象学美学研究升温的东风，也是对国际上杜夫海纳研究的一种呼应。

大陆之外，台湾的杜夫海纳美学研究值得一提。台湾从20世纪90年代初开始有杜夫海纳美学研究的论文发表，[①] 2000年后的研究成果显著增

---

① 李明明：《由美学走向哲学——杜夫海纳的〈审美经验现象学〉》，"国立"台湾师范大学美学研习会论文集1992年第3期。蔡瑞霖：《不断呈现的审美经验，刹那即灭——简介当代现象学美学的发展及特色》，《炎黄艺术》1993年第5期。

加。目前可见到的研究成果有博士论文 1 篇①，硕士论文 5 篇②。此外，还有几篇研究论文。③ 总体来说，台湾的杜夫海纳美学研究进展较快，取得了一定的成绩。其博士、硕士论文研究有这样几个特点：第一，选题新颖、细致，挖掘深入，研究扎实，硕士论文从篇幅上难以与博士论文相区分；第二，占有较多杜夫海纳英文著作，英文相关资料较大陆更为翔实；第三，注重研究选题与现实生活的关联性；第四，杜夫海纳美学不光被美学研究者所关注，在艺术领域也比较受重视。

由上可知，国内的杜夫海纳美学研究在 30 年间获得了长足的进步。然而，我们还是不无遗憾地看到，相较于国内的海德格尔、梅洛－庞蒂的研究，杜夫海纳美学理论的研究进展比较缓慢。造成这一问题的原因，主要在于国内杜夫海纳美学研究缺乏基础性的译介文本支持。在西方美学研究领域，某专题研究的深入的一个必备基础就是对相关西方理论家的代表作品的引进和翻译。我们可以说，一部全集的翻译的出现既是深入研究的基础，也是深入研究的结果。可是，目前对杜夫海纳的翻译却不尽如人意。杜夫海纳著述甚丰，哲学、美学著作 15 种，然而只有《审美经验现象学》、《美学与哲学》、《当代艺术科学主潮》有简体中文译本，④ 其余著作都还没有翻译过来，如：《卡尔·雅斯贝斯及其存在哲学》、《先验的概念》、《语言与哲学》、《诗学》、《路标》、《美学与哲学》（两卷，1976、1981）、《先验知识的清点》、《眼与耳》、《白鲑头》、《为了人类》、《艺术与政治》、《颠覆与堕落》以及美国学者编辑的《感性的呈现——美学论文集》等。这给国内研究者全面看待杜夫

---

① 何佳瑞：《审美经验中的自我——以〈审美经验现象学〉一书为例》，博士学位论文，辅仁大学，2000 年。

② 张成林：《运动观众美感经验的现象学探讨》，"国立"台湾师范大学，1988 年；陈怡锦：《从杜弗兰〈审美经验现象学〉论艺术欣赏的意义与价值》，"国立"成功大学，2000 年；彭子睿：《从一般知觉到审美知觉——一个现象学的进路》，"国立"中央大学，2001 年；高福明：《从杜弗兰〈审美经验现象学〉讨论其〈永恒的绘画〉》，台北市立师范学院，2004 年；吴芊蒇：《从杜夫海纳对绘画作品分析的观点中看李梅树的绘画》，淡江大学，2012 年。

③ 尤煌桀、何佳瑞：《杜夫海纳美学思想的感性特质》，《哲学与文化》2006 年第 1 期；林文琪：《杜夫海纳的审美知觉与〈庄子〉"听之以气"的比较研究》，《华冈文科学报》2003 年第 26 期；何佳瑞：《杜夫海纳：〈美学与哲学〉》（书评），《哲学与文化》2008 年第 7 期；何佳瑞：《杜夫海纳：〈审美经验现象学〉》（书评），《哲学与文化》2005 年第 12 期。

④ 国内的《美学与哲学》只翻译了第一卷，《当代艺术科学主潮》（安徽文艺出版社 1991 年版）翻译了杜夫海纳主编的 *Main Trends in Aesthetics and the Sciences of Art* 一书中由他本人主笔的大部分内容。

海纳美学造成了一定困难，原始材料的不足影响着杜夫海纳研究的深入。同时，国外介绍性和研究性著作的翻译也亟待开展。目前国内大陆的研究基本上都建基于中文译本《审美经验现象学》和《美学与哲学》，故其难有系统性、整体性的宏观研究，这成为当前杜夫海纳美学研究的一大瓶颈。台湾所用杜夫海纳著作译本都来自大陆，因而也存在同样的问题。可喜的是，杜夫海纳美学研究在我国越来越受到学界的重视，进入 2000 年后的发展尤为明显，总体上在不断升温。如果今后能在杜夫海纳原著的翻译和引进上有所突破，相信国内的杜夫海纳美学研究会掀起一轮高潮。

（二） 国外研究的现状和趋势

有关杜夫海纳的研究，国外在 20 世纪 60 年代就已陆续展开，法国本土的研究最为深入。就法国的研究来看，20 世纪 60—70 年代主要围绕《审美经验现象学》的基本理论，挖掘现象学与法国存在主义的关联。20 世纪 80 年代，随着新一代现象学家的兴起、结构主义等思潮的兴盛以及分析哲学的深入发展，许多学者对于分析哲学本身和哲学走向等问题特别关注，法国本土对于杜夫海纳失去了以前的热度，经历了一个短暂的低潮。20 世纪 90 年代后期，一些长期关注杜夫海纳的研究者很快意识到这笔精神财富是不应该被忽视的。法国研究杜夫海纳的专家赛松（Maryvonne Saison）说："近年来，也就是在新旧世纪之交，杜夫海纳又梅开二度，在法国再次受到读者的推崇。"① 这一时期的研究主要立足于杜夫海纳学术思想的发展，将《审美经验现象学》与其后的《先验的概念》、《诗学》、《为了人类》等著作作整体观，揭示其内在发展轨迹。其中也显示出法国学界对于杜夫海纳自然哲学的关注，著名学者利科、利奥塔等人都曾撰文论述这一问题。②

法国之外，杜夫海纳最早在美国获得认可。据 Mark S. Roberts 和 Dennis Gallagher 所说："在美国，他最晚在 1970 年为少数哲学家与美学家所知，主要的认可很大程度上来自两本书的翻译——《语言与哲学》（1963

① ［法］M. 赛松：《杜夫海纳的美学思想》，王柯平译，《世界哲学》2003 年第 2 期，第 69 页。

② 利科写有《诗学》（Le Poétique）一文（Esprit，January 1966，pp. 107—116.），利奥塔写有《语言与自然》（Langage et nature）一文（dans Mikel Dufrenne，La vie，l'amour，la terre，Paris，Jean-Michel Place，1996）。

年）和《先验的概念》（1966 年）。但在 1973 年，像萨特和梅洛 - 庞蒂
一样，他更是因一部重要作品的出版而声名远扬，这就是《审美经验现
象学》第二版的英文翻译的直接结果。人们对他的作品的兴趣由此出现
了一个显著转向。这一潮流与严肃的英文的杜夫海纳研究相伴随，这些研
究包括：大量文学领域的论文与评论，即将出现的他的重要作品《诗学》
的译本，以及美国各大学的好几篇学位论文。"① 这段话透露出两个重要
的信息：一是美国学术界最初是对杜夫海纳的哲学感兴趣，后来转向了美
学；二是杜夫海纳在说英语的国家影响较大，也更受重视。我们看到即使
在今天，关于杜夫海纳的研究还保留着这样的特点。杜夫海纳之所以最早
在美国受到认可，是因为他在美国的学术活动较多，并且曾是美国好几所
大学的客座教授。② 就笔者所掌握的资料来看，美国在 1970 年代即有 3
篇博士学位论文以杜夫海纳为题。③

　　杜夫海纳美学还受到了加拿大学者的重视，他多次被邀请去魁北克讲
学。他的著作在加拿大几乎都可以查到，而且，加拿大很注意引进法国与
美国的研究资料。在加拿大，1990 年已有博士学位论文研究杜夫海纳
《审美经验现象学》中的审美知觉。④ 此外，到 20 世纪 80 年代，南非也
展开了一些研究，如 1986 年南非大学就有两篇硕士学位论文主要关涉杜

---

　　① Mikel Dufrenne, *In the Presence of the Sensous*：*Essays in Aesthetics*, Edited and Translated by
Mark S. Roberts and Dennis Gallagher, Humantities Press International, 1987. Editor's Introduction,
p. xv.

　　② 见 *The Notion of the A Priori*（1966 年版）扉页："He has been a visiting professor at the Uni-
versities of Buffalo, Delaware, and Michigan. In 1959 he delivered（at Indiana University）the Mahlon
Powell Lectures, which were subsequently published as *Language and Philosophy*." 另见 *Language and
Philosophy*（1963 年版）中 Paul Henle 写的前言（第 12 页）："Professor Dufrenne has written on the
assumptions of American sociology and has spent a year in this country gathering materials for his study. He
has taught at the University of Buffalo and the University of Michigan as well as lecturing at many other
schools."

　　③ 这三篇分别是：A. Allen, David Gordon. *The Phenomenological Aesthetic of Mikel Dufrenne As
a Ccritical Tool for Dramatic Literature*, Ph. D. , The University of Iowa, 1976. B. Berg, Richard Al-
lan. *Towards a Phenomenological Aesthetics*：*a Critical Exposition of Mikel Dufrenne's Aesthetic Philosophy
with Special Reference to Theory of Literature*, Ph. D. , Purdue University, 1978. C. Feezell, Randolph
Mark. *Mikel Dufrenne and the Ontological Question in Art*：*A Critical Study of "The Phenomenology of Aes-
thetic Experience"*, Ph. D. , State University of New York at Buffalo, 1977.

　　④ Mcmackon, Ian, *Aesthetic Perception in Mikel Dufrenne's "Phenomenologie de l'experience esthet-
ique"*：*A Phenomenological Critique*, Ph. D. , University of Ottawa（Canada）, 1990.

夫海纳美学，其中一篇直接以杜夫海纳为题。①

　　就笔者目前所能查询到的资料来看，国外的杜夫海纳哲学、美学研究形式多样，有专著、研究文集、博硕士论文、论著（占其中一部分）以及期刊论文等，但数量似乎不多。总体上，国外的杜夫海纳美学研究较之国内要深入得多。一则他们起步早，二则他们在材料上占有明显的优势。杜夫海纳的著作《先验的概念》、《审美经验现象学》、《诗学》、《感性的呈现——美学论文集》、《美学与哲学》（3 卷）、《为了人类》、《语言与哲学》等都有影响。如赛松所言，我感觉到杜夫海纳在法国之外的影响确实是巨大的，很多研究成果都以杜夫海纳的观点来支持自己的研究或者运用杜夫海纳的相关理论来阐释某种文艺现象和美学问题。②

　　与国内一样，西方研究者对杜夫海纳的肯定主要集中于《审美经验现象学》一书。施皮格伯格对杜夫海纳的现象学美学理论给予了充分的肯定："迄今为止，它（《审美经验现象学》）是现象学运动中美学方面不仅篇幅最大而且很可能是内容最广泛的著作，"而且认为"尽管迪弗雷纳的这部著作远不是详尽无遗和深思熟虑的，它仍然由于它的体系结构以及它丰富的具体洞察而很出色。这些洞察都是基于对大多数艺术的敏感和全面而透彻的通晓"。③ 比尔兹利（一译比厄斯利）也认为"他的分析具有相当的清晰性、洞察力和独创性"④，爱德华·S. 凯西更是说："他在美学方面最经久不衰的成就——使他千古不朽的唯一著作——就是《审美经验现象学》。"⑤《审美经验现象学》在西方之影响力，由此可见一斑。

────────────────

　　① Martins, Maria Isabel de Azevedo, M. A., *A Critical Study of Communication Aesthetics in "Phenomenologie de l'experience Esthetique" by Mikel Dufrenne*, University of South Africa（South Africa），1986. Treger, Shirley Malca, M. A., *A Communication Study of the Recipient's Role in Art with Reference to the Paintings of Adolph Jentsch*, University of South Africa（South Africa），1986. 后一篇硕士论文运用杜夫海纳的感性理论阐释 Adolph Jentsch 西南非洲的绘画，认为欣赏者在积极参与艺术作品的过程中发现了一个关于存在的自在世界。

　　② 参见 WRLC 中的 University of the District of Columbia 和 Georgetown University 所查到的资料。（http://catalog. wrlc. org/cgi-bin/Pwebrecon. cgi? Search%5FArg = Dufrenne%2C%20Mikel&Search%5FCode = NAME%5F&SL = None&CNT = 25&PID = iO7VRngfGI18COAgwhFDqTN-jCt6&BROWSE = 1&HC =41&SID = 1）另可参见 http：//www. jstor. org。

　　③ ［美］施皮格伯格：《现象学运动》，王炳文、张金言译，商务印书馆 1995 年版，第 820 页。

　　④ ［美］门罗·C. 比厄斯利：《西方美学简史》，高建平译，北京大学出版社 2006 年版，第 342 页。

　　⑤ ［法］杜夫海纳：《审美经验现象学》，韩树站译，文化艺术出版社 1996 年版，附录第 627 页。

但显然，众多的赞誉都给予了同一本书，这使得杜夫海纳思想的其他方面某种程度上被遮蔽了。仅仅停留于《审美经验现象学》一书本身，就无法看到杜夫海纳美学与其哲学的关联，发现不了其美学研究的终极追求，也无法对杜夫海纳的思想形成整体性认识。

造成这一现象的原因，首先应该与施皮格伯格的认识有关。施皮格伯格说："对于迪弗雷纳的后期著作，不需要特别加以考察，因为在这些著作中现象学只起一种次要的作用，他的兴趣越来越转向自然的本体论方面。"① 施皮格伯格的这番评论是针对现象学运动而言的，他认为杜夫海纳由现象学转向了本体论，因而考察其后期作品对研究现象学意义不大，由于《现象学运动》一书传播极广，它客观上造成了人们对杜夫海纳后期作品的忽视，这对于把握杜夫海纳的整体思想是极为不利的。其次也与传统哲学研究对美学的忽视有关。国内外对现象学的研究都主要集中在哲学领域，杜夫海纳的理论尽管以现象学哲学为理论支撑，但其研究对象和理论贡献却在指涉文学艺术的美学领域。由于对文学艺术具体历史及美学领域的不熟悉，哲学研究者甚少关注杜夫海纳，更不用说深入杜夫海纳美学理论的核心。因此，在现象学哲学研究领域，对杜夫海纳的关注不够。

此外，西方的杜夫海纳研究还存在一些阅读与理解方面的问题：在西方人眼中，阅读杜夫海纳的著作是艰难的。David G. Allen 说："他用一种有时集中而清晰但常常是漫游而啰嗦的风格，涉猎了大范围的截然不同的思想家（胡塞尔、海德格尔、休谟、康德、梅洛－庞蒂等），确定的例子稀少并被削弱了。"② 而 Marcia Aufhauser 说：即使用英文"阅读杜夫海纳的困难"也"是巨大的，尤其对于那些没有受过任何现象学传统训练的人。"③ 可见，从内容到语言风格，杜夫海纳的著作都让当时（20 世纪 70 年代）有些西方人感觉很吃力。

当然，对一个人的评价是一个复杂的过程，往往要经历时间的考验。20 世纪西方各种思潮、流派更迭频繁，你方唱罢我登场，让人眼花缭乱，无暇思考。在这样的背景下对一个尚未远去的先辈进行评价确实很难有准

---

① ［美］施皮格伯格：《现象学运动》，王炳文、张金言译，商务印书馆1995 年版，第三版序言第 25 页。

② David G. Allen, Aesthetic Perception in Mikel Dufrenne's *Phenomenology of Aesthetic Experience*, *Philosophy Today*, spring 1978.

③ Marcia Aufhauser, Review of "*The Phenomenology of Aesthetic Experience*", *Journal of Philosophy*, January 30, 1975.

确的认识，历经反复非常正常。正因为如此，我们看到，自从 20 世纪 90 年代以来，杜夫海纳的思想正在逐渐再次引起全世界的关注。从 1990 年到 2000 年，以杜夫海纳的理论作为重要支撑维度或以杜夫海纳为研究对象的博士学位论文，美国有 5 篇，加拿大有 3 篇。① 中国大陆和台湾的杜夫海纳美学研究也是从 90 年代后期有了较大的变化，2000 年后的成果更是丰硕。赛松在 2002 年 10 月召开的"美学与文化：东方与西方"国际美学研讨会上倡议："在 20 世纪最后的 25 年里，杜夫海纳在法国的声誉似乎来去匆匆。假如我们现在采取行动，今后将有利于拨乱反正，正确看待他的成就，我们如果重读和研究他那些真正富有原创性的论著，就会发现与那些昙花一现的思想方法及其运动相比，其明晰性和丰富性必将再次闻名于世。"② 在赛松的呼唤与感召下，杜夫海纳美学研究在国内持续升温，目前国内的杜夫海纳美学研究专著已出版两部。而且，近几年来，一些国内知名学者也意识到了杜夫海纳美学的独特价值，展开了用力颇深的专门研究。杨恩寰、王锺陵、杨春时、朱志荣等都曾撰文专门讨论杜夫海纳的美学思想。③

另外，杜夫海纳美学研究也许有望迎来传统哲学的关注。2006 年，高宣扬在《当代西方哲学的基本论题》一文中，介绍了法国哲学会成立 100 周年纪念会上的情况，他说："当代西方哲学还特别重视文学、艺术及其他人文社会科学对于哲学本身的冲击，以致越来越多的哲学家认为，

---

① 美国：A. Victoria，Madeleine Rosa，*Dancing Bodies，a Celebration of Life！A Phenomenological Study of Dance*，DePaul University，2000. B. Steckline，Catherine Turner，*Ideas and Images of Performed Witnessing：A Cross-genre Analysis*，Southern lllinois University at Carbondale，1997. C. Martinez，David，*The Epic of Peace：Poetry as the Foundation of Philosophical Reflection*，State University of New York at Stony Brook，1997. D. Ferreira，Vivaldo M.，*Vir（ac）tualities in the Works of Stephane Mallarme，Rainer Maria Rilke and Claude Debussy*，Brandeis University，1997. E. Balan，Thirunavukarasu，*Wallace Stevens and Phenomenology*，The University of Toledo，1994. 加拿大：A. Tomaszewski Ramses，Veronique Nathalie，*Aesthetic Heaven and Artistic Hell：An Intellectual Journey*，York University，2000. B. Scalapino，Lisa Marie，*Anne Sexton：A Psychological Poetrait*，University of Albert，1999. C. Mcmackon，Ian. *Aesthetic Perception in Mikel Dufrenne's "Phenomenologie de l'experience esthetique"：A Phenomenological Critique*，University of Ottawa，1990.

② ［法］M. 赛松：《杜夫海纳的美学思想》，王柯平译，《世界哲学》2003 年第 2 期，第 70 页。

③ 杨恩寰：《杜夫海纳美学三题议》，《甘肃社会科学》2010 年第 6 期；王锺陵：《论杜夫海纳、布莱的文学批评现象学》，《清华大学学报》（哲学社会科学版）2011 年第 5 期；杨春时：《杜夫海纳：在自然主义与审美主义之间》，《文艺争鸣》2012 年第 1 期；朱志荣：《论杜夫海纳美学中超越二元对立的思维方式》，《江苏行政学院学报》2010 年第 5 期。

未来的哲学，在适应时代发展的过程中，必定会越出传统哲学的范围，通过与文学、艺术以及人文社会科学的频繁对话，走上'非哲学'（non-philosophie）的创新道路。目前，各种各样的'非哲学'，已经以令人出其不意的逾越途径，在'非哲学化'的方向上，走得越来越远。里昂大学原哲学教授弗朗斯瓦·拉吕尔创建了'非哲学国际研究会'，使'哲学非哲学化'的运动成为了国际性的思想创造活动。"① 在此背景下，我们期待杜夫海纳的美学研究在未来获得更多的重视。

综上所述，无论国内外，杜夫海纳美学思想的重要性都越来越得到认可。我们相信，杜夫海纳美学思想的系统研究，必将为中国当代美学的建设提供更多的启发和可资借鉴的资源。

四　选题依据与研究意义

对于杜夫海纳的整个哲学、美学体系来说，主客体关系问题是一个核心问题，抓住了主客体关系问题就抓住了杜夫海纳哲学、美学思想的核心。我们这样说，并非是因自己的研究而特别夸大了选题的重要性。事实上，当我们宏观地、系统地对杜夫海纳美学思想进行研究的时候，我们必须要承认这一点。从线索的角度来看，杜夫海纳从早期对人与世界关系的思考直至走向自然哲学的建立，主客体统一的思想始终是他思虑的焦点。二战后的社会现实促进了他有关人的认识和思考。从《审美经验现象学》开始，审美经验中的主体与客体的和谐交融使他开始寻求二者更深层次的统一，他此后的一系列的著作及文集都在为此而努力。从问题的角度来看，杜夫海纳所研究的领域——人与世界、审美经验、先验、自然、语言、各类艺术、文艺批评等——表面上看起来五花八门，其最终的指向都是主体与客体的统一，对二元论对立的克服。

我们也看到，杜夫海纳并不回避主客体关系问题，而且，他曾经明确反对海德格尔以存在论来避免谈论主客体关系的做法，他说："主客体关系的问题是无法回避的。不能像海德格尔那样，为了回避而满足于说这一关系仅仅是本体的（ontic）；只有通过努力证实而重新发现这种关系，本

_____

① 高宣扬：《当代西方哲学的基本论题》，（http：//phaenomenologie. com. cn/xzzl/list_15. aspx？cid = 11）。

体论的反思才能被证明是有理的，而不是通过回避。"① 从这样的认识出发，杜夫海纳选择直面主客体关系："用审美经验来界定审美对象，又用审美对象来界定审美经验。这个循环集中了主体－客体关系的全部问题。现象学接受这种循环，用以界定意向性并描述意识活动（noesis）和意识对象（noema）的相互关联。"② 此外，杜夫海纳把意向性理论作为一种工具，以之来克服主客对立的局限性。他曾专门写过一篇论文《意向性与美学》。在这篇论文中，他肯定了胡塞尔意向性理论把主客体关系统一起来的贡献。他说："用胡塞尔的术语来说，它既是被构成的，又是被看见的。这一点就概括了意向性的矛盾性：现象的含糊不清的却又不可驳斥的存在，证实了作为目的的主体和作为现象的客体既互相区别而又互相关联，因为客体既通过主体存在，同时又在主体面前存在。"③ 而他自己发挥道："它（指意向性）永远表现客体与主体的相互依赖关系，然而，主体与客体都不从属于某种较高级的东西，也不消失在使这二者统一的关系之中。"④ 我们可以在杜夫海纳对审美知觉与审美对象的相互依赖的描述中看到意向性构成的主体与客体的相互依赖关系，显然，这与胡塞尔意向性理论中的 Noesis-Noema（意向活动—意向对象或意向作用—意向对象）正相契合。他还说："对于意向性这一观念，可能有许多解释。按照其中的一种解释，现象学变成了本体论。"⑤ 显然，对于杜夫海纳，意向性的本体论意义就在于它把主客体联系在一起。杜夫海纳对主客体关系的重视，表现在行文上，我们看到他的著作中主体、客体、主客体是经常出现的字眼，以我们随机抽取的《审美经验现象学》中的第二编"艺术作品的分析"为例，主体出现 22 次，客体出现 13 次，主体—客体出现两次。

虽然目前没有任何专门探讨杜夫海纳美学中的主客体统一思想的成果，但不可忽视的是，很多研究者已经注意到了杜夫海纳美学中的主客体统一思想及其在杜夫海纳思想中的地位。国内对此问题关注较早的是朱

---

① Mikel Dufrenne, *The Notion of the A Priori*, translated by Edward S. Casey, Northwestern University Press, 1966, p. 30.

② ［法］杜夫海纳：《审美经验现象学》，韩树站译，文化艺术出版社 1996 年版，引言第 4 页。英译本 p. xlviii. Mikel Dufrenne, Phenomenology of Aesthetic Experience, Transloted by Edward S. Casey, Northwestern University Press, 1973. 下同。

③ Mikel Dufrenne, *In the Presence of the Sensuous: Essays in Aesthetics*, edited and translated by Mark S. Roberts and Dennis Gallagher, Humanities press international, 1987, p. x.

④ ［法］杜夫海纳：《美学与哲学》，孙非译，中国社会科学出版社 1985 年版，第 52 页。

⑤ 同上书，第 51 页。

狄，他指出："在杜夫海纳看来，主观和客观这两个'极'并非是绝对不连接的。他认为艺术中的感觉因素有些东西由审美对象所分担，而有些东西则要由主体来分担……这样，杜夫海纳除了强调审美客体的重要性之外，必然还要强调审美主体的重要性，对他的理论体系来说，这是缺一不可的两极。"① 王岳川也是较早注意到这一问题的学者。在《西方文艺理论名著教程》中，他认为"杜夫海纳……集中讨论了主客体的谐调统一问题。他认为情感不仅是审美知觉的顶点，而且也是它的节点。主体和对象在节点上合并为审美经验，从而实现了主体与对象的特有谐调"②。朱立元较早肯定了杜夫海纳思想中的主客体统一，他说："杜夫海纳的审美经验的现象学在一定程度上克服了其师胡塞尔的先验唯心主义，然而保留了现象学通过意向性这个中介把主客体的统一关系上升为本体论的合理思路，从而较好地解决了文学艺术、审美对象的本体论难题，赋予处于审美状态的主客体关系以本体论地位和意义。"③ 国外学者爱德华·S. 凯西也曾经讨论了《审美经验现象学》中的主体与客体的协调，而且根据他提供的资料，杜夫海纳就《审美经验现象学》进行论文答辩时，自称"主体和客体相互作用的思想是主导线索"④。上述研究者针对杜夫海纳美学中的各个不同问题与主客体关系展开的论述，不同程度上都启发了本书的思考路径。

我们认为，作为一位非常重要的现象学美学的代表人物，杜夫海纳不仅在超越二元对立的思维方式上承续了现象学传统，他更是把现象学与美学之间的内在相通性在各个文学艺术领域呈现出来。从主客体关系的角度对杜夫海纳美学进行系统研究，不仅有助于我们把握西方现代哲学、美学研究思维方式之特征，而且有助于我们进行中国美学的现象学研究，从而促进中国美学的发展。果能如此，杜夫海纳美学理论研究的意义才能说基本呈现。具体来说：

首先，研究杜夫海纳美学中的主客体统一思想，有助于对杜夫海纳做出正确的评价。在杜夫海纳的研究中，目前国内学术界存在着针锋相对的

① 朱狄：《当代西方美学》，武汉大学出版社 2007 年版，第 82 页。
② 胡经之主编：《西方文艺理论名著教程》（下），北京大学出版社 1989 年版，第 298 页。
③ 朱立元：《接受美学》，上海人民出版社 1989 年版，第 71 页。
④ ［法］杜夫海纳：《审美经验现象学》，韩树站译，文化艺术出版社 1996 年版，附录第 616 页注③。

观点：有人说他严格地遵循现象学的基本原则，[1] 有人说他在很大程度上背离了现象学的轨道；[2] 有人说他的美学整体上陷入了唯心主义，[3] 有人说他表现出唯物主义与唯心主义之间的摇摆；[4] 有人说他在最根本的问题上并没有做出过什么独创性的突破，[5] 有人却说他提出了一系列富有独创性的见解。[6] 这些几乎截然相反的观点，反映了杜夫海纳思想的复杂性。为什么会有如此尖锐的对立呢？哪些更接近真实的杜夫海纳呢？这种争议正是我们深入研究的沃土，也为还原真实的杜夫海纳提供了一个契机，因为这些争议或多或少地都与杜夫海纳美学中的主客体关系问题相关。

其次，研究杜夫海纳美学中的主客体统一思想，有助于厘清现象学美学的发展脉络，进一步深化对西方现代美学的认识。杜夫海纳的美学理论是西方现象学美学走向深入的结果，是杜夫海纳本人及以其为代表的现象学美学流派对西方文学艺术全面解析的理论成果，深刻把握杜夫海纳的美学思想，就意味着既要把杜夫海纳放在现象学美学的流派内来理解，又要把他放在西方现代美学的视野下进行观照。胡塞尔开创的现象学立志于超越笛卡尔以来主客体尖锐对立的局限，其后的现象学各家都秉承了胡塞尔的这一初衷，从海德格尔、萨特、梅洛－庞蒂等人都做出了不同的努力，因此，以超越主客二元对立的思维模式为主线清理现象学各家的承继关系，无疑是有助于厘清现象学美学的发展脉络的。同时，克服主客二分模式所带来的局限性是现代西方哲学家们的共同追求，杜夫海纳对这一问题的思考无疑为所有这种努力提供了一种参照。

再次，研究杜夫海纳美学中的主客体统一思想，有助于我们深刻认识中西方的思维模式。近代以来，我国两次大规模引进域外文化，一次是洋务运动，另一次是新文化运动。这两次引进恰值西方理性主义、主体主义高涨时期，因此，西方的包括主客对立的二元论思维方式顺畅地进入我国，并被我们所接受。在很长时间里，人们囿于这种思维模式。在 20 世纪 50 年代的美学大讨论中，这种思维模式还发挥着非常明显的作用。当

---

① 程孟辉主编：《现代西方美学》（上编），人民美术出版社 2001 年版，第 471 页。
② 李兴武：《当代西方美学思潮评述》，辽宁人民出版社 1989 年版，第 253 页。
③ 周来祥主编：《西方美学主潮》，广西师范大学出版社 1997 年版，第 1178 页。
④ 毛崇杰：《存在主义美学与现代派艺术》，社会科学文献出版社 1988 年版，第 210 页。
⑤ 刘纲纪主编：《现代西方美学》，湖北人民出版社 1993 年版，第 594 页。
⑥ 蒋孔阳、朱立元主编：《西方美学通史》（第六卷），上海文艺出版社 1999 年版，第 448 页。

西方现代哲学致力于超越主客对立等二元论时，世界把目光投向了中国，道家思想受到了关注。然而，道家思想"不仅是为主体客体分离的思维模式寻找本源和根据，而是从根本上去抛弃和减损主客对立的思维模式，把这种思维模式从人的生活世界中彻底清除出去"①，这与西方现代哲学家们包括杜夫海纳的追求并不符合。西方现代哲学反对的是主客体的尖锐对立所带来的人类生活的异化，他们并不否认形而上学思维对于人类认识世界、自然与人生所能起到的积极作用。杜夫海纳美学思想与中国人思维方式相契合的一面，也是一个值得探究的问题。所以，研究杜夫海纳美学中的主客体统一思想，可以促进我们对中西思维方式的再思考。

　　第四，研究杜夫海纳的现象学美学，对于我国当代的文艺美学、生态美学学科建设有着重要的借鉴意义。我们的研究并非是单纯地引进杜夫海纳的理论，最终的目的还是为我所用。杜夫海纳美学理论的价值，正越来越受到学界的认可。曾繁仁提出，目前我们将文艺美学学科的研究对象界定为艺术的审美经验，这一界定"主要借助康德的有关审美经验是无目的与合目的的二律背反、杜威有关审美经验是与日常经验相连的一个'完整的经验'，特别是杜夫海纳有关主体构成的现象学的审美经验等主要理论概念"，又进一步认为，"文艺美学以艺术的审美经验作为其研究对象与基本范畴就决定了它必然在马克思主义的指导下采取审美经验现象学的研究方法。"② 就曾繁仁的理解来说，文艺美学的学科建设，既要借鉴杜夫海纳的某些概念，又要采用其研究方法。可见，这种借鉴不以杜夫海纳美学的深入研究为基础是不可能的。反之，只有经过深入的分析、研究、甄别和批判，才能更好地为我们所借鉴。事实上，现象学美学的方法论问题，一直都是学界比较重视的问题。深入研究杜夫海纳美学中的主客体统一思想，对于透彻的理解现象学美学的方法也是大有益处的。

　　杜夫海纳的美学、哲学在思维方式与具体主张方面，还可为中国当代的生态美学建设提供重要的支撑。如他始终认为人与世界是平等的，其反对主客二分、反对人类中心主义的哲学导向，为生态美学的成立提供了重要的哲学理论基础。他的自然哲学更是具有直接指导意义。他的自然哲学

---

① 那薇：《道家与海德格尔相互诠释——在心物一体中人成其人物成其物》，商务印书馆2004年版，第47页。

② 曾繁仁：《回顾与反思——文艺美学30年》，《华中师范大学学报》（人文社会科学版）2007年第5期，第96页。

所表明的从根源上向自然的全方位靠拢，人与自然的共生，正是生态美学求之若渴的诗意人生。

此外，杜夫海纳的自然哲学对于中国当代的生态建设也具有重要意义。他主张"造化自然"是人与世界的共同根源，"人类与地球同是造化的儿子"，"地球是人类唯一的家园，除此之外，人类无家可归"，[1] 这些思想为中国当下的生态文明建设提供了重要的理论基础。他还主张造化自然是创生万物的根基，也是自然和人类诞生的秘密源泉，这俨然谈的是整个生态系统，显示出来的是人与自然和谐共生、共在的生态整体观。当然，他所提倡的人与世界的内在和谐，人的诗意生存等观点对于中国当代和谐社会的构建也极具启发意义。

总之，在现象学美学蓬勃发展的当代，杜夫海纳的美学思想获得了良好的发展契机，它值得我们充分重视。事实上，任何对于西方美学史，特别是 20 世纪西方美学史的研究，都不可能绕过杜夫海纳，这一点已经成为国内学界西方美学研究者的共识，所以对之进行深入系统的研究是非常必要的。

五　研究内容与研究方法

本书主要包括三部分，即导论，正文和结语。

导论部分首先明确杜夫海纳对于现象学和现象学美学的意义，并通过追溯主客体关系研究的历史流变，凸显主客体问题本身的价值，也为本书的研究提供一种历史的维度，接下来分析目前杜夫海纳美学的研究现状并指出存在的问题，在此基础上确立选题依据与研究价值，继而水到渠成地切入本书的研究内容和研究方法。

正文第一章介绍杜夫海纳美学思想的源流，主要包括杜夫海纳美学思想的背景、渊源及归宿。本章首先分析杜夫海纳美学思想产生的背景，从社会政治、哲学思潮和文艺思潮三个方面介绍杜夫海纳美学思想产生的多重背景；进而分析杜夫海纳美学思想的渊源，既包括现象学的脉络，也包括现象学之外的影响，由此凸显杜夫海纳思想的独特性与复杂性；进而再研究杜夫海纳美学体系建构的路径：杜夫海纳非常关注主客体的关系，他从对人与世界的关系的思考出发，在美学领域尤其是审美经验中体验到了

① Mikel Dufrenne, Introduction to *JALONS*: My Intellectual Autobiography, *Philosophy Today*, 1970 (3), pp. 188–189.

主客体的完美和谐，并将人与世界的和谐归根于造化自然（Nature）。他对美学问题的研究是对人的存在进行本源性思考的结果，在此意义上，他的美学乃是通向哲学的一条特殊道路。这一章的三节逐层深入，为正文的写作奠定一个必要的基础，同时为看待杜夫海纳的美学思想拓展一种宏观的视野。

从第二章到第四章，正式展开对杜夫海纳美学中主客体统一思想的研究。主要内容分别是：审美对象理论中的主客体统一思想；审美知觉理论中的主客体统一思想；审美经验理论中的主客体统一思想。之所以选定这三个部分是因为，审美对象、审美知觉与审美经验在杜夫海纳的美学中非常具有代表性，是杜夫海纳美学思想不可或缺的核心部分。更重要的是，这三个部分非常集中而鲜明地体现出杜夫海纳为克服近代以来思想界主客二分思维模式的局限性所做的努力。它们既是三个独立的专题，又具有鲜明的内在联系。在这三个部分中，意向性理论一以贯之。审美经验无疑是在由审美知觉和审美对象相互作用的审美活动中生成的，以现象学的观点来看，审美活动就是审美知觉的意向性活动。审美经验生成的过程也即审美知觉指向审美对象的过程。在这个过程中，"客体既通过主体存在，同时又在主体面前存在"，通过审美经验的现象学研究，杜夫海纳为胡塞尔意向性将主客体统一起来的成果找到了一块最适宜的土壤。秉承胡塞尔意向对象对于意识作用的优先性原则，杜夫海纳的审美经验研究首先从审美对象入手。本书尊重杜夫海纳研究欣赏者的审美经验的前提，也采取由对象向经验的回溯思路，即审美对象——审美知觉——审美经验的研究思路，分别对审美对象、审美知觉与审美经验中的主客体统一思想进行研究。具体来说：

第二章是审美对象理论中的主客体统一思想研究。审美对象是杜夫海纳美学中新意最多、论述最全面的一个部分。对于传统认识中仅仅是构成审美经验的客体极，杜夫海纳极为详尽地阐述了审美对象中蕴含的主客体统一思想，这一点在有关审美对象的各个问题中都有非常鲜明的体现。本章从审美对象的界定、构成要素、存在方式、显现方式，以及审美对象的世界等方面，全面考察杜夫海纳的审美对象论，从而认为杜夫海纳在上述各个问题上都力图贯彻"审美对象是一种主客体统一的产物"的思想。

第三章研究审美知觉理论中的主客体统一思想。不同于以往仅仅把审美知觉作为构成审美经验的主体极，杜夫海纳实际上是把审美知觉的过程视为一种主客体统一的过程来研究的。这一观点通过四节得到论证。首先以超越主客二元对立模式为主线阐述现象学视域中知觉向审美知觉的发展；然后从总体上将审美知觉与普通知觉进行对比，将审美知觉定位为一种指向审美对象的特殊知觉；接下来的两节分别从审美知觉中的想象和理性因素入手，探析杜夫海纳超越主客对立的尝试。整体上，本章以总分结构呈现出杜夫海纳审美知觉理论在超越主客二分模式上的努力。

第四章讨论审美经验理论中的主客体统一思想，围绕杜夫海纳的审美经验论进行研究，以主客交融为主线，体现为三节。情感先验作为主客沟通的桥梁，解释了审美经验的可能性，因此才有审美经验的广泛性和深度；审美对象只有达到真实才能得到欣赏者的认可，艺术真实是审美经验普遍性的前提；作为审美经验的一种具体形态，审美深度是一种主客体交融而达到的深度。因此，审美深度、艺术真实以及情感先验都体现了审美经验主客交融的特征。

结语部分在对杜夫海纳美学中的主客体统一思想总结的基础上，对其进行总评，主要包括杜夫海纳美学中的主客体统一思想的特点，杜夫海纳的理论贡献和不足。

立足上述内容，本书在研究方法上重视的是如下几方面：

第一，引进原典，文本细读。正如前文所言，国内的杜夫海纳著作非常有限，这在相当大的程度上限制了研究者的视野。只有引进更多的杜夫海纳的著作，并展开精细的研读，才能更全面地看待杜夫海纳的美学体系。本书在《审美经验现象学》、《感性的呈现——美学论文集》、《先验的概念》、《美学与哲学》、《诗学》、《路标》、《语言与哲学》和《当代艺术科学主潮》等著作的基础上立论，虽然论述的问题集中在《审美经验现象学》一书，但力求视野超越《审美经验现象学》。

第二，追根溯源，整体观照。任何人的思想都不是一成不变的，都不是从天上掉下来的，杜夫海纳的美学思想也有一个发展的过程，也有其现实的基础。20 世纪以来的法国与西方世界现实生活的全面激烈震荡是其思想发展演变的根基。在现象学与存在主义没有传入法国前，杜夫海纳对柏格森生命哲学的接受已经为他的整个思想体系奠定了基础。杜夫海纳在此基础上开始接受现象学与存在主义的影响。明确杜夫海纳美学的哲学渊源，将其放在现象学美学发展的脉络下加以审视，有助于认识杜夫海纳与现象学前辈的关联及其自身的独特价值。在杜夫海纳的美学体系中，意向性、人与世界、审美经验、先验、自然、存在、造化自然与自然哲学等是非常重要的关键词，通过追溯和推衍杜夫海纳美学思想发展的内在演进之路，理顺上述关键词之间的纷繁复杂的流变和关系，才有可能追求对杜夫海纳理论全貌的科学总结，才能对杜夫海纳审美经验现象学的研究给予准确的定位和评价。此外，一些具体问题的论述也需要追根溯源、整体观照的方法。如对于审美知觉，就要注意梳理从胡塞尔、梅洛－庞蒂到杜夫海纳的发展历程，既明确杜夫海纳对前辈的继承，又显示杜夫海纳的贡献。

第三，以点带面，参照比较。在杜夫海纳的美学体系中，《审美经验现象学》当然极具代表性，由于其影响巨大，研究杜夫海纳的美学思想，就不能对其视若无睹。但是如果仅仅就《审美经验现象学》而展开论述，必然会造成格局太过狭小的问题。为了避免这种局限，我们尽力在具体问题的论述中贯彻以点带面、参照比较的方法。如对审美对象的界定，我们是在西方传统理解的基础上引出杜夫海纳的观点，然后考虑杜夫海纳的界定与其现象学前辈对审美对象的理解是一种什么关系。对于审美知觉中的理性因素，注意将杜夫海纳的某些观点与苏珊·朗格、阿恩海姆进行比较；再如对想象、对先验、对艺术真实无不如此。立足杜夫海纳，又不止于杜夫海纳是我们的目的。

总之，对于杜夫海纳美学思想的研究，本书力求在忠实于杜夫海纳理论原貌的基础上，对其思想发展追根溯源，合理推衍，同时将杜夫海纳探讨的具体问题放在更普遍的层面上进行参照比较，并对其进行整体性的观照，以求对于杜夫海纳美学思想认识的深化。

第一章　杜夫海纳美学思想的源流

杜夫海纳的美学思想是 20 世纪法国特定社会文化环境与语境下的产物，其产生和发展既有思想史的资源，又离不开现实的根据。加之，杜夫海纳绝非是一个两耳不闻窗外事的纯粹的书斋型学者，20 世纪风云复杂的政治历史事件和各种哲学、文艺思潮乃至社会变迁都能触动他敏感的心灵，都使他展开了积极的思考。从第一次世界大战爆发带来的信仰的全面崩溃到第二次世界大战结束后的精神困惑与焦虑，从法国的沦陷到德国的战俘生活，从高举理性旗帜到非理性的势不可当，从科学技术对生活的渗透到社会生活的全面异化，可以说，20 世纪的这些可见的和不可见的影响既构成了他思想产生的根源，也预示了他思想的归宿。了解杜夫海纳美学思想的背景、渊源和归宿，对于完整、准确地认识杜夫海纳的哲学、美学思想是非常必要的。

第一节　杜夫海纳美学思想的背景

杜夫海纳的一生几乎贯穿 20 世纪，他的所有思想都形成于 20 世纪。所以，对 20 世纪的法国社会做一个较为全面的扫描，必然有助于立体地认识杜夫海纳的思想。脱离 20 世纪的法国社会现实，则难以揭示杜夫海纳思想的独特性和深刻性，难以评价杜夫海纳美学与时代、社会文化的关系。有人说："较之以往的任何一个世纪，20 世纪人类社会的显著特点大抵是，政治最为动荡、战争最为惨烈、科学最为发达、思想最为活跃。"[①] 20 世纪的法国无疑置身于这个旋涡的中心。无论从政治活动还是哲学思潮和艺术流派来看，法国都堪称是 20 世纪的一个领路先锋。基于这样的事实，我们将从以下三个方面来介绍杜夫海纳美学思想的背景。

一　杜夫海纳与 20 世纪法国知识分子的普遍命运

20 世纪法国知识分子的命运与他们的祖国——法国的国家命运紧密

---

① 何仲生、项晓敏主编：《欧美现代文学史》，复旦大学出版社 2002 年版，绪言第 1 页。

相连。回首来看，20 世纪的法国知识分子表现出了非常强烈的"介入"精神。无论是面对战争还是公共事件，他们大都采取了一种"介入"的态度，以各种形式参与到公众、社会活动中去。这是 20 世纪法国知识分子的一个特别突出的特征。在 20 世纪这些风起云涌的时代巨变面前，杜夫海纳的命运也紧紧地与之相连在一起。杜夫海纳于 1910 年 2 月 9 日生于法国，这就注定了他与 20 世纪法国诸多重大事件的或隐或显的关联。

19 世纪末发生的德雷福斯事件将法国知识分子卷入了长达 10 年的争论之中。这一事件似乎也预示了 20 世纪法国知识分子与政治以及公众事件的牵连。1914—1918 年的第一次世界大战及战后的形势不容回避地将这一时期的知识分子卷进来。如何面对战争成为每一个人需要考虑的问题。有一些知识分子鲜明地反对战争，如为反战而献身的饶勒斯（Jean Jaurès，1859—1914），主张超乎混战之上的罗曼·罗兰（Romain Rolland，1866—1944）以及战争后期充当和平主义知识分子旗手的亨利·巴比塞（Henri Barbusse，1873—1935）。此时的知识分子显现出了日益政治化与党派化的趋势，知识分子们的这种态度与当时的社会现实密切相关。20 世纪 20、30 年代的法国是一个怀疑的时代。战争给法国留下了太多的伤痛。140 万人丧生和失踪，经济遭受空前破坏，物价飞涨，政局动荡。20 年代稍有转机，30 年代初却又陷入史无前例的危机之中。目睹残败的祖国，法国的知识分子们在苏联十月革命中看到了希望。可是，30 年代初苏联暴露出的一系列政治舞弊与财政丑闻使他们再度陷入怀疑的深渊。"为了寻找出路，这些知识分子有的参加共产党，有的转向法西斯主义，也有的在不满于自由资本主义的同时，既敌视共产党，也敌视法西斯主义，试图另辟其它治国路径。尽管这些知识分子的路径选择大不相同，但他们身上都具有一种共同的违拗精神。"[①] 这种精神被研究法国知识分子史的专家维诺克称为"30 年代精神"。

在这种社会精神文化的氛围中，杜夫海纳完成了他的学业。他的学习成绩非常优秀，中学即在法国一所非常著名的公立高中（The Lycée Henri-IV）就读，该中学以严格著称，学生进入高等学校深造的概率非常高。杜夫海纳 1929 年顺利进入著名的巴黎高等师范学校学习，1932 年获得哲学学位。学生时代，杜夫海纳主要接受的是古典理性主义的文化遗产，他

---

① 吕一民：《20 世纪法国知识分子的历程》，浙江大学出版社 2001 年版，第 11 页。

特别提到了斯宾诺莎和康德的影响。然而理论上的理性却难以解释现实中大量的非理性事件,因此,理性在两次世界大战期间受到了普遍的质疑。[①] 不仅如此,残酷的现实使杜夫海纳承认:"在法国,我们这一代对历史局势——苏联的经验与法西斯主义的兴起——比对逻辑王国的攻克更敏感。"[②] 然而,更残酷的事情再一次无法预料地发生了。

1939—1945 年的第二次世界大战使法国的知识分子们以不同的姿态参与进来。罗贝尔·布拉吉拉奇(Robert Brasillach)、吕西安·勒巴泰(Lucién Rebatet)、德里厄·拉·罗歇尔(Drieu La Rochelle)与马塞尔·戴阿(Marcel Deat)等人都是当时知名的法西斯知识分子。与这些知识分子相反,多数法国知识分子积极投入了抵抗运动。他们或者拿枪或者拿笔,前者如著名作家安德烈·马尔罗(André Malraux),后者则以萨特、加缪(Albert Camus)、阿隆(Raymond Aron)等人为代表。杜夫海纳1939 年应征入伍,继而随军开赴德国,在 1940 年 5 月沦为战俘,在德国度过了 5 年的牢狱生活。幸运的是,德国人对待法国战俘要比俄国战俘人道得多,这使得杜夫海纳竟能继续思考人及理性等问题。与利科的相识,促进了这种思考。二战后的法国社会现实成为存在主义生长的最适合的土壤,存在主义对人的信心为二战后的人们包括杜夫海纳带来了新的希望。雅斯贝尔斯慨叹"大战(指一战)以前那种既富于崇高的精神性而又素朴的有如天堂般的生活,再也无法回复了。在这时期,哲学变得比以往更加重要了"[③]。杜夫海纳也深有同感,他在现象学与存在主义中间寻求一条属于自己的道路。他锁定了人与世界的关系,将之作为自己的首要研究课题。

从二战结束到"冷战"之初,法国知识分子们的立场也不尽相同。由于法国社会在战后初期面临着"美国化"的威胁,有相当多的法国知识分子对美国抱有一种敌视的态度。与这些人相比,杜夫海纳对美国是较为熟悉的。为了收集资料,他曾在美国暂住一年。他曾在布法罗大学(the University of Buffalo)和密歇根大学(the University of Michigan)任

---

① 参见 Mikel Dufrenne, Introduction to *JALONS*:My Intellectual Autobiography, *Philosophy Today*, 1970 (3), pp. 171 – 172。

② Mikel Dufrenne, Introduction to *JALONS*:My Intellectual Autobiography, *Philosophy Today*, 1970 (3), p. 172.

③ W. 考夫曼:《存在主义:从陀斯妥也夫斯基到萨特》,1957 年英文版,第 159 页。转引自徐崇温主编《存在主义哲学》,中国社会科学出版社 1986 年版,第 238 页。

教，也曾在其他许多学校发表演讲，因而，他有大量的机会了解美国哲学的脾性。[1] 杜夫海纳的马伦鲍威尔演讲还被看作欧洲大陆哲学与英美分析哲学的一次沟通。此外，在撰写《审美经验现象学》一书期间（约1947—1953），杜夫海纳还参与了公众生活，在《战斗报》（Combat）和其他期刊上发表了许多有关现实专题的文章，展现出他对社会现实问题的思考。

1968 年的五月风暴又一次使法国的知识分子们无从回避。冯俊说："1968 年的'五月风暴'对于法国思想界所产生的影响是不可估量的。每一位哲学家和思想家都不得不对它表明自己的态度，或积极支持，或缄默观望，或充当理论上的勇士和行动上的隐士，或公开反对。列斐伏尔（Henri Lefebvre）、萨特、阿尔都塞（Louis Althusse）、福柯（Michel Foucault）、阿隆等人，他们都以不同的方式将自己的理论、学说和这场运动联系在一起。"[2] 吕一民等人也认为，这次事件使法国左派知识分子队伍再度分化：一些人继续坚持激进的革命态度，甚至主张用暴力手段推翻戴高乐派政权；另一些人则在失望之余，认为马克思主义"欺骗"了他们，因此，他们把自己的理论偶像从阿尔都塞、毛泽东和马克思转向了拉康（Jacques Lacan）、福柯和索尔仁尼琴（Александр Исаевич Солженицын），从热衷马克思主义、共产主义转向其对立面。[3] 1968 年发生的一连串事件也使杜夫海纳一度中断写作，转而公开参加各种学生运动和社会运动。政治局势的不断变化使得杜夫海纳对政治哲学颇感兴趣，他的著作中，《为了人类》（1968 年）、《艺术与政治》（1974 年）和《颠覆与堕落》（1977 年）都涉及对政治哲学的反思。

如果说，在 20 世纪 70 年代，法国的知识分子们仍然是社会抗议运动（如女权运动、保护生态运动、反精神病学运动与监狱改革运动等）的先锋，相对而言，进入 80 年代的法国知识分子似乎已失却了以往的激情。他们在社会舞台上显得非常的低沉，对于一些重大事件更是保持"沉默"，显现出对政治和社会活动的一种厌倦。杜夫海纳也显示出类似态

---

① Mikel Dufrenne, *Language and Philosophy*, translated by Henry B. Veatch, Indiana University Press, 1963, p. 12.

② 冯俊：《从现代走向后现代——以法国哲学为重点的西方哲学研究》，北京师范大学出版社 2008 年版，第 244—245 页。

③ 参见吕一民、朱晓罕《良知与担当：20 世纪法国知识分子史》，浙江大学出版社 2012 年版，第 230—231 页。

度，"在其一生的最后十年里，他一直密切观察种种事件的发展，并且与大批朋友保持着密切的联系，但却很少动笔"。① 静观其变成为 20 世纪末不少法国知识分子的共同选择。

总体来看，与 20 世纪法国的其他知识分子一样，杜夫海纳不由自主地卷入了当时的各种巨变之中，因而，他的思想与法国的社会现实是密切相关的。作为一位进步的知识分子，他的基本立场与萨特等人并无实质上的不同，但不似萨特那般激进。20 世纪风云变幻的法国造就了杜夫海纳敏感而谨慎的性情和正直而理性的品格，这也往往在他的各种理论立场中间接地反映出来。

二　杜夫海纳与 20 世纪法国的主要哲学思潮

作为欧洲大陆文化的中心，法国向来是西方思想的重要策源地。20 世纪以来，法国更成为西方主要思潮的中心。20 世纪的法国哲学思潮异常活跃，流派纷呈，名家辈出。这些哲学思潮以其原创性和强大的生命力，对法国当代的文化生活产生了重要的影响。在探讨杜夫海纳的美学思想的背景时，我们不能不论及震撼 20 世纪法国与西方意识形态领域的几种哲学思潮。考虑到与杜夫海纳思想的关系，我们重点涉及如下几种思潮：

柏格森的生命哲学是我们首先要提到的哲学思潮。在杜夫海纳的学生时代，法国的哲学主流主要是布伦茨威格（L. Brunschvicg，1869—1944）的观念论与柏格森（H. Bergson，1859—1941）的生命哲学。在现象学被引进法国之前，柏格森哲学基本上在法国占据统治地位。与众多巴黎高师的同辈（萨特、梅洛－庞蒂、阿隆等人）一样，杜夫海纳当时接受的是布伦茨威格和阿兰的教育，但他们却无一例外地更多地受到了柏格森的影响。柏格森作为西方现当代非理性哲学的开创者，他的生命哲学具有强烈的反对传统理性观念的色彩。在他的理论体系中，本体论占有特殊的地位。他反对用概念和符号来描述对象，主张进入对象内部，重视超越理智的直觉，强调绵延不绝的"生命的冲动"。这一思潮对杜夫海纳产生了深刻的影响。杜夫海纳经常引用柏格森的思想来支持自己的论点。关于审美经验中的"自我"，他直接采用了柏格森的说法，在继承的基础上又有所

---

① M. 赛松：《杜夫海纳的美学思想》，王柯平译，载《世界哲学》2003 年第 2 期，第 70 页。

发挥。

　　法国的存在主义实际上是与德国现象学合流后的存在主义现象学，20世纪三四十年代在法国勃兴，50年代风靡法国及整个西方世界。领袖人物是萨特和梅洛－庞蒂。杜夫海纳深受他们的影响，以致宣称他的现象学就以这二人的引进为基础。现象学吸引萨特的地方在于它可以直接描述和面对活生生的经验，这正是萨特梦寐以求的东西。因此，萨特引进的现象学特别关注人的在世经验。对他来说，哲学是专门研究和阐释人、人的存在、人的自由的哲学——即"人学"。因此，他的存在主义哲学是高扬人的自由意志和主体能动性的哲学。我们看到杜夫海纳也把人的存在作为思考的核心，但更倾向于研究人与世界的活生生的关系。梅洛－庞蒂与萨特既是同道又颇有分歧。按照特罗蒂尼翁的看法："在现象学的共同语言之下形成了两个根本不同的哲学家"，"两个人都从胡塞尔那里受到启发，但绝不是同一个胡塞尔，读的也不是同样的书。萨特的胡塞尔是《纯粹现象学和现象学哲学的观念》（第1卷）中的胡塞尔；梅洛－庞蒂的胡塞尔则是各种未出版的著作以及《经验和判断》中的胡塞尔，是《笛卡尔沉思》和《欧洲科学的危机和先验现象学》中的胡塞尔，是关于时间的内在意识的各种学说的胡塞尔"。① 与萨特停留于纯粹意识的意向性不同的是，梅洛－庞蒂从胡塞尔的哲学中引申出了身体意向性，这就使得萨特和梅洛－庞蒂之间产生了根本性的差别。"简单地说，萨特反笛卡尔主义，但由于继续发挥胡塞尔有关纯粹意识的思想，依然停留为某种弱化的笛卡尔主义，而梅洛－庞蒂反笛卡尔主义，并且创造性地改造胡塞尔思想，将纯粹意识的意向性改造为身体意向性，从而超越了笛卡尔主义"。② 在当代哲学家中，杜夫海纳无疑与梅洛－庞蒂最为接近。他将审美经验界定为知觉经验，显然是受梅洛－庞蒂的影响。

　　20世纪60年代，结构主义取代存在主义而占据统治地位，这是当代法国哲学思潮发展中最重大的一个转折。这种转折的深层动因是20世纪的语言学转向。结构主义哲学思潮起源于20世纪初索绪尔的语言学研究。索绪尔认为语言是人类的共性、本质，它具有结构的共存性和认识现实的

---

　　① ［法］皮埃尔·特罗蒂尼翁：《当代法国哲学家》，范德玉译，三联书店1992年版，第39—40页。

　　② 杨大春：《感性的诗学：梅洛－庞蒂与法国哲学主流》，人民出版社2005年版，第41页。

内在模式的特点。他指出语言可以展示出语言和言语两种基本表现形态，对语言不仅要进行历时性研究，还必须要进行共时性研究，即强调语言既有它的历史范围，又有其当时的结构属性。结构主义在法国的滥觞得力于列维－斯特劳斯把结构主义的方法应用于人类学的研究，从此，结构主义的方法在各领域广泛地波及开来，如福柯在认识论领域、罗兰·巴尔特在文学领域、阿尔都塞和拉康则把结构主义分别与马克思主义和精神分析法相结合。这样，从 20 世纪 60 年代起，在法国先后出现了列维－斯特劳斯、拉康、阿尔都塞、福柯、罗兰·巴尔特、德里达等结构主义的和后结构主义的哲学新明星。

　　杜夫海纳对待后现代思想的态度比较复杂，包含批评、对话与借鉴。对于结构主义等思潮的兴起，萨特在他主编的杂志《现代》和他的著作《辩证理性批判》中发起攻击，严厉批评列维－斯特劳斯关于"不变的结构"的反历史主义的观点。与萨特这种鲜明的立场相比，杜夫海纳对待结构主义等思潮最初采取了非常谨慎的温和态度。在 1967 年的《文学批评：结构与意义》一文中，杜夫海纳自己明确地说："我们把意义的现象学与结构形式主义相对立起来，并非想使这二者平分秋色，主要是想使双方意识到它们是相辅相成的。"[1] 但在 1968 年发表的《为了人类》一书中，他坦白地公开反击，尤其针对结构主义。根据《感性的呈现：美学论文集》的编者介绍，从 50 年代到 70 年代末，杜夫海纳逐渐尝试了解后现代思想，在某些情况下甚至认同后现代思想：在《永恒的绘画》（1976）一文中，在某些限定下，他借用了利奥塔的"作为欲望的绘画"的概念的某些方面。在《为什么要去电影院》（1972）一文中，罗兰·巴尔特、麦茨（Metz）、阿尔都塞等人的思想体系的观念起着重要的作用。但没有一篇能比得上杜夫海纳在 1976 年的论文《想象物》（"The Imaginary"）中的详尽阐述。在《想象物》一文中，他对弗洛伊德主义及后弗洛伊德主义既有批评又有某种赞同，并与巴尔特、福柯、德里达以及后康德主义者展开对话，尤其是对德里达的"延异"展开了批评。而在"意象与欲望"部分（"Image and Desire"），他的分析又带有明显的利奥塔的痕迹。在 20 世纪 70 年代，杜夫海纳逐渐开始更多地关心、解释与分析后

---

① ［法］杜夫海纳：《美学与哲学》，孙非译，中国社会科学出版社 1985 年版，第 151 页。

现代思想的基本前提。①　综合来看，杜夫海纳对结构主义并非是一味的批评，其态度常常因具体问题而不同。

　　杜夫海纳与结构主义的分歧其实在于对语言的看法不同。20 世纪的语言学革命展现了时代精神发生深刻变化的波澜壮阔的图景。二战时期特别是二战以后，法国语言学界先后出现了社会语言学、心理语言学、功能主义语言学、从属关系语法理论等学派，异彩纷呈。对语言的关注已经是梅洛－庞蒂现象学的一个研究主题，国外研究者甚至认为梅洛－庞蒂的语言研究为结构主义的兴起提供了某种线索，"结构主义原来正是梅洛－庞蒂的现象学哲学寻找的东西"②。杜夫海纳同样对语言有着异乎寻常的兴趣，这一点在《审美经验现象学》中通过对表现的分析已初露端倪。此后，他在 1963 年出版了《语言与哲学》一书，这是 1959 年他在美国印第安纳大学（Indiana University）的系列演讲稿。在此书中，他主要阐述了语言与语言学、语言与逻辑的联系以及语言与形而上学等问题。杜夫海纳对语言的兴趣与他的整个美学与哲学的立场是一致的。他认为语言的反思可以从两个方向进行：一是朝向语言的本体论（an ontology of language）；一是朝向言语的现象学（a phenomenology of speech）。按照他的理解，现象学视域下的语言研究自然会推进到本体论。而且，最后通过向诗歌语言的求助，可以再次回到对人与世界关系的思考："语言是联系人与世界的滋养性的结，它也是人解放自己和确证自己愿望的手段。人能认识和掌握事物仅仅因为他能命名；他能命名仅仅因为事物向人揭示自己，因为'创造的自然'（Natura naturans）发明了语言并召唤人来说。这就是诗人知道的、他的诗歌说出的东西：诗提出了语言的问题并以它自己的方式提供了对这一问题的解决方案。"③　他还对语言与艺术的关系进行了思索，这就是 1966 年的《艺术是语言吗?》一文。杜夫海纳主要反对结构主义把文艺作品仅仅看作语言，而他认为艺术绝不仅仅是语言。我们看到，以结构主义、符号学等为代表的后现代主义把语言作为一种工具进行了形而上的抽象以求得出具有普遍性的结论，而杜夫海纳恰恰强调的是语言的独

---

　　① Mikel Dufrenne, *In the Presence of the Sensuous*: *Essays in Aesthetics*, edited and translated by Mark S. Roberts and Dennis Gallagher, Humanities press international, 1987, pp. xxi-xxiii.

　　② ［美］加里·古廷：《20 世纪法国哲学》，辛岩译，江苏人民出版社 2005 年版，第 259 页。

　　③ Mikel Dufrenne, *Language and Philosophy*, translated by Henry B. Veatch, Indiana University Press, 1963, p. 101.

特性，在他而言，独特就代表着普遍。这是二者根本性的分歧。前者正是凭借语言中蕴含的普遍的指导性而形成声势浩大的语言学思潮的。

总之，20 世纪法国的这些哲学思潮就是杜夫海纳思想产生和发展的现实语境，他的思想或多或少无可避免地与这些潮流发生着多种多样的联系。无论立场如何，这些潮流都促进了他的思考，有的成为他思想的资源，有的使他展开交锋、商榷和对话。由于这些思潮，他的思想保持了一种开放性，这尤其体现在语言学转向过程中他对结构主义的态度。然而，他无疑也具有某种保守性，这种保守使他逐渐在语言学巨浪滔天的翻卷中采取了静观其变的态度，在当时他已不再是人们关注的中心。在这一点上，正体现出他与利科的分别。利科在语言学潮流下勇猛前进，在 20 世纪 80 年代声名远播。杜夫海纳将现象学的方法与存在主义相结合，同时又用于审美领域进行研究，这使他扬名国际，而他在 60 年代后的语言学风暴中却无法为自己争得一席之地，最终默默观望，其声名在法国匆匆而来又匆匆而去，这种独特的景观不得不说是 20 世纪法国变换频仍的众思潮下的产物。由此，杜夫海纳与 20 世纪法国主要哲学思潮的关系得以彰显。

三　杜夫海纳与 20 世纪法国的主要文艺思潮

法国现代主义文学、艺术与美学思潮同样是了解杜夫海纳美学思想的一个窗口。杜夫海纳渊博的知识结构也体现在他对众多文艺作品、思潮以及文艺批评的谙熟上。文学艺术作为艺术家对人类生存状态进行审美观照的产物，包含着被知觉之物的原始真实，得到了杜夫海纳充分的重视。杜夫海纳对于各类艺术均有非同寻常的兴趣与独到的见解，在他的美学体系中，随处可以见到音乐、绘画、戏剧、雕塑、诗歌、小说、电影等艺术门类的精彩论述。这些思考既为围绕文学、艺术、美学和哲学的相关问题提供了实例分析，又使各艺术门类获得了深厚的理论滋养，二者在杜夫海纳的美学体系中相融成为一个有机的整体。他对各类艺术的广泛涉猎与精准把握是其他美学家难以比拟的，他的美学思想是一个真正融美学与艺术于一体的体系。尽管杜夫海纳对 20 世纪美轮美奂的各种文艺思潮涉猎甚广，关注的不仅仅是 20 世纪法国的文艺思潮，但作为杜夫海纳美学思想诞生的具体语境，我们还是给予它理论上的优先性，并且主要展开对与杜夫海纳美学相关思潮的分析。

印象主义是从 19 世纪后半期到 20 世纪初期流行于法国、欧美乃至世界的一种艺术流派和文艺思潮。杜夫海纳首先关注的是印象主义绘画，尤以塞尚、莫奈等人为代表。塞尚与莫奈作画技法不同，画风也不同。杜夫海纳说："莫奈画大教堂时把粗糙的石头溶化在光的醋酸之中。塞尚则相反。他突出普罗旺斯的起伏跌宕的丘陵。显然，莫奈的印象主义和塞尚的潜立体主义在构图、调色和笔法上运用的是不同的技巧，这不同的技巧也可以符合有关透视或颜色的视觉效果的不同学说。但对作为欣赏者的我而言（如果不是对画家本人而言的话），技巧和学说都不足以确定一个风格。技巧和学说还必须在我眼里显得是出于某种世界观的需要，这种世界观把创作当作一种冒险和自由。"① 莫奈和塞尚二人之所以各有风格，那是因为他们都揭示了人与世界的某种活生生的关系。艺术家的伟大在于他总是通过自己的创作发掘出这种活生生的关系。海德格尔高度评价梵高的《农鞋》，实质上也是赞扬梵高对于农妇及其生活的真实性的把握。仅仅通过一双破旧的、极为普通的农鞋，农妇的世界得以敞开。这就是画家独具慧眼的地方。杜夫海纳还引用塞尚和梵高来证明"真正的艺术品永远带有自然的外表"，可见他对印象主义绘画的喜爱。

杜夫海纳其次关注的是印象主义音乐，他比较推崇的是德彪西。对于人们批评印象主义的"无主题论"，杜夫海纳立场鲜明地指出：实际上很少作曲家采取"无主题论"。"比如德彪西，他之所以打破他那种具有干脆、明确和袭击性形式的旋律，只是为了以连续装饰音，不断涌现的形式更好地重建旋律：还有比《G 小调的四重奏》的行板或《大海》更富有旋律性的吗？同样，瓦格纳之所以放弃——但不经常放弃——咏叹调，只是为了使歌曲的气味更如浓厚。绝没有没有旋律性的、因而不带主题的音乐，除非不按传统的展开方式来处理主题"。② 通过与瓦格纳的比较，杜夫海纳维护了德彪西的风格，反驳了人们对印象主义音乐"无主题论"的批评。总体来看，杜夫海纳对印象主义基本上持肯定的态度。

象征主义是西方现代派文学中持续时间最长、影响最大、涉及面最广的一个文学流派，在 19 世纪 70—90 年代就曾在法国流行，20 世纪 20—40 年代在法国（包括欧洲）又崛起了后期象征主义的高潮。瓦雷里是法

---

① ［法］杜夫海纳：《审美经验现象学》，韩树站译，文化艺术出版社 1996 年版，第 136 页。英译本 p. 105。

② 同上书，第 305 页。英译本 p. 268。

国后期象征主义诗歌的代表人物。杜夫海纳在著作中频繁引用瓦雷里的作品，有时仅仅是为了诗意，整体上充满赞赏的口气。不仅如此，他也与作为文艺批评家的瓦雷里经常交流，如在谈到肉体的功能时，他说："正如瓦莱里笔下的厄帕利诺所说的，只要肉体不参与其事，我们必定处于无能为力的状态。我们必须借助肉体，在对象——不管是数学对象还是观念对象——面前感到自由自在。"① 显然，瓦雷里对肉体的重视为杜夫海纳阐述知觉主体提供了支持。当然，杜夫海纳并非完全赞同瓦雷里，例如他曾指出瓦雷里"或许没有充分注意到"作品的意义。② 事实上，杜夫海纳不仅熟悉瓦雷里，对于前期象征主义的代表人物马拉美，他似乎更熟悉。同样地，他对马拉美也充满了敬意。由此可知，对于象征主义诗歌，杜夫海纳是持赞赏的态度的。

　　超现实主义是 20 世纪前半期流行于西方世界的一种文艺思潮。它起源于法国，在两次世界大战期间都曾盛行于法国文坛，乃至影响整个欧洲，到 1969 年，让·许斯特正式宣布解散，它持续了近半个世纪之久。杜夫海纳对超现实主义的整体态度批评胜于肯定，"超现实主义的艺术反而曾经最经常是货真价实的现实主义艺术。这是因为它着重的主要不是世界的存在，而是世界的意义，或者说是提供记号的能力。布莱顿的那幅《纳加》摄影，就是对记号的猎取，他象古罗马人会拍摄一群乌鸦飞翔或一个牺牲者的内脏那样，拍摄一只手套或一处露天咖啡馆。席里柯或达利也是摄影师，他们把梦或偶然给予他们的记号固定下来。至于这些记号的意义和趣味，只有他们能解释，能判断。至于我们……"③ 可见，杜夫海纳认为超现实主义仅提供了读解世界的记号，可是对这些记号的意义的解释是无法令人赞同的。而且，他还指出，超现实主义所提供的审美对象像一个待解的谜一样，因而它更求助于人的理解力而非感觉。尽管超现实主义在各个艺术领域均有影响，杜夫海纳较为肯定的是超现实主义诗歌。

　　在小说方面，杜夫海纳比较关注的是"意识流"小说和"新小

---

　　① ［法］杜夫海纳：《审美经验现象学》，韩树站译，文化艺术出版社 1996 年版，第 388—389 页。英译本 p. 352。

　　② 同上书，第 59 页。英译本 p. 33。

　　③ ［法］杜夫海纳：《美学与哲学》，孙非译，中国社会科学出版社 1985 年版，第 193 页注释①。

说"。前者以普鲁斯特为代表。在《审美经验现象学》中，杜夫海纳几次提到普鲁斯特及其代表作《追忆逝水年华》。谈到风格问题时，他还引证了普鲁斯特的观点。而后者却是杜夫海纳经常批驳的对象。他反复地说："这类作品（指新小说）在我们熟悉的天空中，即使没有神话那样的诱人光辉，也有着同样令人困惑的昏暗之处。这些作品要求结构分析是毫不奇怪的，因为它们是'为写作而写作的'，而且批评家先于作家。"① "假如我是批评家的话，我就会指出：新小说可能达不到自己的目标。首先因为它不是它想成为的东西，即对某个其准一意义就是没有意义的世界的客观记述。第二是因为，由于不遵守叙述的一般结构，新小说无谓地使读者厌烦，或使读者感到莫名其妙。"② 可见，杜夫海纳对于"新小说"的批评是非常严厉的，他还专门批评了"新小说"的代表人物罗伯－格利耶。

立体主义是20世纪初兴起于法国的一个西方现代艺术流派，它也是杜夫海纳比较关注的一个现代画派。这种关注尤其体现在毕加索的身上。杜夫海纳显然对毕加索的作品风格了然在胸。事实上，在他的眼中，毕加索并不仅仅代表着立体主义，他更多地从画家的内在表现来把握毕加索。因而，无论从蓝色时期到玫瑰色时期，还是从《熨衣妇》到《格尔尼卡》，杜夫海纳认为毕加索改变的只不过是技巧和表现手法，而不是表现内容。整体上，杜夫海纳对毕加索持赞赏态度。

综观杜夫海纳与20世纪法国的主要文艺思潮，我们发现与众多艺术门类的密切联系是杜夫海纳美学体系的一个特色。杜夫海纳对在法国盛行的主要文艺思潮均有独到的见解，这既是他长期关注各艺术门类的结果，也表现出他对身边的不断更新的文艺思潮的敏感。面对各种文艺思潮，他的态度是鲜明的。对于那种只追求新奇的艺术形式，杜夫海纳是持否定态度的。③ 同时，他又是十分清醒的。他能够辩证地看待20世纪的各种文

① ［法］杜夫海纳：《美学与哲学》，孙非译，中国社会科学出版社1985年版，第144页。

② 同上书，第169—170页。

③ 参见杜夫海纳《美学与哲学》第188—189页。杜夫海纳说："'活体艺术（mobile）'只能存在短暂的时间，它有持续变换的优美，却不再是一个雕塑的实体。粘贴画和装配画将不会象梵·艾克（Van Eyck）的油画那样去向几个世纪挑战。（用剪切报纸标题而得来的诗，确实是很容易融解的。这种诗，布莱顿（Breton）在《可融解的鱼》中曾举了一些例子。）由于是暂时性的，审美对象也可能显得潦草。请想一想波普（Pop）艺术吧。外行人很难从中找到在其他时代的作品中必不可少的那种感性。"

艺思潮，保持开放的心态来接纳它们。① 在经历了 20 世纪变幻莫测的时代风暴，以及 20 世纪反传统、反理性的西方现代派的各种文艺运动之后，我们看到的杜夫海纳是一个理性的、传统的但又开放的、对艺术的未来充满信心的杜夫海纳，也是一个极富人文关怀、具备高度鉴赏力的头脑清醒的杜夫海纳。

第二节　杜夫海纳美学思想的哲学渊源

杜夫海纳的美学思想来源广泛，理清其渊源有助于我们更深刻地认识杜夫海纳的美学体系，也可以借此廓清这些渊源之间的关系。杜夫海纳的美学思想充分地体现出综合创造的特点。作为一位现象学美学的集大成者，杜夫海纳并不严格局限于现象学本身，而是以此为原点，积极吸收、改造各种理论资源来形成自己的体系。从哲学渊源来看，杜夫海纳美学思想的理论根基主要在于胡塞尔等人的现象学、海德格尔等人的存在论，以及康德的先验论三个方面。杜夫海纳美学思想的繁茂大树正是从此中得到了充盈的滋养。

一　现象学的渊源

尽管有的研究者声称杜夫海纳背离了现象学，我们依然认为，现象学依旧是杜夫海纳思想中最根本的东西。杜夫海纳曾经通过《审美经验现象学》中的一个注释说："读者将会看到，我们并不刻意去服从胡塞尔的字面意义。我们是按照萨特和梅洛－庞蒂两位先生把现象学引进法国时对它所作的解释来理解这一术语的。"② 杜夫海纳的这番话并非是要与胡塞尔分道扬镳，它恰恰说明，现象学各家，从胡塞尔到萨特、梅洛－庞蒂对杜夫海纳都深有影响。杜夫海纳不同于海德格尔、盖格尔、英加登和梅

---

① 杜夫海纳对现代艺术的代表性观点参见《美学与哲学》第 186—187 页："我认为，现代艺术表现了形式化思想的到来对人所造成的情况，艺术与文化以同样的矛盾而引人注目。这矛盾就是：既丰富又贫乏；既是对个人的赞扬又是对个人的抛弃；既是形式的获得又是真实的丧失——有时达到对世界的拒绝和作品的自我毁灭的地步。这种艺术事实上是在思考所造成的条件下创造出来的。艺术家从来没有写得如此之多，从来没有达到一种如此敏锐的自我意识，从来没有如此强烈地感受过正投身于一种空前的精神冒险之中。艺术被思考，直至成了自省艺术。"

② ［法］杜夫海纳：《审美经验现象学》，韩树站译，文化艺术出版社 1996 年版，引言第 4 页注释①。英译本 p. xlviii 注释 2。

洛－庞蒂等人，他与胡塞尔并无师承关系，然而，杜夫海纳受胡塞尔影响
之深有过之而无不及。他在《审美经验现象学》一书中大量运用了胡塞
尔现象学的方法，张法认为：“杜夫海纳的成功受益于胡塞尔的现象学方
法。”① 更确切些，我们可以说，杜夫海纳的成功受益于胡塞尔的意向性、
本质直观、悬搁、主体间性与还原等方法与理论。

　　其中，给杜夫海纳启发最深的当属意向性。一则杜夫海纳倾心于胡塞
尔的意向性理论超越二元对立的哲学追求，正是通过胡塞尔的意向性理
论，杜夫海纳看到了美学研究中重新看待主客体关系的可能；二则意向性
作为一种方法具有极强的可操作性，如果说杜夫海纳的美学体系整体上采
用了胡塞尔的意向性理论，只是根据审美活动的特点将之具化为“审美
知觉—审美对象”结构并不过分。在《审美经验现象学》一书中，意向
行为与审美知觉相对应，意向对象与审美对象相对应，而审美经验则是意
向行为（审美知觉）与意向对象（审美对象）的相互投射。这样，杜夫
海纳就把现象学的意向性成功地运用到了美学领域，从而实现了现象学哲
学向现象学美学的转化。

　　胡塞尔本质直观理论的影响，主要体现在杜夫海纳对于审美知觉的认
识上。胡塞尔曾经明确地说：“现象学的直观与‘纯粹’艺术中的美学直
观是相近的；当然这种直观不是为了美学的享受，而是为了进行进一步的
研究、进一步的认识，为了科学地确立一个新的（哲学）领域。”② 胡塞
尔的这种认识博得了杜夫海纳的赞同。与萨特只重想象，梅洛－庞蒂只重
知觉的做法不同，杜夫海纳对胡塞尔本质直观的两种方法——感知与想象
都很感兴趣。尽管在《审美经验现象学》中，他似乎更加重视感知，那
只不过是他认同胡塞尔“感知是比想象更具奠基性作用的意识行为”观
点的表现。其实，杜夫海纳也很重视想象问题，并曾专门撰文研究，③ 只
不过不主张在审美知觉的过程中发挥太多的想象。有关本质直观的具体论
述见第三章，这里不再展开。

　　杜夫海纳的美学也流露出胡塞尔悬搁理论影响的明显痕迹。胡塞尔的

---

　　① 　张法：《20 世纪西方美学史》，四川人民出版社 2003 年版，第 171 页。

　　② 　［德］胡塞尔：《胡塞尔选集》（下），倪梁康选编，上海三联书店 1997 年版，第
1203 页。

　　③ 　如 The A Priori of Imagination 和 The Imaginary，可参见 Mikel Dufrenne, *In the Presence of the Sensuous*：*Essays in Aesthetics*，Humanities Press International，1987，pp. 27－69。

悬搁理论致力于解决哲学问题，可是，胡塞尔很早就把悬搁与艺术描写对象的实存与否联系起来，他说："柏克林生动自然地为我们描画了最优美的半人半怪和水妖。我们相信他所描画的东西——至少在美学上相信他。"① 胡塞尔之所以相信半人半怪和水妖的存在，即是出于对现实生活经验的悬搁。到 1907 年，胡塞尔明确了现象学悬搁与审美态度的相近性。在致冯·霍夫曼斯塔尔的信中，他这样写道：现象学的方法"要求我们对所有的客观性持一种与'自然'态度根本不同的态度，这种态度与我们在欣赏您的纯粹美学的艺术时对被描述的客体与周围世界所持的态度是相近的。对一个纯粹美学的艺术作品的直观是排除任何智慧的存在性表态和任何感情、意愿的表态的情况下进行的，后一种表态是以前一种表态为前提的。或者说，艺术作品将我们置身于一种纯粹美学的、排除了任何表态的直观之中。存在性的世界显露得越多或被利用得越多（例如，艺术作品甚至作为自然主义的感官假象：摄影的自然真实性），这部作品在美学上便越是不纯。"② 可见，胡塞尔所谓的现象学悬搁与自然态度根本不同，而与审美态度接近。据此，杜夫海纳在他的美学体系中把现象学的悬搁理解为"中立化"，由此显示自然态度向审美态度的转变。他说："运用'悬挂法（époché）'就是中止自然的信仰，把注意力转向对象对我们展示的方式上去。然而审美态度也意味着一种中立化：当我接近作品时，我可以说取消了外部世界；另一方面，我所进入的那个作品世界似乎被中立化了。"③ "审美知觉把现实和非现实都中立化了。当我坐在剧场里，现实——演员、布景、大厅——对我不再是真正现实的东西，而非现实——在我面前演出的故事——不再是真正非现实的东西。"④ 如此等等表述十分精当地解释了欣赏者能够对现实生活存而不论而专注于作品世界的审美心理。从而，杜夫海纳真正将现象学的悬搁运用到了对美学问题的解答中。

　　胡塞尔的主体间性理论通常被认为是为了克服唯我论提出的，杜夫海纳自然也不得不面对这一问题，审美经验的领域为他更彻底地解决这一问

---

① ［德］胡塞尔：《逻辑研究》（第一卷），倪梁康译，上海译文出版社 1994 年版，第 126 页。

② ［德］胡塞尔：《胡塞尔选集》（下），倪梁康选编，上海三联书店 1997 年版，第 1201—1202 页。

③ ［法］杜夫海纳：《美学与哲学》，孙非译，中国社会科学出版社 1985 年版，第 157 页。

④ 同上书，第 54 页。

题提供了诸多便利。他从欣赏者出发，实际上展示出了多重主体间的关系。欣赏者与审美对象之间，欣赏者与创作者之间，欣赏者与欣赏者之间，创作者与他所处的世界之间无不具有一种主体间性的关系。审美经验领域中的这种内在地包含各种交流与对话的潜在内涵，无疑为胡塞尔的主体间性理论提供了一个大展身手的空间。

对于胡塞尔的现象学还原，虽然杜夫海纳有很多不赞成的地方，但他实际上以梅洛－庞蒂的知觉在审美经验领域完成了胡塞尔的还原目标。他首先认为还原并不总是具有构成功能："这种似乎在胡塞尔的未发表著作中已有所提示的新方向是：还原的高峰不再是发现一种构成意识，而是发现它自己的不可能性。"① 杜夫海纳认同的是梅洛－庞蒂的观点：还原不是返回到先验意识，而是回到人的知觉。因此他说："知觉正是主体和客体结成的、客体在一种原始真实性的不可还原的经验——这种经验不能比作意识判断所作的综合——中直接被主体感受的这种关系的表现。这种活生生的关系是梅洛－庞蒂把有机体及其环境的关系作为类比提出来的。"② "我们敢说，审美经验在它是纯粹的那一瞬间，完成了现象学的还原。对世界的信仰被搁置起来了，同时，任何实践的或智力的兴趣都停止了。说得更确切些，对主体而言，唯一仍然存在的世界并不是围绕对象的和在形像后面的世界，而是——这一点我们还将探讨——属于审美对象的世界。"③ 面对审美经验中人类特殊的审美心理——忘记自我、忘却世界地投入审美对象的世界，我们既可以说杜夫海纳否认了现象学的还原，又可以认为他在新的领域为胡塞尔的还原提供了事实上的佐证。

如果说杜夫海纳的美学体系整体上采用了胡塞尔的意向性理论，只是根据审美活动的特点将之改造为审美知觉—审美对象结构。那么，在具体的建构上，他则吸收萨特④和梅洛－庞蒂的相关理论予以完善自己的体系。萨特与梅洛－庞蒂对杜夫海纳的影响在两个方面极为相似：第一，二人已经完成了对胡塞尔"先验自我"、"先验意识"的批判，为杜夫海纳的进一步研究拓宽了道路；第二，由萨特和梅洛－庞蒂改造的经过存在主

---

① ［法］杜夫海纳：《审美经验现象学》，韩树站译，文化艺术出版社 1996 年版，第256 页。

② 同上。

③ ［法］杜夫海纳：《美学与哲学》，孙非译，中国社会科学出版社 1985 年版，第 53 页。

④ 萨特的影响还主要体现在杜夫海纳对审美对象的存在方式和想象等问题的认识上，这里不再详细展开，留待下文相关部分阐述。

义洗礼的现象学，最突出的特点是对人的生存诸方面的关注。这两点对于杜夫海纳对审美主体的认识有重大影响。我们看到海德格尔竭力避免的传统哲学中的主体、客体这样的用语，经过萨特，主体与客体的关系又成为一个需要重新考虑的问题。并且，通过对胡塞尔先验自我的批判，萨特眼中的主体已经不再是寻求普遍绝对知识的胡塞尔式的理智主体，而是一个具体生存着的具有七情六欲的人。不仅如此，杜夫海纳基本接受了梅洛－庞蒂对知觉主体的看法。梅洛－庞蒂所强调的知觉主体与世界的密切关联，知觉主体的身体作用的突出地位与能动性等，都在杜夫海纳关于审美主体的阐述中得到了创造性的运用。他说："感觉这个世界的……是可以与一个世界保持活的联系的一个具体主体。"① "这里的主体仍然是连接着客体的主体，我们的肉体与事物的肉仍然是共生的：那源于原初的感知。"② 所以，杜夫海纳对审美主体的认识，始终坚持身心统一的立场，特别强调了肉体在审美知觉过程中的作用。

我们从以上不难看出，杜夫海纳美学与胡塞尔现象学渊源之深。因为杜夫海纳"并不刻意去服从胡塞尔的字面意义"，所以，他才能够创造性地把胡塞尔的现象学方法运用到美学研究中。从整个现象学运动来看，所有的现象学家也并非是完全意义上的胡塞尔主义者。他们之所以被称作现象学家，更多的是因为对现象学精神的响应，而杜夫海纳的美学思想在追求实事本身的态度上显然是遵从现象学的精神的。所以，我们认为现象学依然是杜夫海纳理论体系的核心。

二　存在主义的渊源

法国的现象学从一开始便与存在主义有着难以厘清的关系。就拿萨特和梅洛－庞蒂来说，萨特可能更多地被认为是一个存在主义者，梅洛－庞蒂的思想也深深地打上了存在主义的烙印。所以，现象学与存在主义的"纠缠"也在后继者杜夫海纳这里得到了再一次的确认。著名的存在主义大师海德格尔和雅斯贝尔斯对他都有影响。

---

① ［法］杜夫海纳：《审美经验现象学》，韩树站译，文化艺术出版社 1996 年版，第 477 页。英译本 p. 437。

② Mikel Dufrenne, *In the Presence of the Sensuous*：*Essays in Aesthetics*, Humanities Press International, 1987, p. 125. 原文如下：Here the subject is still one with the object, our flesh is still symbiosis with the flesh of things：such is originary perceiving.

杜夫海纳的论文集《路标》一书共收录了 10 篇文章，关于海德格尔的有两篇①，可见，杜夫海纳很重视海德格尔对自己的影响。我们在杜夫海纳美学思想的归宿这部分曾提到，人与世界的关系是杜夫海纳发现的现象学与存在主义的结合点。"世界"在海德格尔思想中占有重要的地位，并且在海德格尔思想发展的各个阶段不断变化。在海德格尔的早期著作中，"世界并非自然，并且根本不是现成者，也不像围绕着我们的诸物整体、器具关联脉络那样是周围世界。""世界不是我们计算存在者总和，作为结果得到的后起的东西。""作为已经在先的被揭示者，世界乃是我们以非本真的方式与之打交道的东西；乃是并未为我们所把握，而是不言自明地存在的东西——不言自明到这种程度，以至于我们把它完全忘却了。"② 在中期，海德格尔不满于这种生存的世界，让"世界"在"大地"中找到了对应，指出"大地"是"世界"的必要规定，从而将追问存在的道路扭转了方向。到了后期，海德格尔则把"世界"看作是天、地、神、人的四重整体。杜夫海纳曾分别从主客观对立和主客对立之外两个角度探讨了世界的观念。然而，无论是哪个角度，都显示出海德格尔存在论的深刻痕迹。

在主观与客观对立的前提下去理解世界，杜夫海纳主要接受的是海德格尔的世界观念，但又有所发挥，实质上走向了朝向主观的一面。杜夫海纳批评康德式的自然形而上学所认识的客观世界既不是真正的世界，也不是总的世界。他指出，世界之所以为世界来自"人对世界即共同存在的共同世界的经验"。由此可见，杜夫海纳眼中的主体的世界不是一个主体化的世界，而是主体存在其中并与其他众多主体共存的世界。这分明是海德格尔"共在"影响的结果。当然，这也显然受了梅洛 - 庞蒂的影响。在梅洛 - 庞蒂看来，知觉是人与世界接触的最基本方式，世界因此而展开，而杜夫海纳认为主体是"给予存在自身"的存在，因而，世界客观上也要求作为共有世界出现。然而，杜夫海纳对世界的理解并不止步于此，他否认有脱离主体的纯客观的世界观念，认为对客观世界的思考必须以对客观世界的感觉为前提。在他看来，客观世界就是在主体的反思中所

---

① 一篇是 Heidegger et Kant（1949），另一篇是 La mentalité primitive et Heidegger（1954）。见 Mikel Dufrenne, *Jalons*, Martinus Nijhoff, 1966。

② ［德］海德格尔：《现象学的基本问题》，丁耘译，上海译文出版社 2008 年版，第 219—220 页。

能达到的极限："客观世界没有其他特权，有的只是成为每个主观世界——当主观世界不再是被经历而是被思考的世界时——走向的极限。"①在此基础上，他进而提出"应该在主观世界中寻找世界概念的根源和世界与主体性的基本联系"②。由此可见，杜夫海纳对世界的理解又偏离了海德格尔，有一种主观论的色彩。

杜夫海纳还从主观和客观的区分之外探讨了世界的观念，实际上，他依然认同的是海德格尔的存在论的世界观念。他认为海德格尔从康德的《纯粹理性批判》中汲取了灵感，并从康德学说中分辨出了世界的两种含义：一种是与传统形而上学有关的纯宇宙论的含义；另一种是存在的含义。海德格尔以"存在于世界"的命题去阐释世界，这样就区分了我所在的世界和我所是的世界，那就是说，尽管主体提出的是客观世界的概念，把世界视为不以主观性为转移的现象的场所或整体，但他发现自己总是与世界相连在一起。海德格尔认为，世界不是一个存在者，世界应当归属于此在，"此在在世"强调了此在与世界的不可分割的生存论状态。所以，对于海德格尔，世界既不是主观的也不是客观的。事实上，海德格尔的世界是一个前科学的世界，它具有一种先于存在论的生存上的含义。

尽管杜夫海纳有关世界的认识从海德格尔那里获得了巨大的灵感，但他还是给出了不同于海德格尔的解释。杜夫海纳的本体论与海德格尔有三点明显不同：第一，杜夫海纳坚持人与世界的平等，即使向本体论维度的上升也不能破坏这一点；第二，与海德格尔注重存在者的存在（the Being of beings）不同，杜夫海纳更重视在存在者中的存在（the Being in beings）；第三，杜夫海纳的自然哲学将人与世界的共同根源归于造化自然，由此他与海德格尔的存在主义有了极为重要的区别。

无论如何，海德格尔对人与世界的关系的深刻认识（"在—世界—之中—存在"），在杜夫海纳的美学体系里得到了一脉相承的发展。杜夫海纳对存在的深刻感悟，不仅通过哲学思想也通过美学思想表现出来。他对于审美对象的世界、艺术真实的探索与思考正是在海德格尔艺术之思基础上的推进，更重要的是，这些问题把海德格尔所探索的艺术作品的本源与存在之真理结合起来。总体上，杜夫海纳正是采取这样的进路来阐述其存

---

① ［法］杜夫海纳：《审美经验现象学》，韩树站译，文化艺术出版社 1996 年版，第 228—229 页。英译本 p. 192。

② 同上书，第 229 页。英译本 p. 193。

在主义立场的。

至于雅斯贝尔斯，杜夫海纳对他的思想甚为熟悉，在 1947 年，他与利科曾合著《卡尔·雅斯贝尔斯的存在主义哲学》一书。毋庸置疑，在解决审美对象的存在方式时，雅斯贝尔斯的交往理论对他具有很大的启发作用。雅斯贝尔斯认为人的自身存在是在交往中实现的。"我只有在与别人的交往中才存在着"，而且，"如果别人在其行动中不成其为他自身，那我也不成其为我自身。别人屈从于我，使我也不成其为我；他统治着我，情况也一样。只有在互相承认中我们双方才成长为我们自身。只有我们共同一起，我们才能达到我们每人所想达到的东西"。[①] 这就说明，在雅斯贝尔斯看来，每一个"我"的存在都要依靠别人的存在。并且，他继承康德把别人都视为目的而非手段的思想，认为我自身的实现也是以别人的自身实现为前提的。就是说，交往的前提是两个自身的完全平等。杜夫海纳将雅斯贝尔斯本指人际交往中两个世界的沟通的"交往"应用到了审美经验中。欣赏者感知审美对象的过程，就是两个世界的沟通——欣赏者的世界与审美对象的世界（或者说是创作者的世界）的沟通。同时，他又借鉴萨特将雅斯贝尔斯两个"自身"转化为两个"主体"的做法，将审美对象看作是一个"准主体"。因而，欣赏者欣赏作品时，他与作品的交流，就成为两个主体的交流。正如雅斯贝尔斯对"交往"前提的限制，这里杜夫海纳通过赋予艺术作品以"准主体"的地位，充分强调了作品脱离创作者后自身的独立性，这就为欣赏者与作品的平等对话提供了理论上的基础。而且，审美对象与欣赏者都因"交往"而获得了自己本真的存在，这一点也与雅斯贝尔斯对自身的实现是一致的。尽管杜夫海纳在这个问题上同样受到了现象学主体间性理论的影响，但雅斯贝尔斯的渊源也是不能忽略的。

三　先验论的渊源

先验论是构成杜夫海纳整个美学体系的基石之一，探讨杜夫海纳美学思想的渊源，显然无法绕开他的先验论渊源。必须看到，先验论并非杜夫海纳思想中可有可无的一部分，它恰恰是杜夫海纳美学与哲学相通的地方。杜夫海纳以先验论来解决主客体对立的问题，反映到美学思想中，主

①　雅斯贝尔斯：《哲学》第 2 卷，德文版，第 51 页，转引自徐崇温主编《存在主义哲学》，中国社会科学出版社 1986 年版，第 281 页。

客体交流的内在基础就是情感先验。没有情感先验，主客体的交流就成为空中楼阁。杜夫海纳正是从康德的先验论中看到了情感的先验特征，他认为由此着手必将揭开主客体之间情感交流的内在秘密。

杜夫海纳的先验论显然是受到了康德的启发。康德否认有道德情感先验的存在："主体身上并不存在任何先在的、能导致道德出现的情感。既然一切感情都是感性的，而且道德意向的动机必须独立于全部感性条件，所以不能有那种所谓'先在的'感情。"① 在杜夫海纳看来，人的存在规定了人自身要具有存在先验、情感先验和知性先验。其中，情感先验和知性先验隶属于存在先验。正如知性的先验具有理性性质一样，情感先验本身具有情感性质，它的存在就是为主体与世界的沟通提供情感上的联系。因此，他认为审美经验需要先验。他说："在审美经验中有某种东西求助于先验的概念。这就是审美对象具有的、根据自己的表现性打开一个世界的能力，以及审美对象本身尽管是给予的、仍然有预示经验的这种能力。"② 杜夫海纳的先验与康德所说的感性先验和知性先验的意义是相同的：康德的先验是一个对象被给予、被思维的条件，杜夫海纳的情感先验是一个世界能被感觉的条件。显然，康德的先验针对的是一般对象能被认识的前提，而杜夫海纳则将一般对象置换成了审美对象，同时相应地将思维的条件变为感觉的条件，因为审美也是一种不脱离感性形象的认知。尽管有这个变化，但其情感先验的核心精神源自康德的先验哲学，却是毫无疑义的。

事实上，杜夫海纳的先验论就是在康德先验论基础上提出来的。康德曾经指出："我把不是有关对象而只是有关我们认识对象的方式（只要这种认识方式在先天的可能范围内）的所有知识叫做先验的。这种概念的系统便可叫作先验（transzendental）哲学。""这个词（指先验 transzendental）并不意味超经验的什么东西，而是指虽先于经验却只为使经验知识成为可能的那些东西。"③ 而杜夫海纳说："按照康德的说法，先验首先是一种认识的特性，这种认识在逻辑上而非在心理上先于经验：它可以从一些必然性和普遍性的逻辑特征中作为认识被认出。因此先验的认识就是

---

① 郑保华主编：《康德文集》，改革出版社 1997 年版，第 217 页。
② ［法］杜夫海纳：《审美经验现象学》，韩树站译，文化艺术出版社 1996 年版，第 477页。英译本 p. 437。
③ 转引自李泽厚《批判哲学的批判——康德述评》，人民出版社 1984 年版，第 70—71 页。

先验。因为根据拉朗德的《辞汇》，'先验的'这个术语——至少在康德的著作中——'最初总是用于一种认识'，表示'与经验的相对的东西。这种东西是经验的先验条件，不是经验的材料'。"① 不难看出，杜夫海纳基本上接受了康德对于先验的界定，认为先验并非超越实践和经验，而是指认识前主体心理上的先存条件。

杜夫海纳对康德的先验论进行了重要的改造，最重要的是添加了先验的客体维度。在杜夫海纳看来，康德"对先验的主观方面格外重视，认为客体中的先验只不过是构成能力在主体中的反映。但无论如何这对审美经验所揭示的那种情感先验来说，却是一个问题。因此，让我们来比较深入地研究这种先验的主体方面和客体方面，然后再研究这两个方面的统一性吧"。② 杜夫海纳批评康德只重视了先验的主观方面，而忽略了先验的客观方面，因而无法达到主体与客体的统一。为了克服康德学说的局限，杜夫海纳扩大了康德先验的范围，其先验包括三层意思："首先，先验是对象中把对象构成对象的因素，因此它是构成因素。其次，先验是主体向对象开放并预先决定其感知的某种能力，亦即把主体构成主体的能力。因此，它是存在的先验。最后，先验可以成为一种认识的对象，这种认识本身也是先验。"③ 我们应该留意的是，杜夫海纳所提出的"先验是对象中把对象构成对象的因素"这一层意思。在康德理论中，客体维度的先验是不存在的，因为康德认为"客体中的先验只不过是构成能力在主体中的反映"。杜夫海纳却将先验区分出了三层含义，这样的先验不仅具有了客体维度，而且也凸显出鲜明地调和主客体关系的倾向。

从主客体两极来界定先验，正是杜夫海纳先验论最具特色的地方。在《审美经验现象学》中，杜夫海纳已经提出："先验表征客体又表征主体，同时还说明这二者之间的相互关系。"④ 根据爱德华·S. 凯西的说法，Jean Hyppolite 曾经问杜夫海纳为什么要用先验这一词汇，杜夫海纳回答说：因为经验揭示的意义构成客体——它也构成经验——还因为已知的知

---

① ［法］杜夫海纳：《审美经验现象学》，韩树站译，文化艺术出版社 1996 年版，第 481 页。英译本 p. 442。

② 同上书，第 485 页。英译本 pp. 445—446。

③ 同上书，第 483 页。英译本 p. 444。

④ 同上。英译本 p. 444。

识也相应地构成主体。① 不难看出，这就是先验的主体和客体侧面。这个回答显然与杜夫海纳早期的认识是一致的。相同的看法终于在《先验的概念》中得到了系统的阐述。此书第一部分为客体的先验，第二部分即为主体的先验，第三部分从人与世界的平等性中寻求主客体的姻亲关系。按照杜夫海纳的理解，先验的主体极和客体极先天地就有一种能够得到统一的结构，这种结构为主客体的后天统一提供了条件。显然，先验的主客体统一在杜夫海纳的思想发展中是一以贯之的。

杜夫海纳还将先验与意向性相结合，认为二者在解决主客对立问题上的立场是一致的。"先验，尤其是审美经验中的情感先验，同时规定着主体和客体，所以它和意向性的概念有关。这个概念所表示的主客关系，不仅预先设定主体对客体展开或者向客体超越，而且还预先设定客体的某种东西在任何经验以前就呈现于主体。反过来，主体的某种东西在主体的任何计划之前已属于客体的结构。先验就是这种共同的'某种东西'，因而也是某种交流的工具。意向性的理论正是这样来看待先验的。反过来，先验这一概念也说明了意向性。在阐明主体与客体之间的姻亲关系时，这一概念既反对自然主义，又反对唯心主义"。② 可见，在杜夫海纳看来，先验与意向性一样，都有助于对主客对立的超越。这也是他将胡塞尔与康德嫁接的原因。

综上所述，现象学使杜夫海纳获得了对美学领域进行全面描述与研究的法宝，存在主义使他将目光转向人与世界的相互关联之中，先验论为他提供了主客体统一的基础。因而，杜夫海纳既非纯粹的现象学家，也非独尊存在主义，更不是完全走向了康德。他将现象学、存在主义与先验论创新性地熔铸在美学问题的解答上，敏锐地抓住了几个关键词：审美经验、人与世界、主客体统一，并将其扩展成了一个极具包容与创造性的美学体系。在这个意义上，他的美学思想确实是一种"不受束缚的美学"。

第三节   杜夫海纳美学思想的归宿

囿于资料引进和翻译的限制，国内学界对杜夫海纳美学体系的内在发

---

① Mikel Dufrenne, *The Notion of the A Priori*, translated by Edward S. Casey, Northwestern University Press, 1966, p. xix.

② ［法］杜夫海纳：《美学与哲学》，孙非译，中国社会科学出版社 1985 年版，第 60 页。

展脉络尚缺乏清晰的认识，因而影响到对其美学、哲学体系的整体认识。杜夫海纳虽然因为在美学方面的成就而在国际上扬名，但他同时也是一位哲学家。他对美学问题的重视和研究同时服务于自己的哲学研究。所以，我们看到杜夫海纳的美学思想中蕴含着深刻的哲学之思。从胡塞尔开始的现象学各家都把克服近代以来的主客体对立模式作为自己努力的目标，杜夫海纳亦如此。与众前辈的不同在于，他以美学作为切入点，将美学视为通往哲学的一条特殊道路。这一点在《美学与哲学》的"作者说明"中曾经有过明确的表述："美学不但只能在哲学之中形成，而且还是通向哲学的一条特殊道路，一条无论如何对作者说来是特殊的道路。"① 杜夫海纳这一条伴随哲学之思的美学探索道路，有一个逐步自觉的过程。在这个过程中，他从"人与世界的关系"的思考开始，最后走向了自然哲学的建立。本书立足新资料，尝试对杜夫海纳美学的建构路径做较为整体的把握，这对于理解杜夫海纳美学、哲学以及现象学哲学都有积极的意义。

一　对"人与世界的关系"的探索

从胡塞尔开始，"人与世界的关系"就是现象学的一个核心话题。在杜夫海纳的思想中，人与世界的关系也始终是他探索的中心。从《审美经验现象学》开始，这一思考贯穿在《先验的概念》、《诗学》、《感性的呈现：美学论文集》、《美学与哲学》等著作和论文集中。在杜夫海纳看来，正是这个话题使现象学与存在主义找到了一个结合点。在《路标引言：我的精神自传》中，杜夫海纳承认："在对胡塞尔现象学的某种阐释中，存在主义发现了灵感的源泉……现象学被认为能更少极端性更少悲剧性地发现和描述人与世界的关系。"② 显然，他认为人与世界的关系正是现象学与存在主义共同关心的核心问题。杜夫海纳的这种认识也被克劳斯·黑尔德（Klaus Held）所证实："根本上是现象学的世界概念构成了从胡塞尔到海德格尔的桥梁。"③ 所以，杜夫海纳自觉地继承了胡塞尔与海德格尔关注人与世界关系的传统。

---

①　［法］杜夫海纳：《美学与哲学》，孙非译，中国社会科学出版社1985年版，作者说明。

②　Mikel Dufrenne, Introduction to *JALONS*：My Intellectual Autobiography，*Philosophy Today*，1970（3），p. 172.

③　［德］克劳斯·黑尔德：《世界现象学》，孙周兴编，倪梁康等译，三联书店2003年版，第97页。

　　但与他们不同的是，杜夫海纳明确地认识到，美学为哲学探寻人与世界的关系提供了一条特殊的、新颖的路径，并且穷其一生之力去探索。现象学的意向性所呈现出的"主体与客体的姻亲关系方面，审美经验最能说明问题"①，通过审美经验回溯到人类原初经验，成为杜夫海纳对人与世界关系的思考的重要突破。"审美经验揭示了人类与世界的最深刻和最亲密的关系。"②审美经验中的特殊的主客体关系启发了杜夫海纳："审美唤起感知，因为审美对象是那种为将它审美化的感知而存在的东西，并且只是那种通过将它审美化的感知而存在的东西。而这种感知就是那种我祈求将我们带到最靠近原初性的东西。"③审美经验中蕴含的人与世界的亲密关系作为人人都不能否认的事实，为哲学思考的困境提供了一条新思路。从这种认识出发，杜夫海纳在美学和哲学领域展开了持久的探索历程，人以及由人展开的人与世界的关系就成为他的研究重心。

　　我们首先应该看到，人与世界关系的探索建立在杜夫海纳对人本身的关注与反思上。"二战"参军被俘的经历和战后的客观社会现实，以及存在主义对人的生存的首要关注，激起了他对人本身的浓厚兴趣。雅斯贝尔斯的生存（Existenz）概念很快引起了他的注意，因而有了他和利科（Paul Ricoeur）合著的《卡尔·雅斯贝尔斯及其存在哲学》（1947）一书。此后他明确地讨论"人"的论文如《斯宾诺莎哲学中的上帝和人》（1948）和《人在社会科学中的地位》（1960），专著如《人格的基础——一个社会学概念》（1953）和《为了人类》（1968），它们都是杜夫海纳对人本身的反思以及对于人类生存意义的追问。爱德华·S. 凯西说："伴随先验，人成为杜夫海纳全部创作生涯的持续关注点。"④"杜夫海纳别的作品也证实了他对人的本质和命运的关注。"⑤因此，人是杜夫海纳美学、哲学研究的重要基础。杜夫海纳终其一生关注人及其生活，这也是为什么他的哲学、美学思想中总是充盈着强烈的人文关怀的原因。

　　尽管杜夫海纳在《审美经验现象学》中对人与世界的关系做了美学

---

① ［法］杜夫海纳：《美学与哲学》，孙非译，中国社会科学出版社1985年版，第57页。

② 同上书，第3页。

③ Mikel Dufrenne, *In the Presence of the Sensuous*: *Essays in Aesthetics*, edited and translated by Mark S. Roberts and Dennis Gallagher, Humanities press international, 1987, p. x.

④ Mikel Dufrenne, *The Notion of the A Priori*, translated by Edward S. Casey, Northwestern University Press, 1966, p. xxv.

⑤ Ibid. , p. xxvi.

上的溯源，但他并不满足。随着对人与世界关系的进一步思考，他开始从哲学上着手解决人与世界的沟通，这就是先验理论的提出。在《审美经验现象学》中，杜夫海纳已经初步提出了先验理论的构想。为了解决欣赏者与审美对象之间的交流问题，他主要论述了情感先验。但在审美经验领域之外，人与世界的沟通何以可能呢？杜夫海纳在专著《先验的概念》中就致力于回答这一问题。在该书中，杜夫海纳阐述了客体的先验和主体的先验后，又从人与世界的关系上将二者联系了起来。杜夫海纳认为人与世界是平等的，而且二者是一种姻亲关系。这种姻亲关系表现为："既然世界从人身上得到意识，那么，主体自身怀有世界的实际知识的事实暗示主体为世界而存在，而不是世界通过主体这个机构存在；反过来，既然世界证明主体已经知道并允许意识获得科学和发现真理，那么，世界被先验所构成的事实暗示世界为主体而存在，而不是主体通过世界而存在。"[①]可见，主体与世界先验地关联在一起。主体恰恰拥有关于世界的知识，世界也恰恰具备了符合认识的内在结构，这种内在的一致，在杜夫海纳看来，只能是一种先验。

　　杜夫海纳最初认为人与世界的姻亲关系的根源在于存在，后来转向了造化自然[②]。杜夫海纳由存在向造化自然的这种转变，我们可以在《自然的审美经验》一文中找到初步的表露："如果这里有一种目的性，尽管是无目的的目的性，那么就在这个意义上，自然不仅给我们带来它的现在，还教导我们说，我们正出现在这个现在之中。自然所激起的审美经验给我们上了一堂在世界上存在的课。"[③]杜夫海纳认为人类在自然对象的审美经验中可以回归存在，它使人意识到人与世界的活生生的不可分割的联系。不过，同在《自然的审美经验》一文中，他也认为，"哲学家的现象

---

　　① Mikel Dufrenne, *The Notion of the A Priori*, translated by Edward S. Casey, Northwestern University Press, 1966, p. 210.

　　② 在杜夫海纳的著作中，自然有大小写的区分。在《美学与哲学》（中国社会科学出版社1985年版）的作者说明中，杜夫海纳表示："对读者来说，他可能会注意到，'自然'一词有时大写，有时小写，于是这种连贯性就很成问题了，因为这个词是自然哲学的概念逐步形成的标志。但是需要说明的是，这一哲学按所指的是创造的自然或被创造的自然而不得不使用这两种写法。" In *In the Presence of the Sensous*：*Essays in Aesthetics* 一书的作者前言中，杜夫海纳说："人与世界同时诞生的基础我把它叫做 Nature（创造的自然或造化自然）。"（p. ix.）所以，大写的自然就是创造的自然，小写的自然就是被创造的自然，基本与我们平常所说的自然界一致。自然哲学的核心观点是人与自然都诞生于造化自然。

　　③ ［法］杜夫海纳：《美学与哲学》，孙非译，中国社会科学出版社1985年版，第49页。

学在我们把思想当作与世界的关系加以思考时,已经加以概述了。哲学家也许会看到,任何思想,一旦克服了妄想,就意味着情感,任何与世界的关系意味着对世界的这种情感。在这世界里,人在美的指导下体验到他与自然的共同实体性,又仿佛体验到一种先定和谐的效果,这种和谐不需要上帝去预先设定,因为它就是上帝:'上帝,就是自然。'"① 这显然是将人与世界的根源归于造化自然。两相对照,我们发现此时的杜夫海纳思想上是矛盾的,他对人与世界、先验、存在、造化自然之间的关系还缺乏一个明确而清晰的认识,只是隐约地显示出来由存在向造化自然的转向。

对本体论的思考促进了杜夫海纳向造化自然的转变。事实上,在《审美经验现象学》中,杜夫海纳已经提出了本体论的问题。曾有学者评价:"英伽登的美学思路是本体论-认识论-经验论,而杜夫海纳则相反,他的美学思路是从经验论到本体论。"② 确实,杜夫海纳的美学思想俨然采取了一种自下而上的研究思路。我们看到,在《审美经验现象学》的开篇,他便开宗明义地讲道:"我说的审美经验是欣赏者的而不是艺术家本人的审美经验。我想对这种经验首先加以描述,随后进行先验的分析,并尽力从中引出形而上学的意义。"③ 尽管杜夫海纳这里的形而上学已非形而上学的本义,他意在为审美经验寻找它的本源。我们认为,杜夫海纳通过对审美经验本源性的追索,实质上是迈向了对于存在意义的把握与追问的本体论。这一点,在后来的《美学与哲学》中获得了证实:"可以说,是审美经验提示哲学要从先验走向超验,从现象学走向本体论。"④ 所以,正是对于本体论的追求暗示杜夫海纳必须向自然哲学迈进。

总之,杜夫海纳从对人本身的关注出发,把人与世界的关系作为了自己探索的中心,继而他不断向根源处追寻,认为人与世界先天具有能够统一在一起的一种内在结构,这就是先验理论的提出。由此,也开启了他对先验的持久研究热情。他把先验看作是存在的一种性质,人与世界的和谐在于存在的和谐。可是,对本体论的探求又使杜夫海纳不再满足于存在,这样他就走向了自然哲学。

---

① 〔法〕杜夫海纳:《美学与哲学》,孙非译,中国社会科学出版社 1985 年版,第 51 页。
② 蒋济永:《现象学美学阅读理论》,广西师范大学出版社 2001 年版,第 106 页。
③ 〔法〕杜夫海纳:《审美经验现象学》,韩树站译,文化艺术出版社 1996 年版,第 1 页。英译本 p. xlv。
④ 〔法〕杜夫海纳:《美学与哲学》,孙非译,中国社会科学出版社 1985 年版,第 6 页。

二　走向自然哲学

杜夫海纳的自然哲学在很早就已萌芽。在《审美经验现象学》一书的结尾，他就曾经暗示自然是人与世界的共同的先验。"借助审美经验显示于现实之中的完全是人的某种东西，即某种特质，它使物能与人共存。但这不是因为物是可认识的，而是因为物向能够静观自己的人呈现出一副亲切的面容，从这个面容中人可以认出自己，而自己并不形成这个面容的存在。人就是这样在风暴中认出自己的激情，在秋空中认出自己的思乡之情，在烈火中认出自己的纯洁热情。我们应该认真对待现实中的这种人的特质——自然的审美对象更加能说明这种特质——而绝不应该把它视为一种反映作用或拟人化的比喻"。① 我们看到，这里的表述还是非常隐晦的，杜夫海纳只是指出自然的审美对象能使人与世界获得某种沟通，而对具体机制却没有展开。

作为与人似乎毫无关系的自然如何才能成为人与世界的根源呢？杜夫海纳从自然的审美经验入手来解决这一问题。他关于自然的最早的思考成果是《自然的审美经验》一文。他说："如果说，客体因此就表现得象一个准主体，这丝毫不能保证主体与客体有根本的亲密关系，因为这里的客体是被制造出来的物体，它把创造者的意图保留在自己身上。因此，人们可以认为，通过审美对象，仍然是人在向他自己打招呼，而根本不是世界在向人打招呼。"② "与自然对象的交流同对艺术品的注意相比有着另一种风格。存在于艺术品之中，正如柏格森想说的，就是处在这样一个意识面上，即我们深深地成了我们自己，被我们的过去所填满，同时，我们越是承受着这个过去——然而我们并不回想过去——我们就越是全面地进入静观的现在之中。存在于自然对象之中，就象存在于世界上；我们被拉向自然对象，然而又受自然对象的包围和牵连。"③ 这无疑是说，在艺术作品的世界中，人面对的是一个自己构造的意义世界，人仍然是在与自己会面。而只有在自然的世界中，人才能真切地感受到人与自然和时间以及存在的关联，这种关联才能使人真正达到人与世界的深刻和谐。因此，杜夫

---

① ［法］杜夫海纳：《审美经验现象学》，韩树站译，文化艺术出版社1996年版，第590—591页。英译本 p. 548。

② ［法］杜夫海纳：《美学与哲学》，孙非译，中国社会科学出版社1985年版，第33页。

③ 同上书，第36页。

海纳认为，真正地解决人与世界的关系应该从自然着手。只有自然的审美经验最能说明人与世界之间的那种亲密无间的关系。正是出于如此认识，杜夫海纳试图建立一种自然哲学。

事实上杜夫海纳理论上的不断推进，始终是在思考主客体统一的可能性。他坚信主客体对立之下应该有一种原初的符合："一方面，我们必须从人与世界这两个截然相分的要素出发，推进到一个产生它们的在先要素，这个要素可以称之为造化自然。另一方面，我们必须由先验的两种情形出发，即主观先验和客观先验，推进到一种在先情形，即自然中的先验的原初情形，这种情形也可以产生它们。由这两种先验的符合所准许的人与世界的符合，就可能显现为一种由造化自然产生的结果，且被隐喻性地欲求着。"① 可见，在杜夫海纳看来，如果哲学能达到主客体的统一或和谐，哲学的方式就是自然哲学的建立。

在 1963 年的《诗学》一书中，他集中论述了造化自然的思想，这使他不仅完成了从先验到本体论的跃进，也初步建立起了自然哲学的体系。杜夫海纳对于造化自然的思考源自斯宾诺莎与谢林的启发，尤其是斯宾诺莎的自然哲学中"能动的自然"与"被动的自然"的划分为他带来了巨大的灵感，他在《路标引言：我的精神自传》中充分地肯定了这一点。杜夫海纳把自然区分为 Nature 和 nature，前者作为创生万物的根基，既是后者 nature（自然界）和人类诞生的秘密源泉，也要通过人类与自然的面貌来得以展现。"通过居留于天地中的所有存在物及生命形式，造化自然的力量得以揭示。"② 不过，不同于其他生命形式，"人是造化自然的产物，也是造化自然所衍生的一部分。人作为具有优先性的一部分，一切在人身上自我揭示。"③ 造化自然造就了人，却离不开人，人的卓越的创造力似乎呈现的就是造化自然的创生力量。

在 1967 年的《先验与自然哲学》一文中，杜夫海纳对造化自然作为先验的思想进行了系统的阐述，既明确了先验与造化自然的关系，又完成了自然哲学体系的最后建构。在康德的哲学中，人被认为先天地具备某种判断能力，通过这种能力人与世界联系起来，人凭借这种能力成为超验主

---

① Mikel Dufrenne, *In the Presence of the Sensuous*: *Essays in Aesthetics*, edited and translated by Mark S. Roberts and Dennis Gallagher, Humanities press international, 1987, pp. 15 – 16.

② Mikel Dufrenne, *Le Poétique*, Presses Universitaires de France, 1963, p. 206.

③ Ibid. , p. 222.

体。杜夫海纳不主张人的这种居高临下的对经验世界的单方面规定，而认为"人对世界和世界对人的这种相互预先注定，可以由与主观先验相符来表达自己，这种主观先验是世界在人之中的一种实际知识，也可以由与客观先验相符来表达自己，这种客观先验是在世界之中的一种实际上普遍可知的结构"①。就是说，杜夫海纳的先验强调人与世界之间的交互规定，表达的是人与世界之间的一种原初的符合。在《先验与自然哲学》中，杜夫海纳提出："人与世界的符合是一种肉体的符合，这证明了它们的共自然性（co-naturality），它们共同归属于造化自然。"② 并且最终认为造化自然"是联系人与世界的先验的先验"③。可见，造化自然就是使人与世界达到原初符合的先验。这样，杜夫海纳就把先验与自然哲学之间的关系理清了。他在《先验的清点》（1981）一书中重申了相关立场，并视之为自己的"哲学遗嘱"。人怎么看待世界的问题，哲学上存在一系列截然相反的观点：唯物论与唯心论的对立，客观论与主观论的对立。杜夫海纳将人与世界的和谐最终落实在造化自然上，是对把人视为主体、把自然视为客体的主客二分思想的反动，也是对西方启蒙理性以来人类中心主义的反拨。杜夫海纳的自然哲学是康德之后西方思想对自然的又一次深刻思考，也代表了西方人从根源上向自然的全方位靠拢。

值得注意的是，从人与世界的关系的探索开始，到自然哲学的建立，杜夫海纳始终没有脱离艺术和美学的维度。从《审美经验现象学》开始，他最终全面转入美学领域，并在美学研究中始终以哲学之思为其底蕴。《审美经验现象学》集中展示了艺术作品的审美经验中人与世界的原初亲密关系。杜夫海纳此后的几部著作，都特别留意各门类艺术的启发。在《先验的概念》最后一章中，杜夫海纳专门论述了"哲学与诗"，指出诗（对世界的揭示）对于哲学的意义。在《语言与哲学》中，他也谈到诗歌语言在人与世界的原始交流作用。这些思考统一汇聚在《诗学》中，他对诗歌进行了系统的研究，并且从诗人与世界的关系中寻求到了其根源——造化自然。杜夫海纳之所以特别关注各门类的艺术，这是因为无论

① Mikel Dufrenne, *In the Presence of the Sensuous*: *Essays in Aesthetics*, edited and translated by Mark S. Roberts and Dennis Gallagher, Humanities press international, 1987, p. 14.

② Ibid. , p. 13.

③ Mikel Dufrenne, *The Notion of the A Priori*, translated by Edward S. Casey, Northwestern University Press, 1966, p. xxv.

哪门艺术，无非都是艺术家与世界打交道的一种方式。这种方式中呈现出来的人与世界的关系可以给哲学家们以深刻的启发。同时，他一直坚持不懈地从美学的角度来看待哲学问题。所以，美学与哲学的关系尤其受到杜夫海纳的青睐。我们看到，杜夫海纳思想体系的突出特点在于他的美学与哲学的密切关系，这在他的三卷本的《美学与哲学》中体现得最为突出。不仅书名直指这种关系，而且在每一卷中都有一部分命名为"美学中的哲学问题"。不仅如此，杜夫海纳还把美学与哲学的关系看作一种互惠的关系："这种自然哲学是由美学启发给我的。反过来，它也赋予美学以特权。"① 可见，杜夫海纳与从哲学角度对美和艺术进行探讨的哲学家一样把哲学看作美学的家园，只不过，在杜夫海纳而言，哲学与美学的关系更为亲近，甚或到了亦美学亦哲学的地步。

　　综上所述，杜夫海纳把美学看作通向哲学的一条特殊道路，自然哲学的建立是他思想体系发展的理论必然。从对人本身的关注开始，并在人与世界的关系的不断探索中，他将审美经验所启示他的主客体关系向根源处逐渐推进，从而有关存在、先验、自然与造化自然的思考日渐清晰，这使他最终认为人与世界的共同根源在于造化自然，而先验使这种原初符合成为可能。所以，杜夫海纳美学的建构路径也是其超越主客二元对立的思维方式逐渐展开的过程，并且他以自己的方式践行了现象学超越二元对立的思维方式。

---

　　① Mikel Dufrenne, *In the Presence of the Sensuous*: *Essays in Aesthetics*, edited and translated by Mark S. Roberts and Dennis Gallagher, Humanities press international, 1987, p. x.

第二章　审美对象理论中的
主客体统一思想

审美对象是 20 世纪西方美学界争论不休的问题之一，也是杜夫海纳现象学美学理论探讨的一个重要问题。关于审美对象，目前看来，杜夫海纳的论述是最全面、最系统的。他的审美对象理论最为突出的特点，就是他在这一问题上所表现出来的主客体统一立场。通过他对审美对象的界定、审美对象的构成要素、审美对象的存在方式、审美对象的显现方式以及审美对象的世界等问题的阐述，我们可以明确地体会到他的这一立场。而审美对象之所以会成为美学界的新宠，是"因为无论就美的本质或就审美经验的分析来看，都不能离开审美对象。离开了这个对象，美的本质和审美经验都无从谈起。根据客观事物的某种性质去发现美的，就是在审美对象上持的客观论观点；从审美经验的性质出发去研究美的，就是在审美对象上持的主观论观点"[①]。可见，审美对象从来就不是一个简单的问题，它涉及的是主观论和客观论的根本问题。对于杜夫海纳，对审美对象的研究不仅是通向审美经验研究的必经之路，而且可以间接地解决美的本质上的主客观立场问题。而从杜夫海纳的知识储备及现象学立场来看，美学研究的首要问题更应该是审美对象。这是因为：第一，已有的审美对象理论缺乏系统性和完整性。通过《审美经验现象学》一书，杜夫海纳力图解决这一问题。第二，从现象学的意向性结构来看，意向行为与意向对象不可分离，为了避免陷入二者的循环论证，杜夫海纳倾向于优先分析意识对象——审美对象。第三，杜夫海纳主张从欣赏者的角度来研究问题，而在审美经验中，欣赏者所欣赏的正是审美对象。第四，杜夫海纳开阔的美学视野和良好的艺术素养，使得从审美对象入手更为得心应手。因此，审美对象在杜夫海纳的美学中占有十分重要的地位就不奇怪了。

---

① ［法］杜夫海纳：《审美经验现象学》，韩树站译，文化艺术出版社 1996 年版，前言第22 页。

第一节　审美对象的界定

杜夫海纳的审美对象论是从审美对象的界定入手进行的。对他来说，如何界定审美对象既是一个传统问题，但也是一个新问题。因为以往的美学理论并不缺乏对此问题的探讨，但对此问题缺乏明晰而系统的研究。杜夫海纳从艺术作品来界定审美对象，使艺术作品与审美对象既相联系又明显地区别开来，改变了长久以来对艺术作品与审美对象不作区分以致二者相互混淆的情形，这是他对美学的重要贡献。他对审美对象的界定所表现出来的鲜明的主客体统一立场，也较传统美学有了较大的进步。从他以后，人们对审美对象的认识逐渐有了一个较为清晰的方向。

一　西方传统美学中的审美对象

从学科建立的角度来说，美学尽管还是一门年轻的学科，但美学思想源远流长。在漫长的美学史中，审美对象只是一个隐含的问题。它隐含在各种各样的美论和审美经验理论中，尤其与美的本质的两种观点——客观论和主观论密切相关。有学者明确指出："我们从客观论和主观论对于美的本质的争论中可以看到，这种争论在很大程度上不仅与审美对象直接有关，而且往往就是对审美对象之所以为审美对象的构成成分和原因的争论。"① 确实，我们看到传统理论看待这个问题时主要采取的两种方式就是客体论和主体论。

审美对象的客体论者坚信审美对象是客观的实在对象，因而，他们多从对象本身的属性、特征等方面来寻找对象之所以美的原因或根据。客体论源于古希腊的毕达哥拉斯学派。他们从物体的形式上寻求美，格外注重整体与部分的比例配合，因此认为美在于事物本身"符合数的比例和秩序的和谐"。此后，赫拉克利特和德谟克利特都持此观点。在柏拉图看来，美的事物的存在是因为它分享了美的理念，"这美本身，加到任何一件事物上面，就使那件事物成其为美"，② 可见，美的事物必须具有美的特质。由于美的理念的神秘性，亚里士多德在他的《诗学》里又回归到了毕达哥拉斯学派的道路，他说："就每一件美的事物来说，无论它是一

---

① 朱狄：《美学·艺术·灵感》，武汉大学出版社 2007 年版，第 17 页。
② ［古希腊］柏拉图：《文艺对话集》，朱光潜译，人民文学出版社 1963 年版，第 188 页。

种有生命的，还是一个由部分构成的整体，其组成部分不仅要排列有序，而且必须具备量度。因为美是由量度和有序的安排组成的。"①　不难看出，亚里士多德有机统一的思想正是从毕达哥拉斯学派的基础上出发的。因此，在西方美学史上，很长时间里，美在比例、美在和谐等理论大行其道，此后各个时代不断有人回应。吉尔伯特和库恩显然对此有深刻的洞察："像我们所知道的那样，几乎所有时代的艺术哲学都把和谐看作美的同义语或把它当作艺术家的一种目标来加以接受的。"②　这种从事物本身的形式、品质、属性等出发寻求美的思维方式，对中世纪、文艺复兴时期、启蒙运动时期和近代美学都有过深刻的影响。例如18世纪英国的美学家博克这样给美下定义："我们所谓美，是指物体中能引起爱或类似情感的某一性质或某些性质，我们把这个定义只限于事物的仅凭感官去接受的一些性质。"③　并且说："美大半是物体的一种性质，通过感官的中介，在人心上机械地起作用。"④　显然，他把美看作事物的性质。我们确实看到，博克认为美是由物体的大小、光滑、柔和、娇嫩、色彩鲜明等品质构成的。另一位英国美学家荷迦兹认为，美在于事物的线条和色彩的某种变化配置，这与博克及众多客体论倾向者的思维方式在本质上是一致的。

　　审美对象的主体论者则从主体的心理状态和精神特征寻找根据。这种看法尽管在古希腊就已出现，但真正兴起则始于18世纪。代表人物有休谟、克罗齐等。主体论的共同特点是否认美的客观事实的根源和基础，把美归结为人的精神产物，认为美是由人的心灵主观决定的。英国美学家休谟认为"美并不是事物本身里的一种性质。它只存在于观赏者的心里，每一个人心见出一种不同的美"⑤。可见，他将一个事物的美与不美，归因于各人不同的独特理解。意大利美学家克罗齐说："美不是物理的事实，它不属于事物，而属于人的活动，属于心灵的力量。""那些叫做诗、散文、诗篇、小说、传奇、悲剧或喜剧的文字组合，叫做歌剧、交响乐、奏鸣曲的声音组合，叫做图画、雕像、建筑的线条组合，不过是再造或回

①　苗力田主编：《亚里士多德全集》（第9卷），中国人民大学出版社1994年版，第652页。
②　K. 吉尔伯特、H. 库恩：《美学史》，伦敦，1953年版，第186页。转引自朱狄《美学·艺术·灵感》，武汉大学出版社2007年版，第13页。
③　《西方美学家论美和美感》，商务印书馆1980年版，第118页。
④　同上书，第121页。
⑤　同上书，第108页。

想所用的物理的刺激物（e 阶段）。记忆的心灵的力量，加上上述那些物理的事实的助力，使人所创造的直觉品可以留存，可以再造成回想。"①在克罗齐看来，美"属于心灵的力量"、"美即直觉的表现"，这显然是从主体的身上来解释美。当然，主体论的影响并非仅仅局限于 18 世纪，在当代，这种看法仍然在继续。厄姆森（J. O. Urmson）说："并没有专门的一类对象才算是审美反应和审美判断的唯一和适当的对象。……如果审美对象不能通过一系列特殊的对象来指明，那么就有理由去认为，审美标准只有我们寻找客观对象的某种特征，并使我们引起审美反应和审美判断时才能被找到，因此把美与丑看作是客观对象的一种特征是成问题的。"②不难看出，厄姆森已经抛掉了客体论所坚持的审美对象是客观的实在对象的观点，而认为审美对象应该在主体的审美反应中去寻找。

　　通过以上分析，我们看到，西方传统美学中的审美对象是和美的对象的概念混在一起的，尚未有清晰的审美对象的概念出现。对美的对象和审美对象的探讨还基本停留于较为简单的主客体对立的状态。尽管由美的对象向审美对象逐步演变的过程，已经伴随着主客体统一的悄然萌芽，但这种趋势依然是非常渺茫的，这使得西方传统美学在这一问题上的看法显得较为僵化和简单。

二　杜夫海纳对审美对象的界定

　　尽管把审美对象作为一种核心的理论范畴进行研究是在 20 世纪，但杜夫海纳对审美对象的界定是最系统的。他运用现象学的意向性理论，把审美对象界定为知觉对象。在具体操作方法上，他从艺术作品入手，通过艺术作品与审美对象的异同鲜明地将二者区别开来。而他对审美对象与审美知觉关系的阐述则体现出了明确的主客体统一的立场。

　　杜夫海纳显然意识到了传统理论中艺术作品与审美对象的纠缠：由于没有刻意进行区分，二者被默认为一。他认为从二者的联系中恰恰可以找到一条区分和深化彼此的路线，这就是从艺术作品出发界定审美对象。他说："如果从审美知觉出发，那就会诱使我们将审美对象从属于审美知觉，结果是赋予审美对象一种宽泛的意义：凡是被任何审美经验审美化的

---

　　① ［意］克罗齐：《美学原理 美学纲要》，朱光潜等译，外国文学出版社 1983 年版，第 107—108 页。
　　② 转引自朱狄《美学·艺术·灵感》，武汉大学出版社 2007 年版，第 16 页。

客体都是审美对象。……怎样才能做到准确呢？那就要把经验从属于对象，而不是把对象从属于经验，就要通过艺术作品来界定对象自身。这就是我们所要遵循的途径。人们马上就能看到这样做有什么好处：由于谁也不怀疑艺术作品的存在和完美作品的真实无伪，因之如果根据作品来给审美对象下定义，审美对象就很容易确定了。"① 艺术作品作为毋庸置疑和首要的审美对象，这一点是任何人无法质疑的。这就为杜夫海纳从艺术作品出发界定审美对象提供了一个不容辩驳的事实前提。

以杜夫海纳的眼光来看，审美知觉是使艺术作品与审美对象各归其位的关键。"审美对象乃是作为艺术作品被感知的艺术作品，这个艺术作品获得了它所要求的和应得的、在欣赏者顺从的意识中完成的知觉。简言之，审美对象是作为被知觉的艺术作品，"并且，"唯有切当的知觉才能实现对象的审美特质"。② 这种"切当的知觉"就是审美知觉。可见，审美对象就是审美知觉中的艺术作品。这里杜夫海纳非常明确地说明了审美对象、审美知觉和艺术作品的关系。不过，这样的结论似乎容易使人把审美对象等同于观念对象。但杜夫海纳反对把审美对象看作是观念对象，他对英加登和康拉德审美对象的批评，原因之一就是他们把审美对象与观念对象联系起来。他认为："审美对象的存在不是抽象意义的存在，而是只有在知觉中才能领会的一种感性事物的存在。"③ 这里，他强调审美对象既不是实际的物质存在，也不是头脑中的观念意识，而是审美知觉观照下的艺术作品所呈现出来的完美形态。欣赏者在作品中感知到的所有意蕴都建立在艺术作品的感性特质上，这与观念对象的抽象意义完全不同。

将艺术作品与审美对象相区分虽然不是从杜夫海纳开始的，但杜夫海纳却是明确且系统地阐述此问题的第一人。苏宏斌认为"要求区分审美对象和艺术作品，乃是各个时期现象学家们的共识"。④ 这是因为现象学的意向性理论使审美对象理论焕发了新的生机。现象学的创始人胡塞尔对丢勒铜版画的分析，对后来的现象学美学各家产生了深刻的影响。他把审美对象归结为图像客体或精神图像，事实上，已经将审美对象与艺术作品

---

① ［法］杜夫海纳：《审美经验现象学》，韩树站译，文化艺术出版社1996年版，第6—7页。英译本 pp. l—li。
② 同上书，第8页。英译本 p. lii。
③ 同上书，第254页。英译本 p. 218。
④ 苏宏斌：《现象学美学导论》，商务印书馆2005年版，第129页。

区别开来。康拉德作为现象学美学第一人，早在 1908 年，就开始运用现象学的方法研究审美对象。他把审美对象看作是观念对象（ideal object），这本身也意味着对艺术作品与审美对象的区分。在他之后，盖格尔区分了物理实体、艺术作品和审美对象："一座雕像作为一堆真正的石头从审美的角度来看并没有什么意味，但是，它作为提供给欣赏者观赏的东西，作为对一种有生命的事物的再现，在审美的方面却是有意味的。而且，无论扮演巫女的歌手是否年老丑陋，这从审美的角度来说都无关紧要，她那年轻而又充满朝气的外表只取决于服装式样、化妆术，以及舞台脚灯的效果——在这里重要的是外表，而不是实在。"① 显然，在盖格尔的理解中，"一堆真正的石头"就是物理实体，"提供给欣赏者观赏的东西"就是艺术作品，而呈现在欣赏者意识中的"外表"则为审美对象。相较于前二人，英加登明确地说："文学作品只有在它通过一种具体化而表现出来时才构成审美对象的呈现。"② 可见，是否经过具体化清楚地将艺术作品与审美对象区别开来。萨特则认为审美对象是想象对象："审美对象是由将它假设为非现实的一种想象性意识所构成和把握的。"③ 所以，将艺术作品与审美对象加以区分，在现象学美学家中不是偶然现象，因为他们都运用了胡塞尔的意向性理论，结果不同则是个人理解不同以及强调重点不同造成的。

　　审美对象作为知觉对象，是杜夫海纳综合胡塞尔和梅洛－庞蒂意向性理论的结果。在胡塞尔看来，一次完整的意识活动包括意向行为、意向内容和意向对象。但这只是他以《逻辑研究》为代表的前期的观点。在以《观念 I 》为代表的后期，胡塞尔认为意识活动由意向行为和意向对象构成。杜夫海纳基本上继承的是胡塞尔后期的思想，同时他又以梅洛－庞蒂的知觉理论对之加以改造：第一，他将先验意识改造为梅洛－庞蒂的知觉意向性，这样，胡塞尔后期意向性的基本结构：意向行为—意向对象，在杜夫海纳那里就成为审美知觉—审美对象。第二，他否认胡塞尔意向行为的构成功能，而采取梅洛－庞蒂的"投射"说。"感知这一事实要求我们的反而是冲破主体和客体的对立为一切思考所造成的困境；它使人想到，

---

　　① ［德］盖格尔：《艺术的意味》，艾彦译，华夏出版社 1999 年版，第 6 页。

　　② Roman Ingarden, *The Cognition of the Literary Work of Art*, Trans. R. A. Crowley and K. R. Olson, Northwestern University Press, 1973, p. 372.

　　③ ［法］萨特：《想象心理学》，褚朔维译，光明日报出版社 1988 年版，第 288 页。

对象不是构成活动的产物"。① "意向性是意识的那种周而复始的投射，通过这种投射，意识在任何思考之前便与对象配合一致"。② 可见，杜夫海纳明确否定胡塞尔的构成性学说，转向了梅洛－庞蒂的主体与客体的相互投射。这种转向使他认为"只要分析知觉就能最清楚地说明意向性概念中所包含的主体与客体的特殊相关性"③，而把审美对象界定为知觉对象，最能揭示主体与客体之间的关联，也显示出杜夫海纳调和主体论与客体论的努力。他的这一努力与西方当代美学在审美对象问题上所表现出来的逐渐趋同的研究倾向是一致的，"即不再从唯心和唯物的本体论范畴，不再从认识论立场，不再采取主客绝对分离的实体性思维方式来探讨美学基本问题尤其是审美对象问题"。④

总体而言，杜夫海纳对审美对象的界定是对西方当代美学的一项重要贡献。他综合胡塞尔和梅洛－庞蒂的意向性理论，把审美对象看作知觉对象。并且认为，审美对象只能在审美知觉中诞生，而且，不可须臾脱离审美知觉。这就使得审美对象成为一种在主客体的相互作用下的产物，它处于不断生成的过程中，而非是一种实体，因此超越了传统美学的实体论思维，这是审美对象理论上的一个进步。

第二节 审美对象的构成要素

目前，学界对杜夫海纳审美对象构成要素的认识尚存分歧。张永清在《从现象学角度看审美对象的构成》一文中指出："一个完整的审美对象的呈现，究竟需要哪些构成要素？根据现象学原理，大致需要三大要素：感性与意义；审美知觉；情感先验。"⑤ 公允地说，审美对象的呈现确实离不开感性与意义、审美知觉、情感先验，但并不能就此认为这三大要素就是审美对象的构成要素。因为，很显然，审美经验也离不开这几个要素。而且，审美对象的呈现并不等于审美对象的构成，呈现强调的是过

---

① ［法］杜夫海纳：《审美经验现象学》，韩树站译，文化艺术出版社1996年版，第255页。英译本 p. 219。

② 同上书，第256页。英译本 p. 220。

③ ［法］杜夫海纳：《美学与哲学》，孙非译，中国社会科学出版社1985年版，第53页。

④ 张永清：《现象学审美对象论——审美对象从胡塞尔到当代的发展》，中国文联出版社2006年版，第79页。

⑤ 张永清：《从现象学角度看审美对象的构成》，《学术月刊》2001年第6期，第48页。

程，而构成注重的是内在结构。所以，张文事实上混淆了审美对象的呈现过程和构成要素。事实上，已经有人对此提出批评："笔者不同意国内有的学者把'审美知觉'看作'审美对象'的构成要素之一的观点，因为，首先它有悖于杜夫海纳的原意；其次，它混淆了'现实经验'与'审美经验'两个层次；再次，在审美经验的层次上，'审美对象'与'审美知觉'两个概念划界不清，有逻辑混乱之嫌。更为主要的是，这种看法把感性的地位降低了，照此推理，'感性'就已经不是审美对象之'全'。"① 我们认为，不仅审美知觉不是审美对象的构成要素，情感先验也不是审美对象的构成要素。固然，审美对象只有在审美知觉中才能完成，但不能因此把审美知觉从属于审美对象。杜夫海纳本人明确地说过："在我们最初的思考中，我们要力图给审美对象下定义并称之为一个'为我们而存在的自在'，借以说明审美对象诉诸的审美知觉是公平对待审美对象的，但不构成审美对象。"② 同样，情感先验使主体与审美对象的交流成为可能，但情感先验本身不是审美对象的构成要素。审美对象中包含着情感特质，它融合在意义中。我们认为，杜夫海纳的审美对象作为知觉对象，就其自身的内在结构而言，主要由感性、意义与形式构成。杜夫海纳的审美对象主客体统一立场也在这几个构成要素上表现出来。

一　感性

感性是杜夫海纳的创见性理论，与传统的理解大为不同。在西方美学史上，和感性有关的认识有三种：一是感性认识，与理性认识相对，指的是各种事物作用于肉体感官而形成的认识，属于认识的初级阶段。从古希腊到 18 世纪德国的理性主义，都将感性放在感性认识的模式内加以理解。感性在西方美学史上一直不得势，与这种观念密切相关。二是感性活动，指人的感性生存活动。马克思的实践概念使得感性有向生存意义靠拢的倾向。三是通常所说的感性对象，这些对象直接诉诸人的感官，因自身可感的特征而引人注意。在杜夫海纳的理论中，感性承担着美学即感性学的重要使命。感性在杜夫海纳理论中的地位，绝不仅仅是审美对象的构成要

---

① 张云鹏、胡艺珊：《现象学方法与美学——从胡塞尔到杜夫海纳》，浙江大学出版社 2007 年版，第 246 页。

② ［法］杜夫海纳：《审美经验现象学》，韩树站译，文化艺术出版社 1996 年版，第 590 页。

素，还是贯穿审美知觉和审美经验全程的关键词。① 感性之所以具有如此重要的地位，是因为杜夫海纳认为"感性是感觉者和感觉物的共同行为"②。这种认识决定了感性是一种主客体相互统一的行为，我们看到对于感性杜夫海纳始终是围绕这一点来展开论述的。

　　一方面，杜夫海纳的感性表现出对对象的审美特征的充分重视。我们知道，艺术作品身上存在着各种物质材料的特征或属性，如一幅画少不了画布、颜料等基本的物质材料。我们总是通过对象的直观性、可感性、生动性等特点与对象相遇。在普通知觉中，这些可感性特征作为一种可有可无的附着物被知觉的实用性超越了。只有在它们转化为感性的时候，物质材料及其特征本身才被凸显出来：它们不仅不再是附属物，而且成为最终的目的："……感性自身就是对象。这样感性得到了自身的'丰富性'，并'见证'一种丝毫不以自身为耻的物质材料。"③ 这样，审美对象中的感性就具有了一种存在性的意义。正如叶秀山所指出的："审美对象与其他对象的区别在于：审美对象的感性因素，具有一种存在性的意义，而就一般对象来说，对象的感性特征，只是作'属性'来把握。"④ 杜夫海纳的这种认识显然是以海德格尔的存在主义思想为背景的，尤其受到了海德格尔对文学作品的词语、画家的颜料、雕刻的石头等艺术作品材料本体论看法的影响。

　　另一方面，杜夫海纳的感性也表现出对审美知觉的依赖。以艺术作品为例，没有审美知觉，艺术作品的可感性特征依然只能是一些物质属性，只有当我们的目光使艺术作品向审美对象转变的时候，构成艺术作品的物质材料才转变为一种给人以美感的感性。可见，感性是作品的物质材料被审美地感知时生成的。感性对审美知觉的依赖不止于此，正是在审美知觉的参与下，感性进一步激发和扩展为审美对象。在这个意义上，杜夫海纳认为审美对象就是感性的完善。感性对审美知觉的依赖在杜夫海纳对表演的阐述中也鲜明地表现出来：感性的呈现不仅依赖欣赏者，也依赖创作者和表演者（具体阐述见下一节）。

---

　　① 感性贯穿审美知觉的全过程，这一观点可参见本书第四章第二节艺术真实的第二部分。

　　② ［法］杜夫海纳：《审美经验现象学》，韩树站译，文化艺术出版社 1996 年版，第 74—75 页。英译本 p.48。

　　③ Mikel Dufrenne, *Phénoménologie de l'expérience esthétique*, Presses Universitaires de France, 1967, p.128.

　　④ 叶秀山：《思·史·诗——现象学和存在哲学研究》，人民出版社 1988 年版，第 314 页。

在杜夫海纳看来，审美对象的首要因素毫无疑问就是感性。他说："审美对象之所以只能显示，任何知识之所以不能与之相当，任何翻译之所以不能取代于它，都如我们所说，它的根本现实性首先存在于感性之中。绘画、舞蹈、音乐、诗歌都是若干因素的巧妙的和必要的配合。这些因素对绘画来说是颜色，对舞蹈来说是可见的动作，对音乐来说是声音，对诗歌来说是词句，而词句自身也要转化为声音。如果感性退居二位，成为一种偶然性或者一个句号，对象也就不再是审美的了。"① 所以，"无法替代的东西，也是成为作品的实质本身的东西，就是只有在呈现时才能给予的感性"。② 这就说明，要想成为审美对象，感性必须居于第一位。但是，杜夫海纳也不得不承认自己理论体系的缺陷："书面的非韵文艺术把词句视为表意的工具，而对字句说出口来时显示的感性特质则不太予以注意。"③ 玛格欧纳批评的也正是这一点："显然，杜夫海纳有过分标举感性而贬抑想象之嫌。这种偏颇之见在造型艺术中兴许尚可容许，但是，却几乎没有一个文艺理论家会从文学的角度对其说法加以首肯。"④

应该注意的是，感性尽管是物质材料在审美知觉中转变而来的，但并不意味着它就是主观的。为此，杜夫海纳专门谈到了感性的自在性。他说："谈到感性的一个自在，首先是指它的充实性和鲜明性。在这方面，审美对象已经有别于普通对象。普通对象是通过贫乏的、暗淡的和短暂的感觉出现的。这些感觉很快就消失在概念之后。我们简直可以说，对象的审美特质是用它这种激发感性抹去其余的能力来衡量的。"⑤ 由此可知，感性所具有的迷人魅力吸引着欣赏者的目光，使其忘乎所以地进入审美对象的世界，这种使欣赏者似乎不能自控的力量是客观存在的，它就是感性自在性的表现。在此意义上，杜夫海纳说："感性对知觉行使一种统治权。它像我们所说的那样，有一种自然的分量，但它所提示的这个自然不是单纯自然物的自然，而完全是原始宗教所竭力祈求的那种原始力量，是

---

① Mikel Dufrenne, *Phénoménologie de l'expérience esthétique*, Presses Universitaires de France, 1967, pp. 82 – 83.

② ［法］杜夫海纳：《审美经验现象学》，韩树站译，文化艺术出版社1996年版，第36页。英译本 p. 11。

③ 同上书，第79页。英译本 p. 52。

④ ［美］·R·玛格欧纳：《文艺现象学》，王岳川、兰菲译，文化艺术出版社1992年版，第179页。

⑤ ［法］杜夫海纳：《审美经验现象学》，韩树站译，文化艺术出版社1996年版，第262页。英译本 p. 226。

先于人和物的那个存在的神秘光辉。"① 这种感性所具有的"自然的分量"，指的就是审美对象的独特魅力，它像原始宗教一样具有一种原始的力量，让人着迷沉醉无法抗拒，就好像是感性支配知觉一样。感性自在性理论使杜夫海纳的感性理论大大深化了。

西方美学史几乎就是对感性这一概念的认识史，朱光潜在《西方美学史》中讨论西方近代美学时说过："从一七五〇年鲍姆嘉通创立 Aesthe-tik（美学）这门科学的称号起，经过康德、许莱格尔、叔本华、尼采以至于柏格森和克罗齐，都由一个一线相承的中心思想统治着，这就是美只关感性的看法。"② 杜夫海纳主张美学要返回鲍姆嘉通的"感性学"，正是对西方美学不谈美大谈感性潮流的追随。他不仅重新定义了感性，而且认为审美对象就是感性的完善。从审美对象的构成要素角度来讲，他重在说明，感性的呈现既离不开感觉物，又离不开感觉者，没有任何一方都不会有感性，所以，感性是主客体统一的结果。正如有学者所说："审美主体和对象在感性中实现了彻底的统一，这就是为什么杜夫海纳一再强调感性是感觉者和被感觉者的共同行为。"③ 总体上，杜夫海纳的感性理论把感性提高到审美对象的本体的地位，试图以感性揭示美的本质特征，使感性学真正成为美学。应当说，他的这种努力是西方感性学说发展的最高峰，在其体系内部是比较圆满的。基于此，台湾学者对杜夫海纳的感性理论给予了充分的肯定："他（指杜夫海纳，著者加）在感性方面的最大贡献，就是他创造了一种全新的感性。这样的感性，已经完全脱离了我们以往对感性所采取的平面化的认识，相反的，这个感性是动态的，是整体的，它所创造的与对象之间的新的直接性，将我们推向了审美经验的高峰。""归纳性感性让这种我们在审美经验中体验到的主客亲密的交感关系成为可能，这是杜夫海纳美学理论不可磨灭的贡献。"④

---

① ［法］杜夫海纳：《审美经验现象学》，韩树站译，文化艺术出版社 1996 年版，第 262 页。英译本 p. 225。

② 朱光潜：《西方美学史》（下卷），人民文学出版社 1979 年版，第 478—479 页。

③ 彭锋：《完美的自然——当代环境美学的哲学基础》，北京大学出版社 2005 年版，第 220 页。

④ 尤煌杰、何佳瑞：《杜夫海纳美学思想的感性特质》，《哲学与文化》2006 年第 1 期，第 160 页。

二　意义

与感性不同,杜夫海纳的意义浸染了现象学的传统。在现象学美学各家中,传统美学的思想或内容概念被意义概念取代了。意义是胡塞尔意向性理论的一个核心词汇。由于胡塞尔思想前后期的变化,意义(意向内容)由前期意识活动的一个构成部分,转变为后期的意向对象的核心部分。杜夫海纳以此为基点,认为意义内在于对象。但他反对胡塞尔意向行为的构成功能,认为对象的意义不是先验自我授予的,而是对象本身就包含着意义。反映到审美对象中,杜夫海纳认为,审美对象的构成要素还应该包括意义在内。

很明显,意义不能独立存在,它必然要有所依附。在杜夫海纳看来,在审美对象中,意义依附于感性。如果审美对象仅仅是感性,那么,审美对象就是空洞的。在最初的辉煌过后,知觉就会感到不满足。所以,感性不仅仅是作为纯感性而出现,它还蕴藏着意义。而审美对象的所有意义也都是在感性中给定的,任何一种意义,都不可能存在于感性范围之外或超出感性的范围。所以,杜夫海纳明确地说:"审美对象所特有的意义,其特点在于它的意义完全内在于感性。"① 不仅如此,意义还组织和统一感性。它使感性具有一种秩序,保证欣赏者不会被分散成各种无意义的感觉。在审美活动中,审美对象之所以能作为整体被感知,主要原因就在于意义统一感性。这样,杜夫海纳就把感性与意义的关系厘清了。

不同于能指对象,读解审美对象中的意义既要通过理解力,又要靠领悟。杜夫海纳认为,在审美静观中,这种可理解的意义主要体现在再现对象上。由于再现对象是通过参照外在世界使审美对象成为可被理解的对象,所以,审美静观中暗含着理解力的运用。但审美静观中的理解也仅限于此,如果面对对象无休无止地追问,那么,思考就会接替静观,这就脱离了审美知觉。杜夫海纳更愿意把审美对象中的意义看作是表现性的,这是因为审美对象的意义是一种情感意义。"审美对象不但用丰富的感性来说话,而且还用它表现的、使人们无需通过概念就能认出它来的这种情感特性来说话。它的统一不仅是感性的统一,而且还是情感的统一"。② 可

---

① [法]杜夫海纳:《美学与哲学》,孙非译,中国社会科学出版社1985年版,第223页。
② [法]杜夫海纳:《审美经验现象学》,韩树站译,文化艺术出版社1996年版,第175页。英译本 p. 143。

见，杜夫海纳强调审美对象不是智力对象，而是包容着情感的知觉对象，它不需要通过概念去苦思冥想，而期待着通过情感的表现所引起的交流与共鸣。审美对象的意义不仅仅是它表面讲述的东西，更是深藏在这些表述后面的东西。这多重的意义构成了审美对象的世界，而其核心就是表现的世界，即审美对象中弥漫的那种情感意义氛围。这种意义我们只能去领悟，它不是仅靠理解力就能解决的问题。

对于杜夫海纳来说，意义尽管是主观赋予的，但他要求欣赏者忠实地理解作品的意义，从而体现出一种意义客观性的立场。在他看来，作品在完成以后就获得了自主的存在。创作者并非作品意义的唯一保证，读者完全可以就作品本身来忠实地理解作品。杜夫海纳把作品的意义从作者的心理状态转移到作品本身，无疑为忠实地理解作品提供了一个极大的优势。不仅如此，他还认为作品是主动者，欣赏者作为见证人，不能对作品有任何的增添，只能接受作品提供的东西。尽管欣赏者拥有解释的自由，但也必须是从作品中客观发现的，而不能把自己的发现加诸作品。对于作品引起的回忆和联想活动，也应该加以遏制而非鼓励。杜夫海纳对于意义客观性的坚定性由此可见一斑。

杜夫海纳的意义客观性立场，其根源可追溯到胡塞尔。胡塞尔尽管在意向性问题上持构成性观点，但他在《逻辑研究》中说："某个客观的表述可能在许多方面意义含糊：它可能介入与几个意义的固定联系中，因而，它取决于由它引起和意指的这些意义的心理学背景（也即听者思想的偶然游移，谈话的发展趋向及它所引起的倾向等等）。它可能是这种情形：对说话者本人及其所处具体情境的一瞥，也许对此的正确把握有所帮助。"[1] 由此可知，表达的意义是客观不变的，只是由于听者及环境的原因，才导致歧义的产生。事实上，英加登也继承了这一点："意向性客体，尤其是一种语言的一个有意义的词，在投射它的行为完成之后可以继续存在。"[2] 这就证明，词语的意义可以有某种程度的自律自主性。结合英加登对理想的具体化的要求，可见，他也并不认为审美对象的存在是完全他律的，只是杜夫海纳走得更远。

---

① 转引自［美］R·玛格欧纳《文艺现象学》，王岳川、兰菲译，文化艺术出版社 1992 年版，第 121 页。

② ［波］英加登：《对文学的艺术作品的认识》，陈燕谷译，中国文联出版公司 1988 年版，第 357 页。

　　在杜夫海纳的体系中，我们经常会看到 20 世纪初语言学转向的影响。但在意义问题上，杜夫海纳显示出与索绪尔意义观的对立，主要表现为两点：第一，索绪尔反对命名论："大众有一种很肤浅的理解，只把语言看作一种分类命名集，这样就取消了对它的真正性质作任何探讨。"① "在有些人看来，语言，归结到它的基本原则，不外是一种分类命名集，即一份跟同样多的事物相当的名词术语表。"② 而杜夫海纳的主张却恰恰相反："一个整体，只有在说出一个意指、瞄准一个外在于指号并由指号首先命名的实在时，才是有意义的：要描述，首先必须命名。被描述的意义指向被命名的对象。"③ 第二，索绪尔批判语词中心论，主张代之以整体论的意义理论。而杜夫海纳认为语词中心论与意义的整体性并不冲突，甚或意义整体性以语词中心论为前提："人们能从无中引出意义吗？不能。要给词以意义，单靠句子是不够的（神话对神话素、旋律对音符、影片对一组镜头、绘画对色彩也都是不够的）。句子要有意义，词必须先要有意义。"④ 杜夫海纳之所以批判结构主义，其实源头在索绪尔，因为索绪尔的语言观对结构主义有深远的影响。当然，这种批判也是符合现象学与结构主义对立的传统的。

　　总之，杜夫海纳对意义的关注，既是对现象学内部传统的继承，又是受语言学转向影响的结果。杜夫海纳认为审美对象自身包含着意义，意义内在于感性，对意义的读解应该坚持意义客观性的立场，反对对作品的过分引申和发挥。他的这种主张使得他在 20 世纪的读者反应批评潮流以及语言学潮流之中显得格外的孤立。

三　形式

　　在杜夫海纳的审美对象中，感性与意义的显现必须要通过形式，所以，形式就成为审美对象的又一构成要素。形式概念在西方有一个源远流长的发展史。亚里士多德往往被视为第一个形式主义者。杜夫海纳对形式的理解是在形式主义背景下诞生的，并受到了格式塔心理学的影响。审美对象作为一个有机整体，感性、意义与形式彼此不能分割，以感性形式出

---

① ［瑞士］索绪尔：《普通语言学教程》，高名凯译，商务印书馆 1980 年版，第 39 页。
② 同上书，第 100 页。
③ ［法］杜夫海纳：《美学与哲学》，孙非译，中国社会科学出版社 1985 年版，第 149 页。
④ 同上。

现的审美对象，此时就是审美对象本身，而绝不是单纯的、空洞的形式。

与传统认识相反，杜夫海纳认为形式不是外在赋予的，而是内在固有的。他既把形式看作是与外部的连接点，也看作是对对象内部的限定。尽管"形式的第一意义是轮廓，即对象同对象在其中显现的、未区分的和不起作用的现实背景的界限。在这里，形式主要是以它与对象外部的而不是内部的东西的关系来界定的"。① 但杜夫海纳更看重的是形式的内在规定性，而且认为，审美对象通过形式来肯定自己的统一性和自律。这与杜威的理解十分相似。杜威说："形式与实质的联系是内在固有的，而不是从外部强加的。它标志着一个达到其完满实现的经验的质料。"② 杜夫海纳说："形式不是外来的、使感性成形的统一性的一个外在根源，像把鞋放进模子或把酒装进瓶子一样。相反，它存在于感性之内，而且不是别的，只是感性借以显现和付诸知觉的方式。"③ 并且认为："审美对象是这样一种对象：在这个对象身上，只有不失去形式才会有物质材料。画家清楚地知道，只有色彩配合协调才有色彩的强弱；如果这一形式遭到破坏，色彩也就随之消失。"④ 不难看出，杜夫海纳对形式与感性关系的理解，和杜威对形式与实质关系的理解是非常相近的。所以，施皮格伯格感叹说二者相似得有些不可思议。

如果对形式的认识止步于此，杜夫海纳认为这还没有把握到形式的深意。深意在于审美形式格外需要审美知觉的读解。杜夫海纳说："形式与其说是对象的形状，不如说是主体同客体构成的这种体系的形状，是不倦地在我们身上表示的并构成主体和客体的这种'与世界之关系'的形状。这里，我们已经可以看出，感知者和感知物的这种连带关系在审美经验中格外明显，因为对象的形式在审美经验中格外完整。"⑤ 这就说明，审美对象的形式反映了主体与世界的一种关系，是主体与客体相互关系的产物，审美形式必须在审美知觉中生成。这是杜夫海纳引进梅洛－庞蒂的形

---

① ［法］杜夫海纳：《审美经验现象学》，韩树站译，文化艺术出版社 1996 年版，第 171 页。英译本 p. 139。

② ［美］杜威：《艺术即经验》，高建平译，商务印书馆 2005 年版，第 151 页。

③ ［法］杜夫海纳：《审美经验现象学》，韩树站译，文化艺术出版社 1996 年版，第 266 页。英译本 p. 229。

④ Mikel Dufrenne, *Phénoménologie de l'expérience esthétique*, Presses Universitaires de France, 1967, p. 132.

⑤ ［法］杜夫海纳：《审美经验现象学》，韩树站译，文化艺术出版社 1996 年版，第 267 页。英译本 p. 231。

式，突出形式对主体和客体亲缘关系融合的结果。

杜夫海纳对形式的理解明显地受到了俄国形式主义的影响。他宣称："按照亚里士多德对灵魂所作的解释，我们简直可以说形式是对象的灵魂。"① "审美对象没有一种形式，它就是形式。"② 这种无视内容的唯形式论打上了形式主义的深刻烙印。传统的内容、形式二分结构，按照塔塔尔凯维奇在《西方六大美学观念史》中的介绍，古希腊的智者就曾在诗的领域区分了"字音"和它们那"沉重的内容"。③ 之后，内容与形式的二分结构获得了长足的发展。黑格尔的影响最大，他认为内容与形式可以互相转化："内容非他，即形式之转化为内容；形式非他，即内容之转化为形式。"④ 而俄国形式主义和英美新批评都反对这种二分结构。什克洛夫斯基说："文学作品是纯形式，它不是物，不是材料，而是材料之比。"⑤ 这就说明，在俄国形式主义者那里，形式取得了绝对性的胜利，材料已经被形式吞并了，而"内容"这样的词汇更被弃置一旁。杜夫海纳主张审美对象是形式，无疑是对俄国形式主义的一种呼应。俄国形式主义者宣称形式创造了内容，杜夫海纳只不过是把内容置换成了意义，认为形式就是一种意义。

对于形式在感性与意义之间的地位，杜夫海纳的思想经历了一个发展的过程。在《审美经验现象学》中，他对形式与感性、意义的关系的表述是模糊的："在对审美对象和自然进行比较时，我们曾经观察到感性只有在一种形式的控制下才能充分显示出来。这种形式显然内在于感性，它首先只不过是感性的和谐的组织。风格显示形式的另一侧面。它界定这样一种形式，即能够表明创造这一形式的那个个性的形式。这个形式是一种意义，同时在我们分析的这一层次，它意味着它的作者。"⑥ 这里，他提出"形式内在于感性"，并认为"形式是一种意义"。但结合他"意义内

---

① ［法］杜夫海纳：《审美经验现象学》，韩树站译，文化艺术出版社 1996 年版，第 267 页。英译本 p. 230。

② 同上书，第 265 页。英译本 p. 229。

③ ［波］塔塔尔凯维奇：《西方六大美学观念史》，刘文潭译，上海译文出版社 2006 年版，第 234 页。

④ ［德］黑格尔：《小逻辑》，贺麟译，商务印书馆 1980 年版，第 278 页。

⑤ 转引自蒋孔阳、朱立元《西方美学通史》（第六卷），上海文艺出版社 1999 年版，第 236 页。

⑥ ［法］杜夫海纳：《审美经验现象学》，韩树站译，文化艺术出版社 1996 年版，第 138 页。英译本 p. 107。

在于感性"的观点，形式与意义的关系就显得不够清晰了。这种不足在《逻辑形式主义与美学形式主义》中得到了完满解决。此时的杜夫海纳认为形式应处于感性与意义的中间地位："在艺术中，在审美对象不再是一个其功能在于表示或代表另一事物的记号的范围内，形式给予意义以存在。当感性全部被形式渗透时，意义就全部呈现于感性之中。因而，出现了双重内在性：形式内在于感性，意义又内在于形式。"① 这就说明，由感性、意义与形式形成的审美对象的内在结构不是叠加式的，而是内在式的包蕴结构：意义→形式→感性。其中，意义是内核，感性的形式是外观。这一结构反映了杜夫海纳感性至上的观念，印证了他美学就是感性学的思想。但是，他对形式与意义关系的阐述依然是比较薄弱的。

综上可知，杜夫海纳的审美对象作为知觉对象，主要由感性、意义与形式共同构成。其中，感性是审美对象的首要因素。作为主客体共同构成的行为，感性体现了杜夫海纳对审美对象的本质规定；意义内在于感性，它使审美对象富有丰富的意味。尽管意义是主观赋予的，它却要求欣赏者采取一种客观性的立场；形式是审美对象的外观。由于审美对象总是以不同的形式展现自己，某种程度上形式就代表了主体与世界的一种关系。

第三节　审美对象的存在方式

关于审美对象的存在方式问题，传统美学理论主要从主观与客观两个角度进行了探讨，或者认为美存在于客观事物的属性中，或者认为美存在于精神、意识、观念等主观因素中，采用的完全是一种主客二分的模式。杜夫海纳则把审美对象看作是"为我们"而存在的"自在""自为"的"准主体"。他没有再从客观或主观的角度来界定审美对象，而是把审美对象看作是一种关系性的存在。学界探讨审美对象存在方式的文章很多，遗憾的是，对杜夫海纳审美对象的存在方式却缺乏应有的关注。那么，审美对象作为关系性的存在是如何展开的呢？杜夫海纳将"自在"与"自为"在审美对象中调和为一种自律的存在，在此基础上，又创造性地赋予审美对象以"准主体"的地位，这样，在审美活动中，作为"准主体"的审美对象与作为欣赏者的"我们"便形成一种交流和对话的关系，从

---

① ［法］杜夫海纳：《美学与哲学》，孙非译，中国社会科学出版社1985年版，第130页。

而成功地克服了传统美学主客二元对立的局限性。本节拟循此思路阐发其
审美对象的存在方式观。

一　"自在"与"自为"的辩证演绎

杜夫海纳调和审美对象"自在"与"自为"的对立,目的是为了证
明审美对象是一种自律的存在,强调审美对象的独立自足。"自在"、"自
为"的概念来自德国古典哲学(主要是康德),海德格尔、萨特和梅洛 –
庞蒂都沿用了这两个词,"自在"指客观物质世界的存在,"自为"指意
识的存在。他们从不同的哲学立场出发将之用以不同问题的研究,但都认
为"自在"与"自为"是矛盾对立的。与之不同,杜夫海纳认为,"自
在"与"自为"固然有其对立的一面,但二者在审美对象中可以结合为
一种自律的存在。

杜夫海纳对"自在"与"自为"的阐述,是结合着审美对象的现实
性问题一起进行的。审美对象既有现实性的一面,又有非现实性的一面,
现实性的一面来自于审美对象的"自在",非现实性的一面则是"自为"
的体现。

审美对象首先是一种"自在"的存在,这是现实性的保证。审美对
象是现实的还是非现实的,这是杜夫海纳与萨特在审美对象上的根本分
歧。"自在"意味着审美对象不但作为被我知觉的东西存在,而且,它还
作为不依赖我的东西而存在,主要表现为审美对象感性的"自在",审美
对象的现实性就来自感性。如前文所言,杜夫海纳的感性,指"感觉者
和感觉物的共同行为",即作品的物质材料被审美地感知的产物。感性构
成审美对象"自在"的外在形式,是现实性的。对此,杜夫海纳有明确
表述:"审美对象之所以只能显示,任何知识之所以不能与之相当,任何
翻译之所以不能取代于它,都是因为像我们所说的那样,它的根本现实性
首先存在于感性之中。"① 这段话清楚地说明了感性在审美对象中的重要
地位,感性使审美对象具有现实性。这样,杜夫海纳通过强调审美对象的
"自在",承认审美对象具有现实性的基础,完全与萨特区别开来。萨特
把实在之物激发出来的想象当作审美对象,因而认为审美对象是观念对
象,是非现实的,他清楚地表示:"实在的东西永远也不是美的,美是只

---

① [法]杜夫海纳:《审美经验现象学》,韩树站译,文化艺术出版社1996年版,第74页。
英译本 p. 47。

适用于想象的事物的一种价值，它意味着对世界的本质结构的否定。"①
萨特的这种观点无疑是偏颇的，因而遭到不少批评，华尔诺克将萨特的
"想象的对象是非现实的"结论，称作"错误的老生常谈"。杜夫海纳非
常中肯地指出："想象力是转向现实的。体现非现实只是它的部分功能，
而萨特却把部分当成了整体。"② 联系我们对审美对象的认识，杜夫海纳
强调审美对象的自在，承认审美对象具有现实性的基础，这种认识显然更
符合审美实践。

其次，审美对象还是一种"自为"的存在，这是非现实性的根源。
"自为"本指意识的存在，杜夫海纳却用它来形容审美对象，非现实性就
是从这里生发出来的。审美对象作为物，本来没有意识，但杜夫海纳从人
独有的感情上获得了灵感，认为能够拥有人类独有的感情的审美对象可被
看作是有意识的，是"自为"的。"感情恰恰是存在于世界、同世界建立
某种关系、揭示世界一个面貌和在世界上体验某些经验的某种方式。正是
在感情中建立起人类与世界的最初关系，显示出'自为'的那种不可捕
捉的自发性。所以，我们是从这种表现力中认出一个'自为'的。"③ 这
里，他认识到感情与世界的重要关系，感情足以支撑起世界，并揭示世
界，审美对象的感情也是如此，因而，审美对象的世界是可能的，其中蕴
含的感性、意义和情感呈现出一个不同于现实世界的非现实世界——表现
世界，而"如果对象能够表现，如果对象本身带有一个与它所处的客观
世界不同的自己的世界，那就应该说，它表现了一个自为（un pour-soi）
的效能"④，"审美对象是一个准自为"。⑤ 这样，他就顺理成章地得出审
美对象是"自为存在"的结论。审美对象的"自为"使审美对象能够区
别于其他非审美对象。对于那些非审美对象，知觉在它们身上找不到表
现，它们不传达意义，不会有情感，更没有自己的世界，所以，曾经轰动
一时的杜尚的"作品"《喷泉》———件随便买来的小便池绝不可能成为
审美对象。"自为"由人的特征向审美对象的推进，也使杜夫海纳完全超

---

① ［美］M. 李普曼编：《当代美学》，邓鹏译，光明日报出版社 1986 年版，第 143 页。
② ［法］杜夫海纳：《审美经验现象学》，韩树站译，文化艺术出版社 1996 年版，第 394
页。英译本 p. 357。
③ 同上书，第 163 页。英译本 p. 130。
④ ［法］杜夫海纳：《美学与哲学》，孙非译，中国社会科学出版社 1985 年版，第 57 页。
⑤ ［法］杜夫海纳：《审美经验现象学》，韩树站译，文化艺术出版社 1996 年版，第 264
页。英译本 p. 227。

越了康德以来萨特和梅洛－庞蒂等人仅仅把"自为"局限于人的传统。

　　审美对象的"自为"存在，使审美对象不仅仅局限于现实的一面，而是向着非现实的一面超脱，即审美对象"通过对现实的审美化把现实非现实化了"①。在《论抽象画的表现性》一文中，杜夫海纳认为，任何表现都是自我表现的观点应该被抛弃，最真实的表现来自体现在作品中的艺术家内心经验过的世界。这一世界不是一个实体的世界，而是一种充溢在作品中的气氛、氛围。由于每一个艺术家都对世界有着不同的体验，所以，每一部作品都洋溢着不同的气氛。《平凡的世界》绝不雷同于《乡村爱情》，《呼啸山庄》也不相类于《简爱》。而且，在杜夫海纳看来，非现实绝不意味着不真实，非现实化的现实更真实。这并不难理解，因为这是加工提炼后的更纯粹的现实，我们称之为具有高度现实主义的作品也正是这类作品。

　　杜夫海纳由上述分析认为，审美对象其实是一种自律的存在。这与英加登的观点截然相反。审美对象之所以是"自在"的，是因为在我们感知它之前它就存在，它是作为包含"自在"的感性的艺术作品存在的；之所以是"自为"的，是因为它在自身之中蕴含了一个带有情感意义的表现的世界，这个表现的世界给审美对象保证了一个自我超越的"自为"的地位。这样的"自在""自为"在审美对象中巧妙地结合在一起，化解了对立的锋芒，突出了相容的空间，俨然构成一种自律的存在。这种自律是审美对象的本质特征，意味着审美对象本身是独立自足的，它只是需要知觉去实现，绝不是去添加。审美对象"尽管要感知，不失为实在之物。当我们感觉美的东西在我眼中变成审美对象的时候，我们的知觉丝毫没有创造新的对象，它只不过给原有对象以公平的对待罢了"②。欣赏者只需要做见证人即可。杜夫海纳对审美对象独立性的强调使他与英加登针锋相对。英加登认为审美对象是纯意向性对象，文学作品存在的根源在于作者意识的创造性活动，其实现又依赖于读者的意向性活动，因而，文学艺术作品的存在是非自主的，是他律的。尽管为了防止读者审美具体化和重建的无所节制和随心所欲，英加登强调对艺术作品最忠实的具体化，但其最基本的立场无疑是错误的，艺术作品的存在只能是自律的，他律的结果必

---

　　① ［法］杜夫海纳：《审美经验现象学》，韩树站译，文化艺术出版社1996年版，第188页。英译本 p. 155。
　　② 同上书，第100页。英译本 p. 72。

然取消艺术作品本身的存在。

审美对象"自在"与"自为"相统一、现实与非现实相兼容的存在方式，让我们想到胡塞尔对杜勒铜版画"骑士、死和魔鬼"的分析，他说："这个进行映象表现的图像客体，对我们来说既不是存在的又不是非存在的。"① 这种说法其实是胡塞尔对审美对象存在方式的一种认识。"不是存在的"意为审美对象不是一个物质实体，它有非现实性的一面；"不是非存在的"意为审美对象不是纯粹观念的精神实体，它有现实性的一面。整体上，胡塞尔强调的是审美对象既不局限于物质实体的存在，又不局限于精神实体的存在。但由于胡塞尔的主要精力不在于此，因而没有充分全面的论述。杜夫海纳认为审美对象既是现实的，又是非现实的，其实质是对胡塞尔图像客体存在方式的深入阐发。

总之，在杜夫海纳看来，"自在"与"自为"可以在审美对象中调和为一种自律的存在。"自在"是审美对象现实性的保证，"自为"是审美对象非现实性的根源。具有现实性的审美对象区别于萨特，拥有自律的审美对象又不同于英加登，兼具现实性和非现实性的审美对象是对胡塞尔图像客体"既不是存在的又不是非存在的"的充分、深入、系统的发挥。

二　"准主体"

杜夫海纳继承前人思想的同时，又并不局限于此。在审美对象是一种自律存在的基础上，杜夫海纳广泛吸收前贤的众多精辟论述，又创造性地赋予审美对象以"准主体"的地位。审美对象作为"准主体"，彰显了艺术作品的生命特征及其独立自足，突出了审美对象和其他对象的根本差异，从而产生了一种更为广泛的、更具普遍意义的理论。"国外学者认为这是他对美学研究所做的最卓越的贡献之一"，② 这个评价是公允的。不过，我们也要指出，杜夫海纳"准主体"的思想也绝非无所依傍纯然独创。注重艺术作品的生命特征在中西方都有悠久的传统，如西方文论中的"活力论"、"生气灌注"说，杜夫海纳"准主体"的思想是西方相关思想发展的重大突破。

在西方，早期注重艺术作品的生命特征表现为将艺术作品与人的身体

---

① ［德］胡塞尔：《纯粹现象学通论》，李幼蒸译，商务印书馆1992年版，第270页。

② 张永清：《论作为艺术作品的审美对象的交互主体性》，《人文杂志》2006年第5期，第79页。

进行比况，源头可追溯到柏拉图。在《斐得若篇》，针对文章的结构，他提出了有机统一的原则："每篇文章的结构应该像一个有生命的东西，有它所特有的那种身体，有头尾，有中段，有四肢，部分和部分，部分和全体，都要各得其所，完全调和。"① 亚里士多德承袭了此观点，提出"悲剧是对于一个完整而具有一定长度的行动的摹仿（一件事件可能完整而缺乏长度）。所谓'完整'，指事之有头，有身，有尾"②。中世纪的普罗提诺、奥古斯丁都延续了这一原则，认为美在于整一和谐。到了歌德，他从创作方法的角度要求人物塑造和作品整体都要"熔铸成一个优美的、生气灌注的整体"③，"构成一个活的整体"。④ 他把艺术的整体概念同现实生活中有生命的个人结合起来加以论述，认为艺术作品整体应该具有人的生命特征，相较于柏拉图以来的结构的有机统一原则，这无疑是一大进步。后来的黑格尔和托尔斯泰的思想大抵不出这个范围。黑格尔很重视作品的生命活力，他指出："艺术作品通体要有生气灌注。"⑤ 托尔斯泰在《艺术论》中也曾精辟地谈到艺术作品的有机整体性，他说，对于真正的艺术作品，从一个位置上抽取一句诗、一个图形，把它安到别的地方，就好比从生物的某一部位取出一个器官放到另一部位，这会导致该生物与该作品的毁灭。⑥

　　杜夫海纳的"准主体"思想是在西方 20 世纪以来的注重作品本体研究的大背景下出现的，与 20 世纪以前的理论相比，这一时期的相关理论，已经不满足于仅仅承认作品的生命特征，而是把它作为一个前提，在此基础上强调作品的独立自足。这种趋势不可能不对杜夫海纳产生影响。如俄国形式主义把文学作品看作是一个独立自足的个体，认为作家、读者、社会都是同作品无关的外在因素。我们看到，杜夫海纳也认为艺术作品是独立自足的，不同于俄国形式主义的是，他认为这种独立性、自足性是相对的而非绝对的。新批评也只注意文学作品本身，认为作品本身的意义和价值不能等同于作家的意图和读者的反映。循此杜夫海纳认为，审美批评没有必要去关注作者意图、传统影响和时代背景。在俄国形式主义与英美新

---

① ［古希腊］柏拉图：《文艺对话集》，朱光潜译，人民文学出版社 1963 年版，第 150 页。
② ［古希腊］亚理斯多德：《诗学》，罗念生译，人民文学出版社 2002 年版，第 21 页。
③ ［德］爱克曼辑录：《歌德谈话录》，朱光潜译，人民文学出版社 1978 年版，第 6 页。
④ 同上书，第 8 页。
⑤ ［德］黑格尔：《美学》（第一卷），朱光潜译，商务印书馆 1979 年版，第 198 页。
⑥ ［俄］列夫·托尔斯泰：《艺术论》，丰陈宝译，人民文学出版社 1958 年版，第 128 页。

批评之间，杜夫海纳更接近于后者。此外，杜夫海纳的观点与符号学美学的代表人物苏珊·朗格的观点颇为相似。苏珊·朗格将艺术作品看作"生命的形式"："说一件作品'具有情感'（正如人们常说的那样），恰恰就是说这件作品是一件'活生生'的事物，也就是说它具有艺术的活力或展现出一种'生命的形式'。"① 这就是说，在苏珊·朗格看来，情感是人独有的，包含着情感的作品也是生命的一种形式。不难看出，苏珊·朗格的思想已经隐隐预示了杜夫海纳要走的道路。

杜夫海纳对"准主体"的论述建基于对艺术的分类上。他认为传统的时间性艺术和空间性艺术的划分是不合理的，时间性艺术与空间性艺术并非毫无关联，事实是，在所有艺术中同时存在着时间因素和空间因素。杜夫海纳所谓的时空并不是物理的时空，而是标识作品内在精神的时空。以典型的空间性艺术——绘画为例，杜夫海纳认为其中包含的运动最能暗示时间的流动。当我们看到米勒的《倚锄的男子》，它摆在我们面前自然占据着一定的空间，画家选取的是一个倚锄休息的男子，这暗示他已经劳动很久了，休息之后也许是更久的劳动。这就是杜夫海纳所言之空间的时间化。以典型的时间性艺术——音乐为例，音符的流淌尽管意味着时间的流逝，但音符的流淌也带来了歌曲艺术氛围的展开，这就是杜夫海纳所言之时间的空间化。莱辛认为在诗与画中，时间与空间的界限不是绝对的，而是相对的。他主张选择最富包孕性的顷刻来达到寓时于空和寓空于时，时间空间化和空间时间化是杜夫海纳对莱辛这一观点的发挥。

杜夫海纳认为时间空间化和空间时间化使审美对象拥有了自己的世界，这个世界不同于我们生活于其中的世界，它是一个表现的世界——一个内部聚合的情感统一体。这也是杜夫海纳与英加登在审美对象上的又一分歧。"对于英加登，作品的世界是由读者的填充不确定的阅读活动所产生的再现物所限定，而杜夫海纳主张：审美对象的世界必须是自足的、确定的，因此他假定了一个'表现的世界'，其根源是艺术家的意识。"② 因为，一方面艺术品总是属于一个作者的作品，在它身上总会体现出创作主体的世界；另一方面，创作主体也在审美对象中表现自己。结果就是审美对象与主体互相表现：审美对象表现主体，主体也在审美对象中表现自

① ［美］苏珊·朗格：《艺术问题》，滕守尧译，南京出版社2006年版，第56页。

② *The Cambridge History of Literary Criticism*, Vol. VIII, *From Formalism to Post structuralism*, Cambridge University Press, 1995, p. 307.

己。表现使审美对象具有了人的特质，因而，审美对象可以被认为是
"自为"的，可以被称之为"准主体"。就是说审美对象类似于具有主体
性质的人，在这一意义而言，"它存在于世界上有点像另外一个人，像一
个其表情感动我们并有时说服我们的一个人一样"。① 因而，杜夫海纳把
这种由客体表现的主体称作"准主体"。需要强调的一点是，审美对象只
是对真正的主体，即进行感知的欣赏者而言才是一个"准主体"。英加登
也很重视文学作品的生命特征，但他认为文学作品的生命是由读者的具体
化活动赋予的，因而，作品经历的是一个与生物的生命模式相似的过程：
逐渐被理解——逐渐被淡忘——重新获得关注。很明显，审美对象是自律
还是他律的分歧导致了杜夫海纳与英加登对审美对象生命特征的认识的
差异。

　　"准主体"的思想，反映了杜夫海纳对于艺术作品生命特征的重视。
他将审美对象视为完全与作为主体的人一样的另一主体，这也就无所谓主
体与客体之分了。当欣赏者面对艺术作品时，他不是去驾驭它，而是去接
近它，这并不意味着审美对象必然就处于被动的地位，因为它要求人们感
知它，并且"它不但不等待被知觉之后才存在，甚而还引发知觉，操纵
知觉"②，也即杜夫海纳所谓"审美对象的自主性召唤它的确定性"。这就
像两个人的相逢一样，在逐步深入的对话中，互相在对方身上发现、生
成。从中我们不难发现，杜夫海纳对审美对象"准主体"地位的强调已
经发展为一种对话美学的思想。

　　最后，杜夫海纳特别指出艺术作品"为我们"而存在，这表明他对
欣赏者的充分重视。杜夫海纳很重视艺术作品客观性的一面，认为艺术作
品必然先是"自在"的，然后才是"为我们"的，他引用的梅洛－庞蒂
的这段话就是这个意思："我们常说，没有人去感知物，就无法设想感知
之物。但事实仍然是，物是作为自在之物呈现于感知它的那个人，它提出
了一个真正的自在－为我们（en-soi-pour-nous）的问题。"③ 然而，审美
对象的呈现固然离不开客体性的因素，另一方面也离不开主体性的因素。
因为审美对象其存在本身就是为了被感知，它需要我们的知觉完成自身的

---

　　① ［法］杜夫海纳：《审美经验现象学》，韩树站译，文化艺术出版社 1996 年版，第 181
页。英译本 p. 148。
　　② 同上书，第 260 页。英译本 p. 224。
　　③ 同上书，第 257 页。英译本 pp. 220 - 221。

确立，审美对象只有在欣赏者的意识中才能成为审美对象。欣赏者的知觉意识如同一道光将审美对象的世界显现出来，为此，欣赏者必须集中意识积极参与，作为审美对象的见证。由此可见，审美对象最终是"为我们"而存在的，这也正是它存在的意义，所以，杜夫海纳也将审美对象称作"为我们而存在的自在"①。

综观审美对象的存在方式，"自在"和"为我们"辩证地贯穿在杜夫海纳对审美对象的全部分析中，"自在"与"自为"是审美对象的不可分割的两个方面，二者有相互对立的一面，但又是相辅相成的。"自在"是"自为"的基础，"自为"是"自在"的升华，被情感贯穿的富有表现力的审美对象的世界，就好像是一个自为的主体一样，因而可将之称为"准主体"。"自在""自为"的"准主体"，在根本上强调的是审美对象的独立和自足。"为我们"固然强调审美对象的主动性，也是说审美对象不能脱离主体的审美知觉。总体来看，审美对象是"为我们"而存在的"自在""自为"的"准主体"，这一论断没有再把审美对象看作是一种实体性的物质存在或精神存在，就是说没有再从客观或主观的角度来界定审美对象，而是把审美对象看作是一种关系性的存在。这是对传统美学审美对象主客二分存在方式观的一种超越。

第四节　审美对象的显现方式——"表演"

今天，表演艺术在我们生活中的地位越来越突出，各种艺术形式争相斗艳，呈现出日益繁荣兴盛的局面。然而到现在为止，人们对表演的认识尚停留在千差万别的不同门类艺术的表演中，探讨的是舞蹈的表演、戏剧的表演、魔术的表演、电影的表演等每一门类中的表演。艺术实践表明，音乐、舞蹈、电影等艺术的表演各有章法，无法融通。那么，在理论上有没有可能将差异悬殊的各种艺术统一呢？事实上，"寻求各门艺术间的统一性，尤其是跨度较大的艺术门类之间的联系，从古希腊已开始有精辟的见解"，② 亚里士多德为各种艺术找到的共同特征是模仿。而杜夫海纳一贯反对模仿说，他从表演是使感性得到充分呈现、进而形成审美对象的认识出

---

① ［法］杜夫海纳：《审美经验现象学》，韩树站译，文化艺术出版社 1996 年版，第 590 页。英译本 p. 547。

② 朱志荣：《康德美学思想研究》，安徽人民出版社 1997 年版，第 214 页。

发，为各门艺术找到的共同联系是"表演"。对于他来说，审美对象既然不是现成存在的，就有一个生成方式的问题，即由潜在存在如何向显势存在过渡的问题。显然，审美对象是在创作者—作品—欣赏者的动态维度中生成的，因而，杜夫海纳对表演的阐述也是在此维度中展开的。杜夫海纳表演理论的贡献不仅在于视角的这种转换，更在于他把所有的表演都看作是主客体统一的结果。这样，他的表演理论就呈现出了全新的面貌。他的这种尝试和探索对表演诗学和美学史的整体建设无疑有着重要的启示意义。

一　表演者的表演

杜夫海纳的表演比我们通常所理解的表演要宽泛很多，包括了表演者的表演、创作者的"表演"以及欣赏者的"表演"。他所谓的表演者的表演，其实就是我们平常所说的对作品的表演。对于传统的演员表演，杜夫海纳主要论述了表演的必要性，演员的地位以及表演的创造性等问题。

显而易见，音乐、舞蹈、戏剧等艺术，是最明显需要表演的艺术。杜夫海纳把艺术作品看作一种隐而未显的存在，由艺术作品向审美对象的生成，必须要经过表演。作品中的思想不仅要求表达出来，还要被感受到：剧本只有经过演出才有意义，词曲只有经过演唱才能获得真正的存在。表演的历史已经证明了这一点：如戏剧观的重点已经从十九世纪的编剧观转向了二十世纪的演剧观。人们逐渐认识到，真正的戏剧是演出而非剧本。同样地，声乐表演被称作"二度创作"，也是在与声乐作品分离，有了自己的独立地位之后的事，而且，声乐表演的美学价值就建立在二度创作的基础上。

在此基础上，杜夫海纳对演员的主要要求是顺从作品，忠实于原作。他说："作品要求表演者具备的主要素质是顺从。"① 戈登·克雷所说的"超级傀儡"强调的也是这一点。为此，杜夫海纳批评了炫耀和突出自身的演员，他们不顾作品，在表演中凸显自己。这与苏联表演艺术家斯坦尼斯拉夫斯基的批评是一致的："有不少艺术家，大半是主要演员，他们爱自己，随时随处所表现的不是人物形象或创造，而是他们自己，他们本人，这些艺术家们永远不改变自己。这一类的演员，看不见存在于他本人以外的舞台或角色。他们所以要演哈姆雷特和罗米欧，就象一个轻浮的女

---

① ［法］杜夫海纳：《审美经验现象学》，韩树站译，文化艺术出版社1996年版，第52页。英译本 p. 27。

孩子需要穿一件新衣服一样。"① 因为在表演中，演员本身就是审美对象的材料，例如演唱者的声音，舞蹈、戏剧演员的身段，它们构成了作品的感性，所以，舞台上演员的一举一动都与审美对象的生成有着密切的关系。越是成功的表演越使人忘掉演员、道具的存在，所有要素完全融为一体，恰如其分地表现了作品要求传达的东西。所以，杜夫海纳说："表演检验作品的质量，或至少检验这种主要质量，即表演者表现的感性是否得到自由发挥。而这足以确定表演者的责任：如果他要表演作品，他就必须忠实于作品，"② "应该懂得作品必须和它所要求的表演者协调一致。"③ 可见，对于作品的表演者来说，杜夫海纳强调表演者的主观意志要顺从艺术作品的客观表现，最终使二者得到合理的统一。

　　然而，杜夫海纳又认为，演员也并非要一味地顺从作品，而应该把每一次表演都看作是一次创造。杜夫海纳的特别之处在于，他将表演的创造性与作品的真实性结合了起来，为表演的本体论提供了依据。他反对雅斯贝尔斯所认为的作品有一种脱离历史的固定的"一般意识"，即以为任何读者都能从作品中获得作品蕴含的固定意义。杜夫海纳承认作品一诞生就具有了真实性，但在表演以前，作品的真实性并没有固定下来。由于审美对象的不可穷尽性，每一次演出总是或多或少地揭示了作品的感性，通过不断地尝试和摸索以及与作品的对照，作品的真实性才逐渐显示出来。任何的表演都不能脱离对作品的理解，所以，表演的各种传统构成了作品真实性显露的历史。面对演出，人们总是在头脑中按照已有的理解，对作品进行评判，对表演出错或失误的敏感，也说明了人们确实有衡量的标准。因而，在某种意义上，表演总是在创造作品的真实性，"演出就是一种创造"。④ 关于表演艺术的创造本质，别林斯基也曾不止一次地谈到过："我认为表演艺术是一种创作，演员是独特的创造者，却不是作者的奴隶。"⑤

---

　　① ［苏］斯坦尼斯拉夫斯基：《我的艺术生活》，瞿白音译，上海译文出版社1984年版，第170页。

　　② ［法］杜夫海纳：《审美经验现象学》，韩树站译，文化艺术出版社1996年版，第47页。英译本 p. 23。

　　③ 同上书，第46—47页。英译本 p. 22。

　　④ 同上书，第53页。英译本 p. 28。

　　⑤ ［俄］别林斯基：《别林斯基选集》（第一卷），满涛译，上海译文出版社1979年版，第135页。本段译文也译作："我认为舞台表演艺术是一种创造，而演员是一种独特的创造者，而不是作者的奴隶。"见［苏］京兹布尔格、索洛甫磋夫编《论音乐表演艺术》，中央音乐学院编译室译，音乐出版社1959年版，第21页。

但对于演员的创造，他更多地是从演员通过自己的演技去补充作者的意图着眼来阐述的，"演员……因为他是所谓用自己的演技来补充作者的构思的，他的创造就在这补充里面"。① 杜夫海纳反对从作者的意图中寻求表演的依据，而主张从作品的真实性出发，把每一次表演都当作是对作品所包含的真实性的挖掘和发现。可见，杜夫海纳依然想强调的是，表演者的表演是作品与表演者主客统一的产物。

总之，表演者的表演，既连接着表演者的主观意识，又连接着艺术作品的客观表现。杜夫海纳的目标是二者的完美结合。所以，他一方面强调演员要服从作品自身的表达意愿，另一方面，又要求演员把每一次表演都看作是一次创造。可是对于二者如何才能辩证地统一，他却缺乏应有的说明，这就使得他的主张大打折扣了。

二　创作者的"表演"

杜夫海纳把传统意义上的作者也看作是表演者，因而，对于绘画、雕塑等艺术，表演与创作就合二为一，表演成为创作，创作的过程就是表演的过程。如何解释呢？从创作过程来看，音乐等表演者不是作者的艺术，是将符号系统蕴含的感性因素从抽象状态转变为具体状态，然后呈现给欣赏者的知觉；绘画等表演者即作者的艺术，没有等待表演的符号体系，感性从无到有，画家等艺术家创作的过程就是感性不断显现的过程，然后也呈现给欣赏者的知觉。从二者的效果来看，演奏的音乐要求面对欣赏者，表演中感性不断呈现，审美对象的世界就显露出来；而画作一旦完成，其中的感性就固定下来，只要有欣赏者它就成为审美对象。杜夫海纳重视的是感性产生和充分呈现的过程，从这种认识出发，他认为可以用"表演"来称呼创作。尽管杜夫海纳认为可以用"表演"来称呼创作，但由于他拒绝过多地探讨创作心理学，因而导致他在《审美经验现象学》一书中，对创作者的"表演"所论甚少。然而，他所涉及的创作的几个问题都与主客体的统一有关。

杜夫海纳着力描述了创作者的心理，他突出了创作者如鲠在喉不吐不

---

① ［俄］别林斯基：《别林斯基选集》（第一卷），满涛译，上海译文出版社 1979 年版，第135 页。本段译文也译作："我认为舞台表演艺术是一种创造，而演员是一种独特的创造者，而不是作者的奴隶。"见［苏］京兹布尔格、索洛甫磋夫编《论音乐表演艺术》，中央音乐学院编译室译，音乐出版社 1959 年版，第 21 页。

快，然而又无法完全把握自己的创作对象的心态。他说："他还觉得有一种愿望，要响应一种召唤：某种东西要求存在。对此，他已经用他的专业语言考虑了很久。这种语言对外行人是无法翻译的。这不仅因为它参照的是些个人的东西，而且也因为带有技术性。当艺术家想到颜色、和声或人物的时候，他是在和自己进行搏斗。而这种沉思默想如同产妇的分娩，力求固定和释放的东西就是某种要求存在的东西。在这一层次，艺术家身上带有的作品已是要求，但也只是要求，一种完全存在于创作者内心的要求。这种要求一点也不是他所能看见或模仿的东西。艺术家准备表演的时候，就把自己放在一种圣宠地位（état de grâce）而祈求他的那种要求就是某种内心逻辑的表现：某种技巧的发展、某种纯审美的寻求、某种精神的成熟的逻辑。所有这一切都混合在艺术家身上，艺术家也就是那个身上混有这些东西的人。他比任何其他人都更加深刻地通过创造创造自己；同时因为他创造自己，所以他创造。"① 杜夫海纳的大段描述说明的正是文艺创作史上令所有艺术家费解而又入迷的创作状态：主体力图以自己的方式把握客体的矛盾。

　　杜夫海纳对创作过程的论述更加鲜明地显示出这种矛盾。对于杜夫海纳而言，作品在表演（即创作）之前就有一种先于表演的真实性。这种真实性遵从感性产生的自然逻辑，不依表演者（即创作者）的意志而改变。"作品带有表演特征的标志：向实现作品的表演者要求的东西就是向边创作边表演的作者要求的东西"。② 杜夫海纳这里的"带有表演特征的标志"，指的是要求得到呈现的感性。这种感性在未曾展现之前就有一种真实性，可是，对于要表演它的人来说，在创作或表演之初，它是模糊的，确切地说，连作者本人也不清楚作品最终会是什么样子。在尝试中，创作者不断否定了那些他不想要的东西，"他只是判断自己的创作，感到某种失望特别是听到某种呼唤时，便这样想：还不是这个。于是他又干了起来。但'这个'是什么，他并不知道；只有当作品最终完成，他的工作了结时他才明白"。③ 这就很明白地揭示了作者追寻真实性的过程，它服从感性的内部逻辑，不完全受作者的主观控制。

---

　　① ［法］杜夫海纳：《审美经验现象学》，韩树站译，文化艺术出版社 1996 年版，第 57 页。英译本 p. 31。

　　② 同上书，第 62 页。英译本 p. 36。

　　③ 同上书，第 60 页。英译本 p. 34。

　　杜夫海纳的这种看法在很多作者和批评家身上都可以得到印证。例如，托尔斯泰在创作《安娜·卡列尼娜》的时候，最初他并未打算让安娜去自杀，但写作和修改的结果是安娜卧轨自杀了。英国批评家 A. C. 布莱德雷也说："诗不是一个早已想好的清晰确定的事物的装饰品。它产生于一种创造性冲动。一种模糊的想象物在内心躁动，想要获得发展和得到确定，如果诗人早已准确地知道他要说的东西，他干嘛还要去写诗？……只有当作品完成时，他想要写的东西才真正呈现出来，即使对他自己来说，也同样如此"。[①] 显然，布莱德雷谈的正是诗的不可预料的创造性，连作者自己也无法掌控。

　　杜夫海纳对"作为创作的表演"的论述，似乎都在努力强调创作者对自己作品的"无能为力"。其实，这种"无能为力"正是为了抑制创作者太过强大的主体性，也为了充分重视艺术作品特有的生命特征。不难看出，他始终想突出的是：创作者的"表演"使创作者的主观意志与他的作品的内在生命统一起来的思考路径。

三　欣赏者的"表演"

　　杜夫海纳对欣赏者的基本定位是协助审美对象的生成并对之进行感知。从《审美经验现象学》的出版时间（1953 年）来看，时值文本中心论范式时期，杜夫海纳的作品观确实存在文本中心论的倾向，主要表现为他鲜明地强调作品的自足自律。超越于文本中心论范式的地方是，他对欣赏者与作品关系的论述，已经流露出一种交流与对话的思想，这显然不同于作者中心论范式时期的读者的地位——被动接受，然而也非读者中心论范式时期的读者的地位——能动建构。可见，杜夫海纳对欣赏者的认识，正处于由文本中心论范式向读者中心论范式的转换时期。因此，他对意义的自足性更为重视，欣赏者在此前提下参与感性的呈现并进行感知。

　　杜夫海纳根据不同的艺术门类为欣赏者设置了不同的角色，力图比较圆满地解决众多艺术门类对欣赏者的不同要求。在他看来，欣赏者的作用主要是两种，表演者和见证人，至于以哪一种为主，则要看具体的艺术门类。在表演者不是作者的艺术（如音乐、戏剧等）中，欣赏者双重地参与表演，既是表演者，又是见证人。作为表演者的欣赏者，主要是参与和

---

　　① 布莱德雷：《诗就是诗》，转引自［美］H. G. 布洛克《美学新解——现代艺术哲学》，滕守尧译，辽宁人民出版社 1987 年版，第 170 页。

协助表演，促进审美对象的完满实现。与此同时，欣赏者也是见证人，见证了审美对象的生成。杜夫海纳虽然给欣赏者冠以表演者的头衔，但事实上，表演者所起的作用却是不少人已经论述过的。德国著名导演马克斯·莱因哈特（Max Reinhardt，1873—1943）曾说："我也把演员看作导演、舞台监督、音乐家、舞台设计家、画家，当然也把演员看作观众。因为观众的贡献与整个演员组的贡献几乎同等重要。"① 这里，莱因哈特谈的就是观众的参与和表演，虽然在具体理解上他们还有较大差异，但基本的方向是一致的。斯坦尼斯拉夫斯基更是明确提出："在你的艺术中，观众只是观众。而在我的艺术中，他们却不知不觉地成为创作的见证人和参加者；他们被引进在舞台上所进行的生活的深处，并且相信这种生活。"② 可见，斯坦尼斯拉夫斯基对观众的定位就是"创作的见证人和参加者"。

在表演者即作者的艺术（如雕刻、绘画等）中，欣赏者主要是充当见证人，但"严格说来，欣赏者还是一位表演者，甚至是唯一的表演者，如果他是读者的话"③。杜夫海纳的表述并不矛盾，在表演者即作者的艺术中，真正的表演者只能是创作者，因为表演的实质是创造艺术作品。欣赏者之所以能称得上是表演者，那是因为通过他审美对象才生成，所以，其作用主要是见证人。这是符合绘画、雕塑等艺术的欣赏实际的。但阅读的情况却需要仔细区分。很明显，剧本与小说对读者的要求不同。当剧本得不到演出时，读者需要以自己的方式想象演出，因而是一个间接的表演者。面对书面的非韵文艺术作品，如小说，读者主要起见证人的作用（当然，此时他也是唯一的表演者）。尽管读者会对作品中的情节进行想象，但读者的主要任务是通过自我呈现来见证作品意图的实现。对于诗歌，杜夫海纳又认为读者的主要作用是表演者，因为，在朗读中，诗歌的感性获得了充分的呈现。

尽管杜夫海纳把欣赏者的作用区分为两种，但由于他对作品意义自足性的强调，事实上，他更重视见证人。充当见证人就是感知审美对象。见证人感知的"目的不是为了影响它，也不是为了受它影响，而是为了作

---

①　杜定宇：《西方名导演论导演与表演》，中国戏剧出版社1992年版，第124页。

②　［苏］斯坦尼斯拉夫斯基：《斯坦尼斯拉夫斯基全集》（第二卷），林陵、史敏徒译，中国电影出版社1959年版，第251页。

③　［法］杜夫海纳：《审美经验现象学》，韩树站译，文化艺术出版社1996年版，第72页。英译本 p. 45。

证，使整个世界通过他的呈现而获得意义，使作品的创作意图得以实现"①。显然，艺术作品需要见证人使它转变为审美对象。为此，见证人要与作品"勾结"在一起，形成一种"同谋"关系。这就是说，见证人的呈现不仅是身体的呈现，更重要的是深入作品的意义之中。如何深入呢？杜夫海纳认为，"作品有主动性，作品期待于欣赏者的东西就是它给欣赏者安排的东西"。② 这就意味着欣赏者不能对作品有任何的增添。尽管公众有解释的自由，但欣赏者只能在作品中发现作品所蕴含的意义，而不是从自身发现之后再转嫁给作品。

由此，杜夫海纳在欣赏者问题上的立场清楚地显露出来。英加登主张读者的作用主要是对作品进行具体化，强调它是读者的一种积极的意向性再创造活动。接受美学更是发挥了英加登的不定点与具体化，"阅读成了读者实现自我意识的手段"。③ 而杜夫海纳受梅洛－庞蒂的影响，十分重视知觉的作用，主张在审美欣赏时，主要是感知感性，而不是依靠想象再创造，这是他与前二者的最大差异。有人认为杜夫海纳的表演，相当于英加登的具体化。其实，这是两个明显不同的概念。杜夫海纳的表演既用在作者身上，也用于欣赏者，而英加登的具体化并不包括作者将构思付诸实现的过程，仅指读者对作品的再现客体和图式化外观的具体化。再者，英加登认为"在具体化中，读者进行着一种特殊的创造活动"④，而杜夫海纳更重视的是见证人对作品的感知，显然，这与杜夫海纳的意义客观性的立场是一致的。

总之，杜夫海纳在欣赏者的作用上仍然坚守主客体统一的立场。这体现在他坚持意义的客观性立场，重视对作品的感知，而不主张由欣赏者去创造作品的意义。但杜夫海纳对欣赏者见证人作用的偏重，似乎使得他对欣赏者的"表演"的阐述有些喧宾夺主。即使如此，整体来审视杜夫海纳的表演理论，无论是表演者的"表演"、创作者的"表演"，还是欣赏者的表演，杜夫海纳都坚持不懈地贯穿了主客体统一的线索，这无疑是杜夫海纳独有的贡献。因而，施皮格伯格也认为他的表演理论对于美学对象

① ［法］杜夫海纳：《审美经验现象学》，韩树站译，文化艺术出版社 1996 年版，第 86 页。英译本 p. 59。

② 同上书，第 87 页。英译本 p. 59。

③ 金元浦：《接受反应文论》，山东教育出版社 1998 年版，第 163 页。

④ ［波］英加登：《对文学的艺术作品的认识》，陈燕谷译，中国文联出版公司 1988 年版，第 52 页。

的作用非常有独创性。①

第五节　审美对象的世界——回到主客未分的本源

杜夫海纳的审美对象的世界是针对艺术作品的意义提出来的。成功的艺术作品往往蕴含着异常丰富的意义。在审美欣赏的过程中，我们常常被作品所吸引，好像进入了另外的世界，以至于忘记了周围的现实世界。杜夫海纳借用英加登的"作品世界"的概念，把艺术作品制造的这个意义世界称作"审美对象的世界"。不同于英加登对文学作品进行的多层次探索，杜夫海纳的审美对象的世界不涉及具体语词，主要研究的是不可见的、主体只能凭感知知觉到的审美对象的精神氛围。总体来说，审美对象的世界是审美对象所拥有的一个独特意义世界，它是对象或存在的某种特质，或者说是充盈在作品世界中的一种气氛，由再现的世界和表现的世界共同构成。借此，杜夫海纳强调的是审美对象对一般对象的超越性，以及审美对象在世界中存在又拥有一个自己特有的世界的超越于物的地位。不仅如此，审美对象的世界突出了人与自己所创造的对象的相亲相融乃至亲密无间，它使人回到主客未分的本源，实现了人与世界的和谐。目前的研究着眼点多在挖掘审美对象的世界与现象学的生活世界理论的联系，对于杜夫海纳通过审美对象的世界所强调的回到主客未分的本源却开掘甚少，本节即从这一点入手。

一　再现的世界

杜夫海纳所言之再现，其实质意义是模仿、仿照，相应地，审美对象的再现世界就是作品通过模仿或仿照被感知的世界而呈现出来的世界。尽管杜夫海纳对再现持一种批评的态度，但他还是把再现世界视为审美对象世界的必要基础。他将再现的世界与现实世界进行了比较，既看到了二者相联系的一面，又在不同中突出了再现世界的特征。尽管再现世界总是模仿和仿照现实世界，但文艺作品的性质决定它不可能完全照搬现实，所以，再现的世界总是以自己的方式拥有现实世界的时空结构。而作品之所以给我们客观性和现实性的感觉，是因为作者以其特有的再现方式，特定

---

① ［美］赫伯特·施皮格伯格：《现象学运动》，王炳文、张金言译，商务印书馆1995年版，第824页。

的时空安排手段传达了自己对现实世界的理解。

对于再现世界中的时间，杜夫海纳对胡塞尔既有继承又有突破。他以小说为例分析了作品中的时间，认为再现世界的时间是仿照现实世界的时间的。尽管小说家可以选择他认为适于表现时间的手段，无论他采用哪种表现手段，他总设法在他再现的世界里把时间恢复到他在现实世界里见到的状态，他不可能不去表现客观时间，那就是说，客观时间总是他的参照点。很明显，胡塞尔对客观时间和内在时间的区分在这里显现出来，杜夫海纳沿袭了胡塞尔的这种划分，但在具体理解上还有很大差异。胡塞尔认为客观时间并不具有绝对的被给予性，一支乐曲，它的时间性可以构成胡塞尔现象学时间意识的素材，但不可以与真正的内在体验的时间完全对应，事实上，对胡塞尔的现象学有意义的还是主观的方式和内在的方式。而杜夫海纳完全承认客观时间，他认为再现世界的时间必须能够参照客观的时间结构加以重建，再现的东西看起来才有世界的厚度。

对于再现世界中的空间，杜夫海纳首先研究了再现对象的背景。他认为背景的作用有两个：一是把审美对象局限在它的感性躯体之内，二是将背景再现的对象引向世界。但由于背景不可能也没必要再现整个外部世界，所以再现世界中的空间提供的仅是一个框架："它把它引出的这个世界限制在审美对象的范围，它既开放这个世界，又封闭这个世界。"① 可见，杜夫海纳强调的是两点：第一，再现世界的空间不是现实世界中的客观的空间；第二，再现世界的空间为审美对象划定边界。

不仅如此，他更重视的是作品中普遍存在的空间。对于作品中普遍存在的空间，首先让人想到的是空间性艺术。绘画当然具有非常明显的空间性优势，绘画对象往往出现在具体的空间之中，这使得绘画似乎无法完全回避空间。对于梅洛－庞蒂曾经对绘画空间与深度的研究，杜夫海纳并不看重，他说："想到第三维度并不困难，由于我们在画中寻找的是对象的再现，所以我们径直走向这一对象，并立刻予以复原。我们对它的态度就像对真实对象一样：看到立方体，我们感到它的第三面；看到公路，我们感到它伸向远方；看到遥远的人，甚至还没感知到他身材矮时，立刻感到

---

① ［法］杜夫海纳：《审美经验现象学》，韩树站译，文化艺术出版社 1996 年版，第 210 页。英译本 p. 175。

是一个人的身材。"① 实际上，他更重视的是画家如何表达自己对空间的理解。而且，对于绘画来说，包括空间在内的一切再现，都应该紧密地与表现结合在一起。"把准确性从属于表现性，把再现对象从属于绘画对象，即作为审美对象的绘画本身。绘画对象自然仍是再现对象，……它既是由图形和色彩体现的、并与这二者分不开的再现对象，又是带有表现力的、贯穿着一种超越自己、表现在绘画素材安排中的意义的再现对象。"② 绘画再现的空间表现了不同创作者所理解的世界，这应该是杜夫海纳表达的重点。

杜夫海纳不仅认为空间艺术中存在普遍的再现空间，而且认为时间性艺术中实际上也存在着空间性问题。如他认为音乐艺术中的和声和节奏都需要空间，"这里有一种构成音乐存在的空间性。在音乐存在中，凡是客观的、构成的和支配知觉的东西都自然以空间的方式来表现。可以说音乐召唤空间，以显示它的不能归结为主体所感知的东西"③。审美对象表面上虽有时空划分，但却同时包含时间和空间。时间空间化与空间时间化正是审美对象可以拥有世界的必要条件。我们通常认为，文艺作品中的世界是想象虚构的世界，这其中就有一个想象空间的问题。对这一问题，他也有相关论述，具体见下文审美知觉中的想象。

与一贯的反对模仿说和再现说的立场一致，杜夫海纳承认，尽管再现的世界与现实世界有不可分割的联系，但二者绝无等同之可能。"如果说再现的世界是现实世界的一个映像，那也只是一个不可避免地，也是有意地残缺的映像：作品就现实世界给我们提供的东西，正是为安插人物或说明情节所需要的东西。因为它的目的不完完全全是再现一个世界，而主要是从这个世界抽取某个确定的、有意义的对象，使之成为自己的财富，并不断地把我们领到这个对象上去"④。因此，再现世界并非是一个真正像现实世界那样的世界，它是对现实世界的有目的的加工和改造过的世界。杜夫海纳精辟地总结道："再现的世界无疑有别于现实世界。这二者之间

---

① ［法］杜夫海纳：《审美经验现象学》，韩树站译，文化艺术出版社 1996 年版，第 312 页。

② 同上书，第 312—313 页。

③ 同上书，第 292—293 页。

④ 同上书，第 210—211 页。英译本 p. 175。

的差距就是现实和再现之间的全部差距。"①

总之，杜夫海纳认为再现的世界在审美对象的世界中只能处于基础性的地位，并且，再现的世界并非是一个真正的世界，它不自足，不确定，非现实，不完整。在他看来，再现的世界为我们提供的仅是一些零散的情况，其中缺乏一种统一性。当作品有一种内部凝聚而成的统一性的时候，再现之物就具有了表现力并转化为表现的世界。而他认为，带有统一性的表现的世界才是真正的审美对象的世界。

二　表现的世界

杜夫海纳将审美对象的世界分层，尤其重视表现的世界。他所提出的表现的世界，与英加登的"形而上性质"颇有相似。最根本的共同点在于，它们都是欣赏者从作品中感受到的一种气氛和情调，都要用情感的方式去体验，但杜夫海纳的表现世界更普泛化，不仅仅局限于伟大的艺术作品，只要是成功的作品便会有一种表现流露。对于表现世界与再现世界的关系，杜夫海纳说："表现世界犹如再现世界的灵魂，再现世界犹如表现世界的躯体。它们之间的这种关系使它们形影不离。"② 很明显，再现的世界和表现的世界只是杜夫海纳在理论上的一种划分，事实上，它们并不能脱离对方而存在，再现的世界强调的是审美对象的现实基础，是审美的世界得以展开的可能性，是欣赏者的理解力得以进行的保证，表现的世界注重的是传达审美世界的整体精神情感氛围，是审美的世界意义深度的可能性，是欣赏者获得共鸣之基础。那么，审美对象的世界包含了两个世界吗？当然不是，"表现的世界不是另外一个世界，而是再现对象按世界尺度的充分发展"。③ 就是说，由再现的世界到表现的世界是逐渐深入的过程，最终，再现的世界升华为表现的世界。

对表现世界中的统一性的强调，是杜夫海纳审美对象世界理论的一个重要特色。表现世界的统一性使审美对象呈现为一种氛围，一种内部统一的气氛。鲁道夫·M. 费泽尔（Randolph M. Feezell）认为，人根据统一性才能想到世界，"当我们谈到世界，无论它是自然的世界，还是运动员的

---

① ［法］杜夫海纳：《审美经验现象学》，韩树站译，文化艺术出版社 1996 年版，第 211 页。英译本 p. 176。

② 同上书，第 226 页。英译本 p. 190。

③ 同上书，第 222—223 页。英译本 p. 186。

世界，还是任何世界，我们总是假设某种能将各种现象结合在一起的统一性。根据统一的某种原则，我们想到了世界"。① 杜夫海纳认为，对于审美对象，"如果缺乏这种内部的统一性，那就再无任何表现可言。有的只是一些再现对象，它们也许有趣，也许乏味，但杂乱到不成一个世界"。② 可见，没有统一原则，就没有表现，就不会有审美对象的世界。杜夫海纳还认为真正的作品都应该具备内部的统一性。"真正的作品即使难以理解，自身也带有自己的统一原则。它们的统一既是所感知的外观统一（当外观严格构成时），又是所感觉到的、由外观再现的或确切地说来自外观的一个世界的统一，以致再现之物本身意味着这种整体性并转化为世界。"③

那么，表现世界中的这种统一性从何而来呢？杜夫海纳认为"它来自这样一个事实，即艺术家的意识通过表现物而得到表现，因为归根结蒂，只有主体性才有表现（所以我们可以把审美对象的世界和作者的世界等同起来：作品揭示的那个作者就是作品揭示的东西的保证人）。"④ 所以，审美对象所具有的高度统一原则是由于它能够表现。当然，这只是一个大原则。具体到作品中，统一性可能来自不同的情况。比如，可以来自生命的统一性，来自某种势头（如来自各种事件共有的某种节奏，来自产生一种生活作风的世界作风），还可以来自故事的节奏本身。总体上，是表现确立起了审美对象独特世界的统一性，从而审美对象可以更直接、更准确地表现艺术家的世界。

特别要注意的是，杜夫海纳关于审美对象的世界和作者的世界的观点。表现的世界，其根源是艺术家的意识，所以杜夫海纳有时会把审美对象的世界和作者的世界等同起来。费泽尔在《杜夫海纳与审美对象的世界》中，以加缪、梵高等人的作品为例，对此观点进行了一系列的批判。他认为把审美对象的世界和作者的世界等同是一个不合逻辑的等同，"这是梵高的绘画表现的，而不是梵高自己的悲剧存在。不能否认梵高自己的观点卷入了这幅绘画，但仅有这个事实不能使表现的世界与创造者的世界

①　Randolph M. Feezell, Mikel Dufrenne and the World of The Aesthetic Object, *Philosophy Today*, 1980（1）. p. 25.

②　［法］杜夫海纳：《审美经验现象学》，韩树站译，文化艺术出版社 1996 年版，第 216 页。英译本 p. 180。

③　同上书，第 213 页。

④　同上。

的同一合理化"。① 这实在是费泽尔误解了杜夫海纳，误解主要有两点：第一，杜夫海纳的作者是指现象学的作者，费泽尔似乎没有认识到这一点；第二，杜夫海纳明确指出："当我们用作者的名字命名审美对象的世界时，我们突出的是出现的某种风格以及处理主题和使感性为再现服务的特殊方式。"② 这就是说，杜夫海纳将审美对象的世界和作者的世界等同的时候，主要是为了突出作者创作作品的个人独有的手段和形成的风格。费泽尔完全忽略了杜夫海纳的这一提示。

不同于其他对象的是，审美对象所具有的这种高度的统一性仅仅服从于情感的逻辑所形成的内部凝聚力，因而，审美对象的世界，"它的特点完全是精神性的，因为这是感觉的能力，感觉到的不是可见物，可触物或可听物，而是情感物。审美对象以一种不可表达的情感性质概括和表达了世界的综合整体"。③ 这就是说，审美对象的世界完全是精神性的，情感性是这一世界的灵魂。而且，正是这种情感性质使审美对象的世界富于了表现力，从而使审美对象具有了准主体的内部复杂性，具有了审美的深度。这样，杜夫海纳就把审美对象的世界的根源与人类的情感紧紧结合在一起，审美对象的世界就是一个由情感高度统一的世界，正如有的学者指出的："这个被表现的世界既不是物质世界，也不是概念世界，而是情感世界。"④ 情感也就是杜夫海纳为审美对象找到的统一表现世界的整体观念。也是在这个意义上，凯西认为"被表现的世界的描述是他最独特的贡献之一"⑤。

总之，为了突出审美对象的超越性，强调审美对象与其他对象的不同，杜夫海纳认为存在一个审美对象的世界。它不是一个实体的世界，而是作品中洋溢着的一种气氛，由再现世界和表现世界构成，二者相互依存，不可割裂。其中，表现世界是杜夫海纳强调的重点，它具有一种情感的高度统一性，它从再现世界之中萌发，是再现世界的深化和升华。

----

① Randolph M. Feezell, Mikel Dufrenne and the World of the Aesthetic Object, *Philosophy Today*, 1980（1），p. 29.

② ［法］杜夫海纳：《审美经验现象学》，韩树站译，文化艺术出版社1996年版，第201页。英译本 p. 167.

③ ［法］杜夫海纳：《美学与哲学》，孙非译，中国社会科学出版社1985年版，第26页。

④ 彭锋：《完美的自然——当代环境美学的哲学基础》，北京大学出版社2005年版，第216页。

⑤ ［法］杜夫海纳：《审美经验现象学》，韩树站译，文化艺术出版社1996年版，第612页。

三　审美对象的世界的实质

审美对象的世界中所包含的主体与对象的关系，显然与杜夫海纳对人与世界的关系的思考有着密切的关联。根据上面的分析，我们看到杜夫海纳虽然把审美对象的意义世界细分为再现的世界和表现的世界。事实上，在我们面对审美对象的时候，我们很难区分出截然不同的再现世界和表现世界。审美对象所蕴含的意义世界更像是一种氛围，它是一个整体，一个主体与对象似乎不分彼此的场所。有学者指出："从现象学的观点看来，对于世界现象的分析根本上就是对于我们与世界关系的探讨，因为呈现在我们意识中的世界总是与我们对待世界的态度和方式联系在一起的。"①这与杜夫海纳的认识是一致的。按照现象学的方法，杜夫海纳在描述完审美对象的世界后，便开始反思：说符号内部有一个世界，是作品的世界在僭取"世界"的称号吗？这就首先要面对如何理解"世界"观念的问题。"这个世界究竟是什么呢？它是各种被感知到的对象的总体，但丝毫不是某种能概括它的科学所认识的总体，而是作为一切境域的境域给予一切被感知到的对象的境域的那个总体"。②不难看出，杜夫海纳对世界的理解有很深的海德格尔的痕迹。杜夫海纳对海德格尔世界观念的遵循，自然导致他对胡塞尔由先验自我出发的"我思"的世界，以及世界与主体性关系的排斥。他这样解释："这个主体性不是纯粹先验的主体性，而是恰恰根据它与一个世界的关系和它存在于世界的样式来界定的主体性。"③显然，杜夫海纳在人与世界的关系上，在胡塞尔与海德格尔之间，他明显是倾向于后者的。

杜夫海纳把审美对象的世界看作是对主客未分的本源的回归。他说："主观世界和客观世界的紧张关系来源于对世界的原始经验，但原始经验没有达到区分主观和客观的水平。总之，尽管主体提出一个客观的世界概念，把世界视为不以主观性为转移的现象的场所或整体，他发现自己是与世界连在一起的。这一事实并不贬低主观世界而抬高理性思维力图阐明的客观世界。这样，审美对象才能同时作为存在于世界又打开一个世界的东

---

① 苏宏斌：《现象学美学导论》，商务印书馆 2005 年版，第 187 页。
② ［法］杜夫海纳：《审美经验现象学》，韩树站译，文化艺术出版社 1996 年版，第 180 页。英译本 p. 147。
③ 同上书，第 229 页。英译本 p. 193。

西而出现。"① 这就是说，在杜夫海纳看来，人与世界的关系可以追溯到人类的原始经验，而实际上处于原始经验中的人们并不能区分主体与客体，这与审美对象的世界中的主客体关系是非常相似的，从而也证明人与世界的关系从来都不是完全对立的。"返回到根源或直接之物，返回到人与世界的最原始关系，似乎也是现象学的一个基本主题。与海德格尔不同，我们可以从另一方面去发挥这一主题，可以在人与世界的相互关系这个基础之上，去探索背景，这背景或许就是自然，它表现在人与世界的关系的最原始形式之中。总而言之，即使不就根源之根源进行思辨，人们也可以说：现象学回溯到直接之物，仍然忠于自己最初提出的口号：它所描述的事物是完全与人相混合的事物，而这事物正是在客观化思想尚未与之保持一定距离、尚未试图加以还原和解释之前向人提示的那种事物"。② 显然，审美对象的世界在杜夫海纳而言正是一种返回到人与世界的最原始关系的途径。

　　毫无疑问，海德格尔对杜夫海纳从艺术作品中寻求人与世界的关系有所启发。从杜夫海纳对海德格尔的著作引用来看，《艺术作品的本源》对杜夫海纳有很大的影响。尽管海德格尔并未刻意提"艺术作品的世界"这样的概念，但是他在《艺术作品的本源》中提出"作品在自身中突现着，开启出一个世界，并且在运作中永远守持这个世界。作品存在就是建立一个世界。"③ 而且他通过对梵高著名的油画《农鞋》的分析，用实例活生生地展现了由农妇的鞋到农妇世界的生成过程。他的这一思路无疑带给杜夫海纳极大的启发。这一思路使杜夫海纳不仅从理论上得以酝酿审美对象的世界，而且使杜夫海纳意识到艺术作品中的人与世界的特殊关系。关于这一点，杜夫海纳后来在《美学与艺术科学主潮》中曾经明确地说："然而，最起码我们注意到各条道路（指海德格尔、萨特、梅洛－庞蒂的哲学道路）都卷入了艺术的思考。这证明，在当代，艺术表达作为人类经验的基本维度强制人们注意它。可是，这种引人注目的集中是有分歧的：每种反思自发地给予特定表达方式以优先性：在萨特是文学，他仔细

---

　　① ［法］杜夫海纳：《审美经验现象学》，韩树站译，文化艺术出版社 1996 年版，第 231 页。英译本 p. 195。

　　② ［法］杜夫海纳：《美学与哲学》，孙非译，中国社会科学出版社 1985 年版，第 155 页。

　　③ ［德］海德格尔：《林中路》，孙周兴译，上海译文出版社 2008 年版，第 26 页。

地将之与艺术进行了区别，在海德格尔是诗歌，在梅洛－庞蒂是绘画。"①可见，他清醒地知道艺术作为使人获得存在的一种方式，艺术作品对于解决人与世界的关系的意义。

此外，杜夫海纳将审美对象的世界和作者的世界等同的做法，也与梅洛－庞蒂不无关联。他说："把主体当作超验性来建构的和揭示世界的基本投射可以具体分为一些独特的投射说明，每个投射都揭示一个特有的世界。这时世界就是一个主体的独特世界。当主体的投射是独特世界中一个存在的具体投射时，这个主体丝毫也不丧失自己的主体资格。这样我们才能说是一个主体的世界。"② 这里，梅洛－庞蒂的影响再次显现。在梅洛－庞蒂的知觉意向性理论看来，知觉是身体—主体的一种原初存在方式，知觉活动所包含的意向性不是胡塞尔的单向性的构成活动，而是身体—主体与世界之间往复循环的相互投射。杜夫海纳把梅洛－庞蒂的一般知觉的意向性理论应用到了审美活动中，审美活动的意向性自然而然地被看作是主体与对象之间的相互投射或者构成，相应地，审美对象也成为主体与客观存在的艺术作品的相互投射。杜夫海纳认为审美对象的世界中体现着一个主体，这是以梅洛－庞蒂的知觉意向性理论作为基础的。

总之，杜夫海纳把审美对象的世界看作是一个特殊的世界，它是审美对象独有的，因而也就成为审美对象与其他对象的根本区别。其中，杜夫海纳更重视的是表现的世界，这是一种只能由情感唤醒的精神氛围，是审美价值之所在，也是作品审美深度的保证。更重要的，杜夫海纳把审美对象的世界视为解决人与世界的关系的一种途径。在此意义上，他把审美对象的世界看作是对主客未分的本源的一种回归，因而，审美对象的世界事实上构成了杜夫海纳对人与世界关系的美学思考的一个重要组成部分。

---

① Mikel Dufrenne, *Main Trends in Aesthetics and the Sciences of Art*, Holmes and Meier Publishers Inc, 1979, p. 54.

② ［法］杜夫海纳：《审美经验现象学》，韩树站译，文化艺术出版社 1996 年版，第 232 页。英译本 p. 196。

第三章 审美知觉理论中的主客体统一思想

现象学追溯的是意识的起源，而知觉是我们一切活动的基础，因此，知觉成为现象学讨论的一个关键问题。前文已经交代杜夫海纳将胡塞尔后期意向性的基本结构：意向行为—意向对象，演绎为审美活动中的审美知觉—审美对象结构。因而，审美知觉在他的美学体系中占有非常重要的地位。但是，杜夫海纳的审美知觉并非只关主体，而是与审美对象不可分离地交织在一起。审美活动的特点在此得到了淋漓尽致的揭示：脱离了审美知觉，审美对象就成为一般物；脱离了审美对象，审美主体也就不再是审美主体。因此，我们完全可以说，杜夫海纳所描述的审美知觉的过程就是一个主客共融的过程。

第一节 现象学视域中知觉向审美知觉的发展

——以超越主客二元对立模式为主线

"众所周知，欧洲近代哲学留给现代思想的一个难题是：主客体关系以及相关的二元思维模式，这个模式在其他的古代文化中（包括在古希腊的文化中）都没有出现过。在黑格尔综合形而上学与科学的努力失败之后，许多思想家都在寻找新的替代模式。……现象学也提供了这个大合唱中的另一个乐章，例如海德格尔和梅洛－庞蒂，他们便打算通过对视觉艺术的考察来发现非对象化、非客体化思维的精妙所在。另一位现象学家胡塞尔也带有这个趋向"。[①] 这里，倪梁康明确指出，现象学各家，包括胡塞尔、海德格尔和梅洛－庞蒂，他们的哲学思路就是超越欧洲近代哲学的主客二元对立思维模式。这无疑抓住了现象学思想的精髓。现象学各家正是以此为目标不断对前辈的理论进行修正和完善的。从胡塞尔现象学的知觉理论到杜夫海纳现象学美学的审美知觉理论，遵循的正是这样一个

---

① 倪梁康：《意识的向度——以胡塞尔为轴心的现象学问题研究》，北京大学出版社 2007年版，第 201 页。

理路。我们虽然承认现象学直接影响了现象学美学，但目前学界对某些问题却还缺乏严格的论证，现象学视域中知觉向审美知觉的演变即是其中之一。梳理现象学视域中知觉理论的发展过程，有助于我们深化对现象学与现象学美学关系的认识。

一　胡塞尔的意识知觉理论

胡塞尔的现象学把近代以来的主客体对立思维模式转化成了意向活动与其构造的意向相关项之间的意向性联系，因而他对意识活动的分析就涵盖了对传统的主客体关系的探讨。他把所有意识行为分为两类：客体化的和非客体化的。在胡塞尔看来，直观行为是最终奠基性的客体化的意识行为。这就意味着"所有其他的意识行为最后都奠基在直观行为之中，而直观行为却不需要依赖任何其他的意识行为"。① 这样，直观行为的重要意义就凸显出来，只要分析好直观行为，其他意识行为都可由此得到说明。胡塞尔认为，直观行为由感知和想象构成。因此，对感知与想象的分析，就成为胡塞尔庞大的意识哲学系统中至关重要的一部分。

胡塞尔对感知与想象进行的细致深入的研究，深深影响了他之后的各位现象学家，对于杜夫海纳尤为明显。胡塞尔对感知的论述，始终是将之与想象并举的，而且比较重视二者的区别。尽管他在感知与想象的个别观点上还存有犹豫和动摇，但在下面几点上是比较明确的：

第一，想象行为奠基于感知之中。对此，胡塞尔有明确的暗示："就每一个感知而言都意味着，它对其对象进行自身的或直接的把握"；② 而想象把握的"不是对象本身，也不是对象的部分，它只给予对象的图像，而只要这图像还是图像，就永远不会是事物本身"。③

第二，"想象把内容立义为对象的相似物，立义为图像，而感知则将内容立义为对象的自身显现"。④

第三，"想象的特征就在于类比的映像，在于一种在较为狭窄意义上

---

① 倪梁康：《现象学及其效应——胡塞尔与当代德国哲学》，三联书店 1994 年版，第54 页。

② ［德］胡塞尔：《逻辑研究》第二卷第二部分，倪梁康译，上海译文出版社 2006 年版，第 156 页。

③ 同上书，第 124 页。

④ 同上书，第 88 页。

的'再现'〈Re-präsentation〉，而感知的特征却也可以被标识为体现〈Präsentation〉"。[①]

第四，"想象所具有的意向性特征在于：它只是一种当下化〈Vergegenwärtigung〉，与此相反，感知的意向性特征则在于：它是一种当下拥有〈Gegenwärtigung〉（一种体现）"。[②]

综合起来，以上观点基本上可概括为：感知—自身显现—体现（当下拥有）；想象—相似物—再现（当下化）。二者中，感知为更具奠基性的行为。胡塞尔的这种观点对他之后的各位现象学家均有影响。他们对于感知与想象的阐述，基本上都可以从胡塞尔的思想中找到依据。概略而言，英加登和萨特较为偏重想象，梅洛－庞蒂和杜夫海纳较为偏重知觉。杜夫海纳在论述审美知觉时，直接采用了胡塞尔的"感知—自身显现—体现（当下拥有）"结构，对"想象—相似物—再现（当下化）"则批判性继承（这一观点在后文杜夫海纳部分展开），胡塞尔现象学知觉理论对现象学美学的直接推动在这里获得了实实在在的证明。

与传统的知觉理论相比，胡塞尔的知觉理论为传统哲学难以解决的主客关系问题提供了一条新的思路。传统的认识以为知觉总是指向对象，主体之外的对象的存在自明地通过知觉而向主体显现。这种认识把主体与客体对立起来，主体依靠知觉来认识客体。与之相比，胡塞尔的知觉理论具有几个明显的特点：第一，在知觉行为中，知觉对象由知觉活动构造而成，它内在于知觉意识。第二，意向性既是对对象的指向，也是对自我的指向，因此，二者相互作用共同构成对象这一点被突出出来。第三，由客体到对象，是一个客体被激活从而被构造为活生生的对象的过程。可见，通过指向、构造等概念，胡塞尔的现象学实现了对知觉活动与知觉对象两方面的考察。他竭力避免纠缠于客体与主体、实体与观念、感性与理性等一系列二元对立，而改为强调二者的相互关系及相互作用。这显然已不再是传统哲学的主客二分的思维模式了。

事实上，胡塞尔的知觉理论依然显示出了他在主客体关系方面的局限性。一方面，他对"先验自我"的求助意味着，他所提出的"回到事物本身"，最终回到的只能是"意识中的对象"。纯粹意识的意向性不能让

---

① ［德］胡塞尔：《逻辑研究》第二卷第二部分，倪梁康译，上海译文出版社 2006 年版，第 83 页。

② 同上书，第 124 页。

我们真正面向世界，不能真正解决心物关系问题。因此，他所作的一切努力，对主客二分的批判，从知觉活动与知觉对象两方面对知觉的分析都因之大打折扣；另一方面，胡塞尔认为客体化行为（认识行为）是奠基性的，实践、评价等非客体化行为是被奠基的，这就使得客体化行为在他的理论体系中具有了优先地位。这说明胡塞尔的意向意识的视域结构仍然具有对象化、客体化的性质，反映了他超越主客二元对立的不彻底性。

二　梅洛－庞蒂的身体知觉理论

胡塞尔把知觉看作是纯粹心灵的作用，梅洛－庞蒂则不满于此。他认为心灵始终是肉体化的，始终与身体、世界、处境密切相关。"知觉，是借助身体使我们出现在某物面前，该物在世界的某处有其自身的位置，而对它的破译旨在将其每一细节再置放到适合它的感知境域之中"。① 显然，梅洛－庞蒂这里表述的正是知觉与身体、世界及感知处境的关系。这无疑是说，对知觉的理解，不能脱离对身体、世界和感知处境的观照。我们看到，梅洛－庞蒂的哲学确实是从讨论身体开始的，故而他的哲学也被称之为"心—身哲学"。胡塞尔的意识现象学虽然涉及身体，但身体只是对象显现的一个必不可少的基础。他这样表示："在这里当然地而且是不可避免地会有我们的在知觉领域中决不会不在的身体参与进来，而且是借助它的相应的'感觉器官'（眼、手、耳等等）参与进来的。"② 由此可知，胡塞尔还没有意识到身体是一个需要专门观照的对象。在海德格尔那里，"肉身现象或肉身存在一般，亦没有得到适当的存在论说明。肉身只是被视为一空间性的物体（SZ，［56］，70），而不被赋予一独特的存在论地位（ontological status），肉身与其他占空间的物体之区别便得不到进一步的说明"。③ 可见，肉身的缺失是胡塞尔的先验自我和海德格尔此在的共同特点。④

① ［法］梅洛－庞蒂：《知觉的首要地位及其哲学结论》，王东亮译，三联书店2002年版，第73—74页。

② ［德］胡塞尔：《欧洲科学的危机与超越论的现象学》，王炳文译，商务印书馆2001年版，第129页。

③ 刘国英：《肉身、空间性与基础存在论：海德格尔〈存在与时间〉中肉身主体的地位问题及其引起的困难》，见《中国现象学与哲学评论第四辑：现象学与社会理论》，上海译文出版社2001年版，第56页。

④ 海德格尔后期对肉身的看法有所改变。参见刘国英《肉身、空间性与基础存在论：海德格尔〈存在与时间〉中肉身主体的地位问题及其引起的困难》，见《中国现象学与哲学评论第四辑：现象学与社会理论》，上海译文出版社2001年版。

梅洛－庞蒂的知觉现象学正是从胡塞尔和海德格尔肉身缺失的困境中起步的。根据欧根·芬克的观点，胡塞尔已经把知觉看作是意向性的一种"原始形式"。梅洛－庞蒂接受了这一观点，他把胡塞尔的具有奠基性地位的知觉继续向前推进，进而将知觉经验置于一切意识活动的首要地位。知觉的首要地位意味着"知觉不是关于世界的科学，甚至不是一种行为，不是有意识采取的立场，知觉是一切行为得以展开的基础，是行为的前提"①。与大多数英美哲学家对知觉的研究不同，梅洛－庞蒂并不讨论感觉材料、可感性等问题。对于这一点，施皮格伯格指出，梅洛－庞蒂的书"不是研究知觉本身的，也不只是为知觉而写的"，"《知觉现象学》实际上是关于被感知的世界的现象学，而不是感知活动的现象学"。② 施皮格伯格的认识无疑凸显了被感知世界在梅洛－庞蒂哲学中的重要地位。事实上，梅洛－庞蒂基本上是按照知觉主体—被知觉世界，或者说是按照身体意向性—对象之间的关系来探讨知觉意向性的。梅洛－庞蒂的知觉研究终究从胡塞尔的纯粹意识、纯粹心灵走向了身体知觉的研究。

与传统哲学认为身体只能产生被动的感觉不同，梅洛－庞蒂非常重视身体知觉的主动作用。在《行为的结构》中，他否定了心理学中的反射理论和条件反射理论，很大程度上接受了格式塔理论重视身体能动作用的一面。梅洛－庞蒂所言之身体已经具有了某种隐喻性的东西，它表征着人的在世存在的处境意识。"我们通过我们的身体在世界上存在，因为我们用我们的身体感知世界。但是，当我们在以这种方式重新与身体和世界建立联系时，我们将重新发现我们自己，因为如果我们用我们的身体感知，那么身体就是一个自然的我和知觉的主体"。③ 由此可见，梅洛－庞蒂认为我们是通过身体来把握世界的，身体的概念体现出一种前所未有的主动性。他还明确地说："在身体从客观世界退隐并在纯粹主体和客体之间形成一种第三类存在的同时，主体丧失了它的纯粹性和透明。"④ 不言而喻，此时的梅洛－庞蒂已经把身体视为某种介于主体与客体之间的含混的第三维度。这样，笛卡尔的身心二元论被他彻底地抛弃了。

----

① ［法］梅洛－庞蒂：《知觉现象学》，姜志辉译，商务印书馆2001年版，第5页。
② ［美］施皮格伯格：《现象学运动》，王炳文、张金言译，商务印书馆1995年版，第768页。
③ ［法］梅洛－庞蒂：《知觉现象学》，姜志辉译，商务印书馆2001年版，第265页。
④ 梅洛－庞蒂：《知觉现象学》，法文版，第403页，转引自杨大春《感性的诗学——梅洛－庞蒂与法国哲学主流》，人民出版社2005年版，第189页。

应该看到，超越主客二元对立始终是梅洛－庞蒂的一个持续不断的追求目标。在《行为的结构》中，他说："我们的目标是理解意识与有机的、心理的甚至社会的自然的关系。"① 在《知觉现象学》中，他再次说："对于我们来说，问题在于理解意识与自然，内在与外在的关系。"② 一直到《旅程Ⅱ》，他依然在思考同样的问题："应该懂得为什么人同时是主体和客体，第一人称和第三人称，首创性的绝对和依赖者，或毋宁说应该修正某些范畴。""一方面，必须跟踪实证知识的自我发展，问我们它是不是真正把人归结到客体状态，另一方面则重新考察反思的和哲学的态度，研究它是不是真正授权我们把我们定义为无条件的、非时间性的主体。或许这些趋同的研究以强调哲学与实证知识的共同领域，以在不及纯粹主体和客体的范围内把我们揭示为一种第三维度（我们的主动性和被动性，我们的自主和依赖在此不再是矛盾的）而结束。"③ 上述看法反映出梅洛－庞蒂对于二元对立思维的长久的探索历程。

总之，从胡塞尔的意识知觉理论到梅洛－庞蒂的身体知觉理论，知觉不仅与意识相关，它也获得了与肉体的密切联系。知觉的这种特殊的身心统一的事实，正是梅洛－庞蒂为克服主客二元对立所努力追寻的"事物本身"。介于主客、身心之间的暧昧的身体维度，是人真正的在世存在方式。这一发现使梅洛－庞蒂的知觉现象学真正实现了主体与客体、自我与对象的统一。这是梅洛－庞蒂把现象学的实事域从意识的意向性转变为身体的意向性的最重要的贡献和意义。

三　杜夫海纳的审美知觉理论

服务于自己的美学体系，杜夫海纳创造性地融合了现象学前辈的思想，将现象学的知觉理论推进到审美知觉的研究领域。对胡塞尔和梅洛－庞蒂，他表现出更多的认同；对萨特，则更多的是批判。爱德华·S. 凯西宣称："梅洛－庞蒂的《知觉现象学》对杜夫海纳影响很深。甚至还可以大胆地说，《审美经验现象学》是梅洛－庞蒂关于'知觉第一'的论点

---

① ［法］梅洛－庞蒂：《行为的结构》，杨大春、张尧均译，商务印书馆 2005 年版，第15 页。

② 梅洛－庞蒂：《知觉现象学》，法文版，第 489 页，转引自杨大春《感性的诗学——梅洛－庞蒂与法国哲学主流》，人民出版社 2005 年版，第 190 页。

③ 梅洛－庞蒂：《旅程Ⅱ》（1951—1961），法文版，第 12—13 页，转引自杨大春《感性的诗学——梅洛－庞蒂与法国哲学主流》，人民出版社 2005 年版，第 191 页。

在审美经验方面的延伸。"① 这样的评价固然抓住了杜夫海纳审美知觉的精髓,但也容易造成一种负面影响:似乎杜夫海纳仅仅把梅洛 - 庞蒂的"知觉第一"的观点应用到审美活动中就能得出现有结论,从而忽略了其他影响。目前学界对杜夫海纳的审美知觉理论停留于凯西的评论而缺乏深入探究。我们承认,梅洛 - 庞蒂的知觉现象学是杜夫海纳的重要思想源泉,但并非唯一。

胡塞尔关于感知与想象的认识对杜夫海纳产生了很大的影响。杜夫海纳认同胡塞尔感知是比想象更具奠基性作用的意识行为的观点。所以,在审美对象是知觉对象还是想象对象上,他认为审美对象只能是知觉对象。因而,萨特把审美对象视为想象的对象,认为审美对象是一种非现实的主张遭到了他的反对。对于胡塞尔的"想象—相似物—再现(当下化)"结构,杜夫海纳总体上赞同想象是一种当下化或再现,但他通过对萨特的反对,否认了想象的内容是对象的相似物,而认为想象通过当下化可以客观再现事物本身。在知觉与想象的关系方面,他反对萨特将之对立的态度,而是把想象包含于知觉之中,因而,想象成为他审美知觉理论的一个重要的组成部分。

不仅如此,杜夫海纳对审美知觉中的呈现的认识,也深深地打上了胡塞尔对感知描述的烙印。"呈现"(presentation)作为新兴的美学范畴,主要出现在现象学美学中。它来源于胡塞尔哲学中的"体现"(presentation)概念,在海德格尔那里是存在的显现,在英加登则为具体化,只有杜夫海纳明确地把呈现作为一个独立的范畴进行了研究。我们知道,杜夫海纳认为艺术作品不同于审美对象,但呈现使艺术作品显现为审美对象,因为呈现意味着知觉主体与艺术作品的相遇,审美对象就生成于这种相遇中。而且,审美对象是一种当下拥有。如果脱离了此时的相遇情境,审美对象又回归为物的存在。不难看出,这恰恰是对胡塞尔的"感知—自身显现—体现(当下拥有)"结构的美学解读。而且,呈现意味着主体和客体的一种交融和同一,"如果艺术作品想要显现,那是向我显现;如果它想要全部呈现,那是为了使我向它呈现"。② 杜夫海纳精辟地向我们说明了呈现中蕴含的主客关系:审美对象的显现离不开审美知觉,而审美对象

---

① [法] 杜夫海纳:《审美经验现象学》,韩树站译,文化艺术出版社 1996 年版,附录第 614 页注释①。

② 同上书,第 71 页。英译本 pp. 44 – 45。

的全部呈现又以欣赏者的全身心投入为前提，只有在主体与客体的相互呈现中，才能达到主客交融、物我两忘的审美境界。

在主客体关系的根本立场上，和梅洛－庞蒂一样，杜夫海纳也不赞同胡塞尔把主客体的关系回溯到纯粹意识意向性的做法。他认为审美知觉本身所带来的对现实世界的悬置，就能达到纯粹意识的本质，就能揭示出主客体间的特殊相关性，大可不必通过本质还原和先验还原。由此出发，他转向了海德格尔的"存在"："归根结底，意向性就是意味着自我揭示的'存在'的意向——这种意向，就是揭示'存在'——它刺激主体和客体去自我揭示。主体和客体仅存在于使这二者结合的中介（médiation）之中，因此，它们就是产生意义的条件，一种逻各斯的工具。""'存在'就象同时指挥目光和被观看事物的光线，它具有主客体关系的首创性。"① 可见，杜夫海纳认为存在为主体和客体提供了容身之地，在存在中主体与客体是难以彻底区分的。这种主客未分的本源状态显然有海德格尔存在主义的味道。

当杜夫海纳徘徊于审美知觉与存在的思考时，梅洛－庞蒂立足于身心统一对身体知觉的研究，给他带来了极大的启示。梅洛－庞蒂与传统知觉观的不同之处，在于他对传统的身心对立关系的反省和批判，并在身心统一的前提下重新描述人的在世存在。杜夫海纳意识到，在审美活动中，身心交融是自然而然的事情，身心统一在审美知觉中得到了强化，因为脱离肉体作用的审美知觉是不存在的。而且，考察审美知觉，可以深化对人的存在的认识，因为审美深度是人的深度与对象的深度的互相映照，从中折射出的是人的存在的真实境遇与本真意义。因此，从梅洛－庞蒂的知觉观出发，不仅使杜夫海纳把审美知觉与存在主义挂上了钩，而且刚好与他的超越主客二分的局限的美学追求相契合。

始终坚持身心统一的立场，特别强调肉体在审美知觉过程中的作用，是杜夫海纳审美知觉理论的一个特点。在审美活动中，他认为肉体不仅是生理的肉体，更是精神的肉体："我们不是嫁接在肉体上的精神，也不是精神衰退的肉体，我们永远是变成精神的肉体和变成肉体的精神。"② 可见，杜夫海纳强调的是身体的灵肉统一性。在梅洛－庞蒂看来，身体既不

---

① ［法］杜夫海纳：《美学与哲学》，孙非译，中国社会科学出版社1985年版，第52页。

② ［法］杜夫海纳：《审美经验现象学》，韩树站译，文化艺术出版社1996年版，第389页。英译本p. 352。

是单纯的生理性存在，也不是纯粹自我或意识。事实上，作为物质存在的躯体和作为精神存在的意识不可分割地统一在身体中，这样的身体才是知觉的主体。杜夫海纳对肉体的认识明显地带有梅洛－庞蒂知觉主体的痕迹，审美知觉中的肉体也正是这种知觉主体。杜夫海纳认为，在审美活动中，肉体始终是作为身心统一体参与其中的。他说："我所感知的对象是向我的肉身显示的。这个肉身不是一个可以接受知识的无名物体，而是我自己，是充满着能感受世界的心灵的肉身。物体首先不是为我的思维而存在，它们是为我的肉体而存在的。"① 这里，杜夫海纳想说明的依然是，身心统一的身体是审美得以展开的重要保证，而且，对象绝不会首先为精神而存在。这样，通过挖掘肉体中潜藏的智力，强调肉体与精神的共存，杜夫海纳坚守心身统一的原则，从而拒绝了主客二分的可能。

总之，现象学视域中的知觉理论主要经历了三个阶段：胡塞尔的意识知觉阶段、梅洛－庞蒂的身体知觉阶段和杜夫海纳的审美知觉阶段。对知觉的认识也从纯粹意识走向了强调身心统一的身体知觉，进而是奠基于身心统一基础上的审美知觉。以克服或超越主客二元对立思维模式为出发点，梅洛－庞蒂对胡塞尔的意识知觉进行了修正和完善，杜夫海纳则创造性地综合各家优长之处，将现象学的知觉理论推进到了美学领域。胡塞尔的现象学哲学为现象学美学的研究奠定了哲学基础，提供了研究和分析方法，这也在杜夫海纳的审美知觉理论上表现出来。

第二节　审美知觉

——一种指向审美对象的特殊知觉形式

对于杜夫海纳而言，审美知觉是一种特殊的知觉方式。然而，是否存在一种特殊种类的审美知觉，曾经是现代西方美学界意见分歧较大的问题。有些美学家断然否定审美知觉的存在。他们认为人类的知觉经验是统一的、不可分割的，不存在有别于普通知觉的审美知觉。然而，很多美学家并不同意这种看法，他们强调审美经验是一种特殊经验，审美知觉是一种特殊的知觉，它不同于普通知觉。在这两种极端争论中，杜夫海纳无疑是后一部分美学家的代表。他越过审美知觉的有无之辩，径直把审美知觉

---

① ［法］杜夫海纳：《审美经验现象学》，韩树站译，文化艺术出版社 1996 年版，第 374 页。英译本 p. 337。

作为其审美经验理论的一个不可或缺的重要维度，在与普通知觉的不断对照中，令人信服地说明了一种特殊知觉方式——审美知觉的存在。本节着重从审美知觉的要素、功能与特征等方面，来阐述审美知觉所具有的主客体统一的特殊性。显然，正是由于审美知觉所具有的主客体统一性使得它完全不同于一般知觉。

一　审美知觉的要素

杜夫海纳对审美知觉的要素的研究，主要是为了给审美知觉中的主客体统一提供基础。根据知觉的不断深化，一般把普通知觉划分为三个阶段，即呈现、再现与表现，涉及感知、想象、情感、理解和思考等心理要素。杜夫海纳认为审美知觉在整体上也是按照这一进程发展的。然而，通过杜夫海纳对审美知觉与普通知觉的比较，我们不难看出，虽然与知觉相关的各种心理要素和与审美知觉相关的各要素基本相同，但各要素在审美知觉中的具体作用是不同于普通知觉的。这一点显示了杜夫海纳与同时代的苏珊·朗格和阿恩海姆的不同。在1953年，苏珊·朗格出版了《情感与形式》，阿恩海姆出版了《艺术与视知觉》，杜夫海纳出版了《审美经验现象学》。和阿恩海姆仅仅强调审美知觉与形式表现有关一样，朗格也认为艺术知觉"只与事物的外观呈现有关"。与之相比，杜夫海纳更加注重审美知觉的心理要素的构成及其相互作用，更加注重这一方面与普通知觉的区别。显然，对他而言，正是心理要素的不同作用决定了审美知觉和普通知觉中的截然不同的主客体关系。

首先，杜夫海纳把想象作为审美知觉中的重要因素，并对想象在审美知觉与普通知觉中的作用进行了比较。人们通常认为，想象是人脑凭借记忆所提供的材料和观点，在联想、推理、分析、综合的基础上，产生新的观念和形象的心理过程。在普通知觉中，想象总是与知觉结合在一起，它对知觉的发生和丰富不可或缺。人们还普遍认为，在审美活动中也需要一种自由挥洒的想象。然而，杜夫海纳却提出，尽管审美知觉离不开想象，但想象在审美知觉中的作用不及在普通知觉中那样重要。"想象的基本功能是把这种经验转变成可见的东西，使之接近再现"。[①] 他把想象的作用主要限制在再现上，审美想象虽然受到情感的推动，但也必须受到理解力

---

① ［法］杜夫海纳：《审美经验现象学》，韩树站译，文化艺术出版社1996年版，第385—386页。英译本 p. 349。

的控制。为了保证再现的客观性，避免想象的偏差，想象应该受到的是压抑而非激动。所以，想象在普通知觉与审美知觉中是有差异的。

其次，杜夫海纳很重视审美知觉中的情感因素。在这一因素上，他也突出了审美知觉与普通知觉的区别。通常，我们把情感看作是人对客观事物是否符合自己需要的体验、判断态度，是人对现实的一种特殊反映形式。情感不同于认知，不是对现实本身的反映，而是人与对象需要之间的关系的反映。普通知觉中的情感具有鲜明的功利色彩，是非好恶皆出自实利。符合自己的需要就表现为肯定的评价态度，不符合则为否定的评价态度。在杜夫海纳看来，审美知觉中的情感显然不同于普通知觉中的情感。他重点强调，审美知觉中的情感可以读解表现，从而可以一下子就把握到表现物。情感读解表现的这种直接性使得难懂的作品瞬间获得了理解，这是与普通知觉全凭苦苦思索求得答案完全不同的。这种差异也在审美深度上体现出来。情感是沟通主体的深度与审美对象的深度的一个桥梁，普通知觉的深度是一种可度量的物理的深度，是无须情感的。

最后，作为审美知觉中的理性因素，理解和思考是杜夫海纳审美知觉理论中的创新之处。审美知觉与普通知觉的不同，同样突出地表现在理解和思考的具体作用上。在一般的认识过程中，主体认识对象要通过逻辑推理和理性思考。在杜夫海纳的审美知觉理论中，理解与想象相结合，思考与感觉相协调，因而，审美知觉中尽管也要有逻辑推理（例如故事的逻辑，作品时间的理顺等），但却与感性相始终。所以，审美知觉中的理解与思考并非是纯理性的。杜夫海纳还进一步认为，在审美知觉中，存在一种依附对象的思考。这种思考竭力从作品内部而不是从作品外部去把握作品。这与普通知觉中把握对象的那种脱离对象的思考是完全不同的。也就是说，一般知觉中的理解转向的是脱离对象的思考，而在审美知觉中，理解转向的是依附对象的思考。这一点我们将在"审美知觉中的理性因素"一节作具体阐述。

同样，杜夫海纳对审美知觉与普通知觉中的各要素相互配合的阐述，也是为审美知觉中的主客体统一提供基础的。在杜夫海纳的审美知觉理论中，不仅审美知觉中的各要素的功能不同于普通知觉，而且，各要素之间的相互配合、相互作用，也与普通知觉差异甚大。在审美知觉中，情感激发想象，理解力校正想象，依附对象的思考挖掘审美对象的外观，与情感一起揭示出审美对象的世界。在普通知觉中，"想象是理解的前奏"，① 然后，由理解转向脱离对象的思考。可见，普通知觉中各要素的相互作用较为简单、直接，而在审美知觉中则较为复杂。当代符号学家卡西尔也正是在这一层次上对审美知觉和一般的感官知觉加以区别的："我们的审美知觉比起我们的普通感官知觉来更为多样化并且属于一个更为复杂的层次。在感官知觉中，我们总是满足于认识我们周围事物的一些共同不变的特征。审美经验则是无可比拟地丰富。它孕育着在普通感觉经验中永远不可能实现的无限的可能性。"② 审美知觉正是由于各种心理要素的相互协调而使主客体得以统一的，因而不会出现普通知觉中主体凌驾于客体之上的局面。需要指出的是，杜夫海纳所论述的审美知觉中的心理要素比较有限，如对记忆他就很少涉及。此外，他把各种心理要素都归于审美知觉的做法也容易使人产生诟病。

二　审美知觉的功能

在杜夫海纳的认识中，审美对象是在审美知觉的作用下出现的，审美知觉使审美对象获得了真正的存在，所以，审美知觉的功能，就在于能够审美地把握审美对象的存在。他说："审美知觉的目的不是别的，只是揭示它的对象的构成罢了。""这一知觉的标准不是随意的：它是典型的知觉，纯粹的知觉，其目标只是自己的对象，并不把自己融合到行动中去。"③ "审美知觉寻求的是属于对象的真理、在感性中被直接给予的真理。"④ 综合起来，这无疑是说，审美知觉的存在就是为了审美对象的存在，它追求的是在感性中直接把握审美对象的构成与真理。显然，杜夫海纳相信审美知觉能够从审美的角度全面把握审美对象。

对于审美知觉的这种功能，捷克美学家希穆涅克这样解说："艺术形象的特殊性要求有特殊的审美知觉，要求能从总的审美和思想特性上来解释它。所谓感受艺术作品，就是指认识它的潜在的思想－审美意义。不能用纯粹的工艺学或技术的方法，即从形式和结构的观点研究作品的方法，

---

① ［法］杜夫海纳：《审美经验现象学》，韩树站译，文化艺术出版社 1996 年版，第 408 页。英译本 p. 369。

② ［德］恩斯特·卡西尔：《人论》，甘阳译，上海译文出版社 1985 年版，第 184 页。

③ ［法］杜夫海纳：《审美经验现象学》，韩树站译，文化艺术出版社 1996 年版，第 22 页。英译本 pp. lxiv—lxv。

④ ［法］杜夫海纳：《美学与哲学》，孙非译，中国社会科学出版社 1985 年版，第 53 页。

来偷换对艺术作品作充分的评价。艺术所具有的形象性就要求从形象的整体和总和上来感受艺术作品。不能把对艺术形象的感受缩小到只是对它所描绘的对象和现实的感受。"① 可见，希穆涅克也十分强调审美知觉所具有的感受作品的能力，他也认为审美知觉就在于从审美和思想特性上把握艺术作品，这与杜夫海纳的认识基本上是一致的。

对于当代西方一些美学家提出的审美知觉的创造性，杜夫海纳持反对意见。以最负盛名的阿恩海姆为例，他说："视觉形象永远不是对于感性材料的机械复制，而是对现实的一种创造性把握，它把握到的形象是含有丰富的想象性、创造性、敏锐性的美的形象。"② 杜夫海纳不同意这种认识，他认为审美知觉使审美对象实现了存在的真正价值，它是通过完善对象来使审美对象得以显现的，而不是创造出了一个新的对象。他指出："知觉——无论是否审美知觉——并不创造新的对象；对象，作为被审美地知觉到的对象，与客观的认识到的或创作出来以引起这种知觉的东西并无不同。"③ 由此可知，他强调的是审美对象尽管是在审美知觉中产生的，但审美对象却是客观存在的。正如审美知觉是主体的一种能力，它依然是客观存在一样。审美知觉的创造性容易使人把审美对象误解为一种主观的存在，同时又有主体性优先的嫌疑，这是杜夫海纳最为反对的。

对于杜夫海纳来说，审美知觉与审美对象在"异化"状态中彻底实现了主客体的完全统一。审美对象是在一种杜夫海纳称作"异化"的状态中获得存在的，具体而言，审美知觉是通过"异化"把现实和非现实都中立化，从而使审美对象获得真正存在的。他说："审美知觉就是异化。"④ 这里的"异化"，既指主体与对象逐渐达到同一的过程，也指主体与对象似乎同一的状态。经验告诉我们，在审美欣赏的高潮阶段，主体完全沉浸在对象中，仿佛已经成为对象，物我不分——主体俨然异化为了对象。杜夫海纳把这种状态称作"异化"。在这种状态中，主体一方面由于专注于对象，对周围的所有现实都视而不见、充耳不闻，这就使得现实中

---

① ［捷］欧根·希穆涅克：《美学与艺术总论》，董学文译，文化艺术出版社1988年版，第90页。

② ［美］鲁道夫·阿恩海姆：《艺术与视知觉——视觉艺术心理学》，滕守尧、朱疆源译，中国社会科学出版社1984年版，引言第5页。

③ ［法］杜夫海纳：《审美经验现象学》，韩树站译，文化艺术出版社1996年版，第5页。英译本 p. xlix。

④ 同上书，第267页。英译本 p. 231。

立化了；另一方面，由于主体对对象全心全意的关注，不再追问对象是否为一种实际存在，从而非现实也中立化了。杜夫海纳认为，只有在这种双重的中立化中，审美对象才能真正出现。然而，需要注意的是，他所提出的现实与非现实的双重中立化是胡塞尔悬置理论在审美欣赏领域的应用，所以，它与中国传统诗学所主张的物我两忘、主客两忘的审美境界有着明显的差异，西方的美学理论很少提"忘我"，这也反映了中西思维方式的差异。

总之，在杜夫海纳看来，审美知觉的存在就是为了使审美对象获得存在。他强调审美知觉是一种公平的知觉，它能够使审美对象现身其中，但又不是以主体凌驾于对象之上的方式。对照普通知觉来看，知觉的目的是为了科学地把握对象，这是把主体置于对象之上的一种思维方式。这样，在功能上，杜夫海纳就把审美知觉与普通知觉鲜明地区别开来：与普通知觉相比，审美知觉具有主客体统一的特殊性。

三 审美知觉的特征

与同时代的阿恩海姆、朗格等人相比，杜夫海纳的审美知觉理论既表现出鲜明的独特性，又显示出某种相似。这是因为他的理论一方面带有现象学的明显特征，另一方面又流露出了格式塔心理学的影响。具体来说，主要表现出如下几个特征：

第一，杜夫海纳所论之审美知觉具有鲜明的意向性，反映了一种特殊的主客体关系。根据意向性原理，意向性就是对某物的指向性，就是说，意识不能是空洞的，也不存在一种空洞的意识，意识总是要指向某一对象。当杜夫海纳把意向性理论用于审美活动的研究时，审美知觉自然就具有这样一种指向性，它天然地指向审美对象。事实是审美知觉的存在必须是要由具备审美要素的艺术作品唤起，它不能无缘由地产生并独立存在，即是说，并不存在一种孤立的审美知觉，没有审美对象，也就不会存在审美知觉。可见，审美对象必须在审美知觉的观照中产生，而审美知觉必须是受到具备了审美要素的艺术作品的刺激才能产生。这样，在审美对象与审美知觉的看似循环的解释中，杜夫海纳的根基是立足于具备审美要素的艺术作品的，这使得他的理论轻巧地滑过了唯心主义的泥潭。审美知觉对对象的依赖性无疑暗示了一种特殊的主客体关系：主体对客体的依赖。杜夫海纳这样表述："艺术不是照搬，因为事前知觉中，没有一个审美知觉应该与之对等的既定现实。我们几乎可以说，知觉是与艺术一起开始的。"① 这是符合艺术欣赏的实际的。艺术欣赏并不能先让主体端出一副审美知觉的架子，然后去寻找艺术作品，两相嫁接就产生了美。艺术欣赏的实际恰恰是先有了具备审美要素的作品，然后在主体的审美观照中产生审美知觉。那些不美的作品，无论欣赏者作出怎样的努力，它都不可能美起来。那些美的作品，却往往能诱惑我们为它而驻足。

第二，杜夫海纳所论之审美知觉是一种纯粹的知觉，它紧紧围绕感知中的对象而展开。在这一点上，审美知觉与普通知觉存在很大的差异。杜夫海纳对这一点反复阐述："一般知觉一旦达到表象，就总想进行智力活动，它所寻求的是关于对象的某种真理，这就可能引起实践，它还围绕对象，在把对象与其他对象联系起来的种种关系中去寻求真理。而审美知觉寻求的是属于对象的真理、在感性中被直接给予的真理。……说得更确切些，对主体而言，唯一仍然存在的世界并不是围绕对象的或在形相后面的世界，而是——这一点我们还将探讨——属于审美对象的世界。"② "普通知觉使我们面对一些不断向我们提出问题并要求理解和意志、思考和行动的对象。这些对象不给我们空闲去收集它们的表现。当然，普通知觉已经揭示一个世界：一个永远处于我所使用或我所探索的对象的境域的世界。" "在普通知觉中，我们关心的是在对象之外寻找对象给我们提供的可能事物或对象与其他对象由此及彼所保持的关系。相反，审美知觉却从容不迫，不急于离开自己的对象。它探入考察对象，以便通过感觉去发现一个内部世界。所以这是另外一个世界。"③ 概括起来，杜夫海纳强调的关键点是：普通知觉关注的不是对象本身，而是通过理解、思考等寻求有关对象的某种真理，普通知觉揭示的是对象之外的世界；审美知觉只专注于自己的对象，它不是通过理性的思考去寻求对象的真理，而是通过情感和感觉去揭示属于审美对象自身的世界。

第三，杜夫海纳所论之审美知觉还具有整体性的特点。格式塔心理学家把现象的经验看作是整体式的格式塔（Gestalt），即"完形"，认为知

---

① ［法］杜夫海纳：《审美经验现象学》，韩树站译，文化艺术出版社 1996 年版，第 585 页。英译本 p. 543。

② ［法］杜夫海纳：《美学与哲学》，孙非译，中国社会科学出版社 1985 年版，第 53—54 页。

③ ［法］杜夫海纳：《审美经验现象学》，韩树站译，文化艺术出版社 1996 年版，第 583—584 页。英译本 pp. 541 - 542。

觉经验不是感觉元素的集合，而是一个统一的整体。杜夫海纳通过法国心理学家纪尧姆接触到了格式塔心理学关于知觉的整体性思想，他对此深表赞同："知觉本身也是一个整体和统一者。"① 由此出发，他认为"人们认为一般的知觉由于完全用来鉴别对象，以期认识对象或利用对象，它是抓不住形式的。然而，一般知觉并非总是停止在这种鉴别之上，这一点格式塔心理学完全看到了。这一学派，超越给定之物用使我们能把对象分离开来、加以鉴别的形象组成的时空组织，把'形式'（完形）一词扩大到对象的表现本身"。"只要我们不再把形式和内容对立起来，只要我们看到审美知觉是如何在形式中把握内容的，那么包含内容的这种形式便变成真正的格式塔，即对象的意指的统一"。② 就是说，审美知觉可以通过对象的形式把握到对象的内容，对象的表现。一句话，审美知觉能够从整体上把握审美对象。对于审美知觉的整体性，朗格也持同样的观点。朗格说："在任何情况下，对于一件'有意味的形式'——即体现人类情感本质的意味——的知觉，都是先从它的整体形式开始，然后逐渐过渡到它的次要方面。"③ 她认为艺术抽象在于从整体到部分，这是与科学抽象从局部到整体的思路相区别的。朗格与杜夫海纳的一致，根源在于格式塔心理学理论的巨大影响。

　　总而言之，尽管杜夫海纳对审美知觉与普通知觉的区别没有进行集中而系统的阐述，然而，通过他散落各处的言论，我们不难看出，无论是审美知觉的要素，审美知觉的功能，还是审美知觉的特征，杜夫海纳都在向我们传递一种信息：审美知觉是一种具有主客体统一特点的特殊的知觉方式。在这一点上，他与其他相信审美知觉存在的美学家有很大的不同。这些美学家，有的从心理学的角度描述、论证审美知觉。而事实上，一般心理学著作并不认为在知觉方式上有种类的区别，因此，在知觉心理学上，难以得到认可和科学说明。有的美学家从哲学的角度论证审美知觉的合理性，这又容易陷入抽象推理，缺乏实证感。而杜夫海纳从艺术欣赏的实践出发，结合审美欣赏中的各种心理要素，这就使得他的理论既有一定的科学基础，又更符合审美活动的实际。此外，杜夫海纳所论之审美知觉尽管

　　① ［法］杜夫海纳：《审美经验现象学》，韩树站译，文化艺术出版社1996年版，第371页。英译本 p.334。
　　② 同上书，第175页。英译本 pp.142–143。
　　③ ［美］苏珊·朗格：《艺术问题》，滕守尧译，南京出版社2006年版，第187页。

鲜明地区别于普通知觉，它绝非与普通知觉毫无联系，在这一点上，正体现了杜夫海纳高明于奥尔德里奇之处。

第三节　审美知觉中的想象
——超越主客对立的尝试（一）

在现象学哲学看来，感知和想象共同构成了所有意识行为中最具奠基性的行为，它们不仅是感性直观而且还是本质直观的基本构成。无论现象学哲学还是现象学美学，都要用到直观的方法。胡塞尔说："艺术家在直观他的艺术造型时所具有的那种体验，也就是那些特殊的内在直观本身，或者是那些与外在直观、感知直观相对的对半人半马、史诗中的英雄形象、风景等等的直观化。"① 显然，胡塞尔这里谈论的正是美学的直观。对于现象学哲学与美学的这种内在联系，他曾明确表示："现象学的直观与'纯粹'艺术中的美学直观是相近的。"② 事实上，我们确实感到无论艺术创造还是艺术欣赏都离不开知觉与想象这两种直观行为。现象学传统对知觉与想象的关注，在杜夫海纳身上得到了进一步的彰显。以审美知觉为契机，他对知觉与想象，以及审美知觉中的想象进行了系统的研究。然而，他对想象理论的研究依然是为克服主客对立而做出的一种努力。

一　知觉与想象

想象是杜夫海纳非常感兴趣的课题，除了《审美经验现象学》对之加以研究，在 1965 年和 1976 年，他又分别发表了《先验想象力》（"The A Priori of Imagination"）和《想象物》（"The Imaginary"）两篇文章再次专论想象。这两篇文章对《审美经验现象学》中有关知觉与想象的阐述做了深入的补充，这些观点共同构成了杜夫海纳完整的想象理论，它们是杜夫海纳审美知觉理论的重要组成部分。

康德曾经在《纯粹理性批判》中指出，先验想象力是比感性直观和范畴统觉更为本源的意识行为，因为他认为人不可能具有范畴直观能力，后来放弃了这一思想。胡塞尔却认为范畴直观能力是存在的，也即现象学的本质直观。不过，胡塞尔没有论及本质直观与先验想象力的关系，只是

---

① ［德］胡塞尔：《胡塞尔选集》（下），倪梁康选编，上海三联书店 1997 年版，第722 页。
② 同上书，第 1203 页。

把想象作为构成直观行为的一种。倪梁康通过对胡塞尔知觉与想象的解读，认为胡塞尔尽管没有明言知觉与想象的关系，但事实上，胡塞尔已经暗示二者中感知是更具奠基性的意识行为。[①]

如果说，感知的奠基性在胡塞尔还是犹豫不决的事情，那么，在梅洛-庞蒂和杜夫海纳身上已经成为明确的理论诉求了。对于梅洛-庞蒂，现象学还原就是要回到知觉的原初性，回到知觉活动与知觉对象的相互作用场。杜夫海纳吸收梅洛-庞蒂"知觉第一"的思想，充分重视知觉的本原性。同时，他吸收康德的先验理论，明确地把想象分为先验的想象和经验的想象。从而，知觉与想象在杜夫海纳的美学体系中呈现出一种较为复杂的面貌。他认为感知是想象的基础。因为任何客体的构造都可以追溯到感知，即使虚构的对象也不例外。在这样的基础上，杜夫海纳建构了自己的独特的想象理论。

通常，人们认为想象是人的主观能力，想象物也是主观的。杜夫海纳却认为先验的引进，能使想象具有一种客观性，而且，反思先验想象要求对想象理论重新进行评价。[②] 为了获得客观性，杜夫海纳将先验的想象理解为一种观看的可能性。观看必须要有一定的距离，杜夫海纳说："这就同时需要开拓和后退了。其所以要后退，那是因为主体与对象形成的整体必须要拆开，意识借以与对象对立的、带有一种自为特征并构成一种意向性的运动必须要完成。其所以要开拓，那是因为意识与对象的脱钩形成一个真空，这个真空是感性的先验，是对象可以成形的地方。后退就是一种开拓。"[③] 杜夫海纳这里谈的尽管是一般知觉，事实上，已经触及到了审美距离的问题。通常在鉴赏、评价一件事物时，主体与对象需要保持一定的空间距离或时间距离。主体必须从对象所处的位置后退，"后退"使主体与对象形成的整体被拆开，这就开拓了一个空间或时间，从而对象得以显现。因而，后退也是开拓。所以，对于无距离的感觉，如嗅觉、味觉或触觉来说，我们一般认为它们不构成真正的艺术，因为它们缺乏与对象的距离。如果说有香料艺术或烹调艺术，这里所说的"艺术"仍然是指向

---

① 倪梁康：《现象学及其效应——胡塞尔与当代德国哲学》，三联书店1994年版，第62页。

② Mikel Dufrenne, *In the Presence of the Sensous*: *Essays in Aesthetics*, Edited and Translated by Mark S. Roberts and Dennis Gallagher, Humanities Press International, 1987, p. 27.

③ ［法］杜夫海纳：《审美经验现象学》，韩树站译，文化艺术出版社1996年版，第383页。英译本 p. 346。

技术的。在这个意义上，杜夫海纳认为，普拉蒂诺对有距离的感觉和无距离的感觉所作的区别，"大概只有借助于并非属于真正的感觉而是我们认为属于想象的一种后退能力才有它的全部意义。也许需要有一个'自为'首先投射出时间和空间距离才能使视觉和听觉明确这个距离，不再把主体与对象混在一起"。① 可见，杜夫海纳依然是在突出先验想象力的开拓空间、形成审美距离的能力。因而，实际感觉的有无距离并不重要，重要的是想象带来了形象可以出现的空间，这种空间为对象的客观性提供了可能性。

　　客观性的最终实现还要依赖经验的想象。"先验的想象预示着经验的想象，使经验的想象成为可能。先验的想象表示再现的可能性，而经验的想象则说明某种再现有可能是意指的，有可能纳入一个世界的再现之中。在先验方面，想象使有一个给定物存在；在经验方面，想象使这个给定物具有意义，因为它多了一些可能"。② 具体说来，"先验的想象打开一个给定物可能出现的领域，经验的想象则充实这一领域，它不增殖给定物，而是引起一些形象。这些形象是一种准给定物，它们使我们走上通向可见物的道路，并不断求助于知觉，为的是得到它的决定性的确认"。③ 不难看出，这里有两点比较重要：一是经验的想象被杜夫海纳当作了一种执行的能力，引起的形象是"准给定物"；二是想象物能否客观要由知觉来把关，这就证明了知觉的决定性地位，也就说明，想象的权力是受限的。

　　想象能否"增殖"，是杜夫海纳与萨特在想象问题上的一个重要分歧。"增殖"，意味着增加了对象原来没有的新东西，属于创造性的。杜夫海纳认为，知觉完善对象，但不创造任何东西。他始终关注的都是知觉想象，对创造性想象甚少注意，④ 因为他研究的是欣赏者的审美经验。而想象却是萨特美学的核心，一方面，萨特把艺术活动看作人的自由的体现和证明，而这种自由却源于想象的虚无化能力；另一方面，萨特谈论的往往是创作经验，不能否认，想象在创作中远比在欣赏过程中作用更为明显。康德在分析艺术创造时，就很突出想象力的创造功能，而认为在鉴赏

　　① ［法］杜夫海纳：《审美经验现象学》，韩树站译，文化艺术出版社 1996 年版，第 395 页。英译本 p. 358。

　　② 同上书，第 384—385 页。英译本 pp. 347—348。

　　③ 同上书，第 386 页。英译本 p. 349。

　　④ Mikel Dufrenne, *In the Presence of the Sensous: Essays in Aesthetics*, Edited and Translated by Mark S. Roberts and Dennis Gallagher, Humanities Press International, 1987, p. 67.

活动中则不能有创造力。似乎萨特和杜夫海纳分别继承了康德想象论的一面。

杜夫海纳认为想象的作用是为了体验形象的意义，其目的也是要从中引出想象的客观性。对于想象的作用，一般的看法是它能引起形象。杜夫海纳迥异于前人，他说："无论诗性与否，想象（imagining）总是由形象引出和指导。形象引发想象。"① "我们认为想象的作用与其说是创造形象，不如说是体验形象的意义，或者不如说是为了表达意义而产生事物（例如艺术作品）的形象"。② 可见，杜夫海纳认为是形象引发想象，而想象的作用是为了体验形象的意义。因为意义是蕴含在形象中的，而这种意义又不能通过概念化的推理来获得："因为知觉不能胜任这一任务，也因为概念化是没有用的，无论何时，意义都深深植根于对象之中，以致于假如被提炼它就会丢失。"③ 那么，这种意义是如何获得的呢？杜夫海纳认为是通过想象来实现的。所以，想象物未必就是不真实的，完全主观的。由此，他认为不能简单地把想象物等同于非现实，二者的关系是一个需要辨明的事实，他对萨特的批判正建立在此基础上。

针对萨特想象是一种否定和超越现实世界的能力的观点，杜夫海纳认为想象到的东西不是虚幻的而是真实的，想象构想了一个超现实。他指出："当我们把想象这个词仅仅用于否定现实而肯定非现实的这种能力时，我们就有可能无视另一种否定现实的方式，即超越现实以便回到现实。"④ 这里，杜夫海纳意指萨特忽略了想象的另外一种功能，即想象以否定现实的方式回归现实。事实上，杜夫海纳已经指出了文艺创作中想象的一个重要作用。古今中外的文艺作品大量运用想象手法的一个重要目的，就是以否定现实的方式回归现实。屈原香草美人的骚赋传统、蒲松龄笔下的花妖狐媚无不浸染着现实世界的世俗与风情。再如西方高扬想象大旗的浪漫派，他们对自然田园的讴歌，正传达了不满现实的情怀。由于杜夫海纳对萨特的批评以大量的创作实践作为基础，所以，David Gordon Allen 说，在这一点上，人们都认为杜夫海纳对萨特的批评是客观而令人

---

① Mikel Dufrenne, *In the Presence of the Sensous*: *Essays in Aesthetics*, Edited and Translated by Mark S. Roberts and Dennis Gallagher, Humantities Press International, 1987, p. 29.

② Ibid., p. 28.

③ Ibid., p. 29.

④ ［法］杜夫海纳：《审美经验现象学》，韩树站译，文化艺术出版社 1996 年版，第 391 页。英译本 p. 355。

信服的。①

　　对于杜夫海纳，他其实是把想象看作身体经验与心灵体验的重要连接。因此，"想象似乎具有了两副面孔：它同时是自然和精神。"因为由呈现到再现的转换是由想象引起的。"在作品经验的想象使从呈现的经验中继续下来的知识复活时，它属于肉体；在想象允许我们用感知之物替代体验之物的情况下，在它引进一种不完全是不呈现、而是在构成再现的存在之中的这种距离，即对象摆在我们面前，相隔一段距离，可以望见并随后可以加以判断的距离，从而打破呈现的直接性的情况下，开拓思考"。②显然，杜夫海纳的意思是，想象在呈现层次是属于自然的，而在开拓再现层次则属于精神。因此，在他看来，想象的地位是模糊的，这是由人的地位的模糊性决定的："想象确实既是自然，又是精神，它带有人的地位的全部二律背反。因为它是自然，所以它使我们与自然协调一致；因为它是精神，所以我们能够超越自然、思考自然。"③我们知道，梅洛－庞蒂认为知觉是暧昧的，杜夫海纳由此受到启发，认为想象也是暧昧的，而这都是由人本身的状况决定的。

　　杜夫海纳对于人的本真状态的看法，流露出海德格尔存在主义的痕迹。他认为，在根源上，人的存在和欲望、语言与世界纠缠在一起，这是一个"原始混合物的意义未定的领域，在那里主体与客体还未能区分"。④"这里给予我们的既不是想象物，也不是事实，而是混合物———一个永远不会完全解开的结。换句话说，想象物不再被定义为想象的，即从现实中分离，它和真实一样都不是立即被给予的。在此时一切都是混合的"。⑤这就说明，想象物处在最初混溶于主客体未能区分的原始混合物的意义未定的领域，这是哲学反思前的世界本源。

　　这样，通过对想象的客观维度的挖掘与解读，杜夫海纳就完满地实现了他的超越主客对立的想象理论。想象并非是人们通常认为的那样是主观

　　①　David Gordon Allen，*The Phenomenological Aesthetic of Mikel Dufrenne as a Critical Tool for Dramatic literature*，Ph. D.，The University of Iowa，1976，p. 84.

　　②　［法］杜夫海纳：《审美经验现象学》，韩树站译，文化艺术出版社 1996 年版，第 388 页。英译本 p. 351。

　　③　同上书，第 389—390 页。英译本 p. 353。

　　④　Mikel Dufrenne，*In the Presence of the Sensous：Essays in Aesthetics*，Edited and Translated by Mark S. Roberts and Dennis Gallagher，Humantities Press International，1987，p. 52.

　　⑤　Ibid.，p. 47.

的，想象物的意义可以是客观的，想象物也并非是非现实的，它也可以是真实的。想象在本源上与人类的境况颇为相似，是不分主客的，是物我交融、并存的。杜夫海纳审美知觉中的想象也是由此基点出发的。

二　审美知觉中的想象

关于想象在文艺创作中的作用，美学史上的论述汗牛充栋。亚里士多德最早区分了想象与判断。从古罗马的斐罗斯屈拉特开始，想象及艺术创作中形象思维问题受到重视。此后，许多美学家、文学家都对创作中的想象有过论述，其中最具代表性的是康德和黑格尔。与之相比，从欣赏、感知的角度对想象进行研究的人却少之又少。因为文学欣赏中的想象的新颖性与创造性比创作中的想象都更受限制。因此，无论古今中外，对于接受角度的想象相对论述不多，而杜夫海纳的想象理论恰恰是从接受的角度进行研究的。

从欣赏者的角度来看想象某种程度上决定了想象在杜夫海纳审美知觉理论中的地位和作用。很显然，在我们平常的认识中，欣赏中的想象远没有创作中的想象那么重要。杜夫海纳显然对此有清醒的认识。不过，他进一步提出："想象对知觉的发生和丰富都是不可或缺的，它在审美知觉中的作用却没有那样重要。"[①] 这就是说，想象在审美知觉中的作用相比于一般知觉也是很有限的。杜夫海纳认为，对于先验想象力，它在审美知觉中与在一般知觉中是一样的，依然承担的是"先验"功能；对于经验想象力，它被要求遵守再现之客观性，因而必须受到限制。

在审美知觉中，先验想象的作用主要表现在它形成审美距离的功能上。我们知道，所有的审美活动都需要主体的参与，但它又要求主体不要迷失于其中，要与对象保持一种距离。这种距离既包括客观的时空距离，同时也包括心理距离，这是审美活动的前提。在杜夫海纳看来，先验想象的作用首先就是使主体与对象保持一定距离的能力。审美态度借由这种能力而产生，无法与审美对象保持一定心理距离的人总是失败的欣赏者。杜夫海纳所强调的先验想象的后退与开拓能力，与布洛的"审美距离说"颇为相似。但是，杜夫海纳通过先验造成的审美距离，更多地强调了审美活动中主体与对象由对立向统一的转变，而布洛显然更注重审美的利

---

① ［法］杜夫海纳：《审美经验现象学》，韩树站译，文化艺术出版社 1996 年版，第 395 页。英译本 p. 358。

害性。

审美对象不同于其他对象的一个重要特征是它拥有一个自己的世界——审美对象的世界。这个世界是一个情感世界，而非一个实体世界。作为一个可能的世界，它是先验想象力和经验想象力共同作用的结果。先验想象力首先为审美对象的世界提供了可能性，经验想象力则充实了这一可能的世界。然而，经验想象的权力不是无限扩张的。为了忠实于再现物的客观性，杜夫海纳主张审美知觉中的经验想象一定要慎重。面对审美对象，杜夫海纳认为感知远比想象更重要，如果我们不去感知而一味想象，结果只能是由审美对象想开去，而不是真正在感知审美对象本身。画布上阴云密布，欣赏者的心里不是去设想下雨，而应该把重点放在感知阴云本身。在对待审美具体心理活动问题上，杜夫海纳的态度是非常谨慎的。他一再限制想象的作用，主张围绕审美对象本身进行感知，西方有人称他为"语境主义者"，认为他在这一点上与新批评是一致的。① 事实上，杜夫海纳并不排除任何知识和社会文化，只是他不主张在欣赏的当下想到这些，而认为这些知识储备应该成为背景知识，让它在无意中起作用。例如博物馆的讲解员，他的讲解往往让你大长知识，然而，在他讲解的同时，你必定不能完全沉浸于审美对象的世界。杜夫海纳对想象作用的限制正是基于获得完美审美经验的考虑，在实际的审美情形中，这种理想的审美境界很难达到，人与人之间往往有着极大的差异。对于审美知觉中的经验想象力作用的限制，暗含着杜夫海纳对理想的审美经验的追求。

具体到不同种类的艺术中，想象的表现尽管有所差异，但杜夫海纳总体的倾向是不变的：它应该受到抑制。在空间性艺术中，想象与在一般知觉中的作用（丰富知觉）有些类似。例如，对于雕塑对象或建筑对象，由于它在三维中展开，欣赏者经常需要用想象力来补充那些没有看到的但从其他位置上可以看到的部分。但这种补充不是像一般知觉中的想象那样，去获取事物本身的物质完满性，此时，它是把审美对象作为再现对象的体现者来把握的，所以，欣赏空间性艺术时的想象不能是对眼前真实物的想象，而是对通过外观而出现的对象的观念的体验。

在时间性艺术中，杜夫海纳通过将想象与记忆相类比，大大压制了想象的作用。他认为，此时的想象"几乎只是一种隐含的记忆"，又进一步

---

① David Gordon Allen, *The Phenomenological Aesthetic of Mikel Dufrenne as a Critical Tool for Dramatic Literature*, Ph. D. , The University of Iowa, 1976, pp. 60 – 61.

提出"一切需要连续感知的艺术都要求这种想象即记忆的协作"①。想象与记忆有何联系呢？在现象学哲学看来，回忆与想象在结构上非常相似。"在这两种意向形式中，此时此地的我可以活入另一时另一地：在回忆中的彼时彼地是过去的、确定的，但在想像中的彼时彼地却是'无时无地'，没有特定的时间点与地点，是不同于我目前所栖居的此时此地。虽然我正活在目前的真实世界中，但我也能同时移置于一个想像的世界中。"② 杜夫海纳也是基于这样的认识才将想象与记忆联系起来，认为想象承担着一种类似记忆的功能。因为记忆牢记过去，在回忆中把过去现实化，但并不把过去强加于人，这与对时间性艺术的欣赏有一致之处。作品中的时间有其自身的时间结构和逻辑进程，它不完全是现实时间。阅读或欣赏一部作品，作品的时间凸显出来的同时，客观时间隐退了，如果硬要把作品中的时间与现实时间两相对照，这就必然失去审美对象。

然而，无可辩驳的是，有些时候艺术家在自己的作品中有意略去了部分内容，这似乎要求欣赏者用想象予以补充。杜夫海纳认为，这种情况不可一概而论。例如中国古典小说里的"一夜无话"，这是非常明显的无须想象的一段时间，因为其间毫无意义。有时，作者为了吸引欣赏者的兴趣，有意作出某些安排，期望欣赏者重建连贯性。杜夫海纳认为，这样的情况我们也不必去想象，因为下文会有所交代。如果省略的手法上升为创作风格，此时需要的就不仅仅是想象了，它还需要理解力的配合。

经验想象力受到如此多的压抑，然而它并非就完全失去了活力。"在审美知觉中起作用的、使审美感性更加敏锐的东西，就是想象。这丝毫不是永远不受知觉抑制的那种令人忘乎所以的和兴奋得发狂的想象，而是那种有支配能力和令人激动的想象"。③ 由此可以看出，杜夫海纳对于经验想象的区分是很细致的。"永远不受知觉抑制的那种令人忘乎所以的和兴奋得发狂的想象"，指的是创作中的想象，"有支配能力和令人激动的想象"，是他强调的在审美知觉中起作用的、使审美感性更加敏锐的想象。

整体来看，对于审美中的想象，杜夫海纳表现出一种与萨特想象论截

　　① ［法］杜夫海纳：《审美经验现象学》，韩树站译，文化艺术出版社1996年版，第403页。英译本 p.365。

　　② ［美］罗伯·索科罗斯基：《现象学十四讲》，［台］李维伦译，台北心灵工坊文化事业股份有限公司2004年版，第111页。

　　③ ［法］杜夫海纳：《美学与哲学》，孙非译，中国社会科学出版社1985年版，第65页。

然相反的态度。根源在于，杜夫海纳在根本立场上与萨特是相对立的。在萨特那里，想象不仅仅局限于审美活动领域，而且表现为人的创造性活动和反抗性行为，成为人们批判现实和超越现实的一种手段。想象的过程就是对自在存在的否定和虚无化的过程。反映在美学上，萨特认为，想象通过对现实世界的否定和虚无化而建立起来的意识世界，是自在与自为统一的世界，即美和艺术的世界。萨特的想象理论特别强调想象在本质上是自由的，在他看来，想象是自由的一种标志，它使人的自由得以实现。自由是想象的前提和本质，扼杀想象力，人就会失去自由。所以，萨特的想象论实际上是对主体性的极度张扬。杜夫海纳恰恰相反，他以梅洛－庞蒂的知觉现象学为出发点，就意味着他对知觉的肉体性质的肯定，这已经为个人的存在赋予了一个客观的基础，但为了克服想象理论对主体性的张扬使之融入他的审美知觉理论，他引入了先验的概念，将想象力区分为先验想象力和经验想象力，极力挖掘想象的客观面，其目的正是为了克服传统审美知觉理论中的主客对立。这一目的要求他必须对萨特的理论做出重要的改变，所以，尽管杜夫海纳盘点了众多的想象理论，依然把萨特作为了自己主要攻击的目标。杜夫海纳与萨特在审美想象上的分歧，也从侧面反映了文本客观性与主体自由性之间的矛盾和文本解释的限度问题。

　　总之，杜夫海纳从欣赏的角度对于审美知觉中想象的研究，具有重要的意义。它不仅对以往偏重研究创作中的想象是一种纠偏，而且，对于全面理解想象也是一种必要的补充。杜夫海纳并不轻视想象本身，他主张在审美欣赏中抑制想象的作用，其目的在于压制欣赏者的主观性，追求意义的客观性。他考虑不周的地方在于，他把所有艺术都等量齐观，比如对于文学作品，就有一个文字向形象的转化问题，过分压制欣赏者的想象不利于对作品的理解。他还反对欣赏中想象的创造性，也显得比较保守。

第四节　审美知觉中的理性因素

——超越主客对立的尝试（二）

　　文艺接受活动中的理性思维往往是隐而不显的，因而许多人在艺术欣赏的过程中常常忽略甚至意识不到它的存在。但实际上，它是无处不在的。因为审美活动不同于一般的感性行为，"它不仅要形成关于对象的感性形象，而且要超越性地把握对象的意义，并在此基础上作出具有普遍性的审美判断和评价"。① 在感性的审美直观活动中如何才能容纳理性的因素，这是审美心理研究中的一个关键和难点。对此，在美学史上向来存在两种相互对立的观点：一种是机械唯物主义的观点，他们认为，审美活动就是一种认识活动。这就把审美活动等同于一般的科学认识活动，从而忽略了审美活动的感性特质和直观本质；另一种是现代直觉主义的观点，他们认为，审美和艺术不具备理性的特征，与理性因素无缘，这显然又忽略了审美活动的认识功能，与审美欣赏的实践和历史明显不相符合。杜夫海纳在充分重视艺术欣赏的感性活动本质的前提下，认为在审美活动中必须要有理性因素的配合。他对于理解和思考的阐释，有助于我们正确认识审美活动中的理性因素的作用与地位，也为正确处理审美活动中的感性与理性、主体与客体的关系带来了启发。

一　审美知觉中的理解

对于带有浓厚理性色彩的理解来说，它如何能体现出主客体的统一呢？杜夫海纳主要是通过使理解与其他因素互相配合实现的（在呈现阶段比较特殊，他谈的是肉体的理解）。具体来说，他将理解放在审美知觉的三阶段中加以考察，根据审美知觉不同阶段的目标，理解与不同的心理因素相配合，从而实现了主体与对象的协调。

理解贯穿在审美知觉的整个过程中，这就是：呈现层次的理解、再现层次的理解和表现层次的理解。根据杜夫海纳的分析，审美知觉是从呈现开始的。这个阶段的理解主要表现为肉体的理解。杜夫海纳所理解的肉体，是梅洛-庞蒂意义上的肉体。这种肉体并非是笛卡尔眼中的纯粹生理的东西，和其他存在于世的对象一样是机械的没有生机的东西。它是有智力的身体。基于这样的认识，杜夫海纳赋予了肉体以最起码的理解能力："意义是在肉体与世界的串通中由肉体感受的。"所以，"一方面，对象是通过自身陈述这些东西的，并不暗示再现其他什么东西；另一方面，它是向我的肉体陈述的，还没有以某种再现唤醒肉体的智力之外的另一种智力。我们就是这样通过构成一个主客体的整体存在于世界。在这个整体中，主体和客体仍然是不可分辨的"。② 这里，杜夫海纳已经十分清楚地

---

① 朱立元主编：《美学》，高等教育出版社 2001 年版，第 259 页。
② ［法］杜夫海纳：《审美经验现象学》，韩树站译，文化艺术出版社 1996 年版，第 375—376 页。英译本 pp. 338 – 339。

指出了呈现层次的理解力是主客未分的，当然，这种理解只能是肉体的理解力。

　　根据杜夫海纳的阐述，再现层次的理解并非是主观随意的，而要遵守客观再现的原则。这一层次的理解主要与想象相配合。一般而言，在艺术欣赏的过程中，人们一有想象便有理解。例如，米隆的《掷铁饼者》雕塑的只是一个掷铁饼的动作，然而，由于雕塑选取的是铁饼即将掷出手的刹那，人们根据这一瞬间的身姿，不自觉地想到力量即将爆发，甚至铁饼出手后急速划过天空……不难看出，想象的过程也是一个理解的过程，理解使想象合乎逻辑的运行，这就是鲍列夫所说的："雕塑家只处理一个动作环节，但是这一环节包含着前前后后整个动作的痕迹。这就使雕塑具有动态的表现力。对雕塑的感受始终是通过时间进行的，而且具有连贯性。"① 在再现层次，由于想象的放荡不羁，理解的作用主要表现为校正想象。理解校正想象的目标在于保证再现对象的客观性，这是杜夫海纳十分强调的。他一再表述："如果说，想象力给给定物带来了丰富性，那么理解力就是给定物的严格性的保证，它还赋予给定物以客观性。"② "应该承认，只有理解力才能宣布一种揭示和排除幻想的必然性，从而承认一个自然的客观性。"③ 可见，想象的天空无论多么广阔，理解总是使它围绕审美对象的应有之义展开，而不能像艺术创作的想象那样信马由缰。

　　在杜夫海纳看来，表现层次的理解主要是依靠感觉。对感觉的转向，反映了杜夫海纳把审美活动视为感性活动的根本原则。理解尽管在再现层次起着重要的作用，但艺术欣赏毕竟是一种感性活动。随着主体与对象交流的不断深入，理解力的不足就显示出来。杜夫海纳说："当我们说一个作品难懂的时候，我们往往是在向我们提出的东西之外寻求其他的东西，固守着自己的理解力不放。这种态度在某些情况下倒也情有可原。首先，因为审美知觉实际上同所有知觉一样是通过理解力的，因为审美对象也是对象。所以艺术作品无疑最好不要同这种自然做法背道而驰，而是解答理解力就作品再现的东西提出的询问。因为落入理解力管辖范围的正是再现对象，而正是就这个对象来说才有难于理解的可能：凡是再现对象不明显

---

① ［苏］尤·鲍列夫：《美学》，冯申、高叔眉译，上海译文出版社1988年版，第327页。
② ［法］杜夫海纳：《审美经验现象学》，韩树站译，文化艺术出版社1996年版，第411页。英译本 p.372。
③ 同上书，第409页。英译本 p.371。

又无法加以辨识的作品都是难于理解的作品。但问题恰恰是，对主题的辨识和理性的理解绝不是审美感知的最终目的。"① 这就说明从理性上理智地理解艺术作品绝非审美的最高境界和最终目的。正是由于这个原因，审美知觉在交感思考中转向了感觉。这一转向使得理解、思考与感觉由此而会合。因此，表现层次的理解就表现为一种在感觉中读解表现的顿悟。

由上述可知，对于杜夫海纳，理解的过程自始至终都是一个主体与客体统一、感性与理性统一的过程。如何认识美感中的理解因素，至今仍是美学界有争议的问题。与杜夫海纳同时代的阿恩海姆也认为知觉活动中包含着理解。他说："知觉活动在感觉水平上，也能取得理性思维领域中称为'理解'的东西。""视觉实际上就是一种通过创造一种与刺激材料的性质相对应的一般形式结构来感知眼前的原始材料的活动，这个一般的形式结构不仅能代表眼前的个别事物，而且能代表与这一个别事物相类似的无限多个其他的个别事物。"不难看出，由"个别"到"一般"再到"众多的个别"，这里确实含有了概括和理解的因素。阿恩海姆由此得出了一个有名的结论："眼力也就是悟解能力。"② 与阿恩海姆这种实证中的领悟不同，杜夫海纳主要结合审美欣赏的过程，明确地阐述了不同层次的理解及其与其他因素的配合。尽管有关审美活动中的理解因素依然没有定论，杜夫海纳的探索为我们认识知觉与理解的关系提供了一种比较全面的新的理论参考。

二 审美知觉中的思考

杜夫海纳研究的创造性，还表现在他对审美知觉中的思考所进行的探索。如果说美学家们还比较认可审美欣赏中存在的理解，那么，他们往往不承认其中也有思考。杜夫海纳一反以往审美欣赏排除思考的看法，他明确表示审美对象像其他对象一样也需要思考："审美对象要求思考。由于审美对象是为我们创造的，由于它是某人借以向我表示什么的一种符号，因而它更加迫切地要求思考。审美对象是受到特殊对待的一种对象。它非

① ［法］杜夫海纳：《审美经验现象学》，韩树站译，文化艺术出版社1996年版，第450页。英译本 p. 410。

② ［美］鲁道夫·阿恩海姆：《艺术与视知觉——视觉艺术心理学》，滕守尧、朱疆源译，中国社会科学出版社1984年版，第55—56页。

呈现不可。我们眼中充满了它。它迫使我们去注意它，它自然就成了问题。"① "作品也要求人们对它表示的东西进行思考。它是一种外观，必须加以说明；它有一个主题，希望得到理解。"② 这番话无疑是在为思考寻求一种合理性：对于审美对象的思考是审美对象存在本身的要求。但显然，审美对象所要求的不是我们平常所言之思考。因为这种思考实际上是一种把我们与对象隔离的思考。它脱离审美对象本身，从审美对象之外对对象进行分析，例如从艺术作品产生的时代背景、作者的生平、创作意图等外部因素进行的分析，都属于把我们与对象隔离的思考。隔离性思考尽管对于丰富读者的知识不无裨益，然而，它却使欣赏者与审美对象越来越远。

　　根据杜夫海纳的分析，在审美活动中应当存在着一种特殊的思考——依附性的思考。这种思考的最大特点是从审美对象内部着眼，紧紧围绕作品本身的形象及其内涵而展开。在审美欣赏中，依附性思考不但不会脱离审美对象，而且紧紧围绕对象，只关注作品本身。"我服从作品，不是作品服从我，我听任作品把它的意义放置在我的身上。我不再把作品完全看成是一个应该通过外观去认识的物（因此根据批判性的思考，外观从来不为自身具有什么价值，也不为自身表示什么），而是相反，把它看成一个自发地和直接地具有意义的物（即使我不能说清这种意义），亦即把它看成一个准主体"。③ 可见，依附性思考是欣赏者顺从作品的思考，是作品引领欣赏者就其本身展开的思考。在这个过程中，欣赏者把审美对象不仅仅看成是一个物，更把它视为一个与自己能够平等对话的主体。欣赏者与审美对象的关系不是主体与客体的关系，而是"我—我"的关系。从而审美欣赏的过程，不再是主体或客体各居一隅以图控制对方的过程，而是互为主体不断交流深入的过程。这样，依附性思考就使主体摆脱了通常的主动参与和被动接受的困境。显然，这一理论更切合我们的艺术欣赏实践。

　　审美欣赏是一种感性活动，如何才能容纳理性的思考呢？杜夫海纳对审美知觉中的思考论述的高明之处，在于他把思考与感觉联系了起来。依

---

① ［法］杜夫海纳：《审美经验现象学》，韩树站译，文化艺术出版社 1996 年版，第 427 页。英译本 p. 388。
② 同上书，第 429 页。英译本 p. 390。
③ 同上书，第 432 页。英译本 p. 393。

附性思考之所以有别于隔离性思考，原因在于它兼具理智活动和感觉活动的特点。艺术作品也向智力挑战，所以对作品的理解必然包含思考。然而不能把这种思考等同于纯智力活动，它是感觉活动中的思考。故而依附性思考虽包含理性因素，却最终求助于感觉。因而，在审美欣赏的过程中，依附性思考并非像在一般知觉中那样独立起作用，而是与感觉和谐无间地交织在一起。"使感觉和思考的这种交替成为可能，那就是审美对象本身的召唤，它既需要思考，因为它显得相当严密和自律，足以要求客观的认识；又需要感觉，因为它不让自己被这种认识去穷尽，又挑起一种更为密切的关系"。① 这种与感觉交融的思考被杜夫海纳命名为"交感思考"。杜夫海纳对于"交感思考"的分析，有助于我们解释艺术和审美中的审美直觉，从而消除对于所谓审美直觉性的神秘观点。一般认为，审美直觉的发生是由于主体长期的艺术积累在受到诱发后突然间对对象的一种领悟。这种认识虽然表现了对审美对象的特点的充分尊重，但对于主体如何领悟对象的心理过程缺乏明确的说明，因而容易使人产生神秘之感。杜夫海纳的"交感思考"则较好地解释了这一心理过程。他说："从批判态度过渡到感觉态度不单是一种摆动：思考首先培养感觉，然后阐明感觉；反过来，感觉首先诉诸思考，然后指导思考。思考和感觉的交替构成对审美对象愈益充分理解的、辩证的前进运动。"② 这样，杜夫海纳就通过思考与感觉的交织，使得审美直觉的那种突发性有了坚实的基础。因此，当感觉能够读解审美对象的表现时，一切都似乎是水到渠成的，而不会产生审美直觉给人造成的那种突兀性。

　　尝试着对于审美直觉中的理性因素进行探索的并非只有杜夫海纳。苏珊·朗格在对直觉的理解上，也表现出了同样的努力。在她看来，直觉与逻辑的对立并不存在。她认为直觉不是方法，而是一个过程。直觉是逻辑的开端和结尾，如果没有直觉，一切理性思维都要遭受挫折。直觉既是逻辑推理的前提，也是逻辑推理的过程。可见，朗格是通过将直觉表现与逻辑推理相统一，来说明审美直觉的突然领悟的特点的，她也把这种突然的领悟归之于理性因素。朗格将逻辑推理引入直觉与杜夫海纳将思考引入审美知觉的尝试，都是对直觉不具备理性特征这一论调的挑战，都旨在说明

　　① ［法］杜夫海纳：《审美经验现象学》，韩树站译，文化艺术出版社1996年版，第464页。英译本 p. 425。

　　② 同上书，第463页。英译本 p. 423。

审美欣赏中的理性因素的合理性与必要性。但是，杜夫海纳与朗格有很大不同。杜夫海纳重新阐释审美直觉，是为了协调审美主体与审美对象的关系，否则，审美直觉永远带有一种主体突然把握了对象的不平等感觉。而朗格的着眼点只是直觉与逻辑的对立，她是在反对克罗齐等前辈将直觉与逻辑对立的基础上立论的。

三 审美知觉中的理性因素的特点

在杜夫海纳的阐述中，理解与思考作为审美知觉中的两大理性因素，体现出来的最突出的特点是非主导性。所谓非主导性，是指审美知觉中的理解与思考不像在一般知觉中那样独立起作用，而必须要与其他因素相互配合，而且要由其他因素加以引导。应该看到，在艺术欣赏的过程中，各种心理要素虽然都有自己的特点和功能，但它们不是独立存在的，而是相互配合、协调着共同起作用的。审美活动的性质决定了审美知觉中理性因素的非主导性的地位。

理解的非主导性体现在它以想象的展开为前提。根据杜夫海纳的分析，各种心理因素中，理解与想象的关系最为密切。想象引导理解，理解规范想象。二者相互结合，共同促进了审美知觉的深化。他说："想象活动是理解活动的第一阶段。"① 由此可知，想象便意味着理解的开始。而且，没有了想象力，理解力便无法展开。尽管杜夫海纳把理解力看作一种约束想象力的能力，它为想象力所带来的再现对象制定规则，使再现物合乎作品的客观要求。但由于理解力的调动要以想象的展开为前提，因此，想象无疑是更具奠基性的要素。

思考的非主导性体现在面对审美对象的表现世界时它对感觉的求助。杜夫海纳指出，审美知觉中的思考是与感觉交织在一起来深入审美对象的世界的。思考之所以与感觉交织，是因为它们都有缺陷："思考的局限性在于它从外部来考察对象，在于它与对象保持距离，仿佛害怕陷入对象之中似的，又把对象压低到客观现实的层次。但是感觉也有局限性，我们现在必须予以指出：这就是感觉的两极都是被思考包围的。我们说过感觉有它自己的智性，但一切都像是感觉的智性来自这双重思考——培育感觉的思考和认可感觉的思考——的相近性。归根到底这是因为感觉总有可能迷

---

① ［法］杜夫海纳：《审美经验现象学》，韩树站译，文化艺术出版社 1996 年版，第 299 页。英译本 p. 262。

失在自己的对象之中，回到呈现的直接性。"① 这就表明，单纯的思考和感觉在审美活动中都有不足，审美活动的性质决定了审美对象不能依靠思考来把握，而一般的感觉又不足以把握审美对象的深奥之处，所以，思考必须要与感觉结合在一起。不仅如此，最终对审美对象的把握必须依赖于感觉，这就见出了感觉的主导地位。

综合理解与想象、思考与感觉的相互协调的过程，一方面，想象与感觉的突出地位使我们相信，在审美活动中的感性与理性问题上，杜夫海纳始终是坚持感性本质的；另一方面，理性因素在审美知觉中的非主导性地位也表明，在审美活动中，对审美对象的努力地理解和思考并不是把握审美对象的主要方式，审美对象的特殊性决定了审美活动主要是一种感性活动，但同时，又必须要有理性因素的参与。这就是说，在杜夫海纳看来，审美知觉的过程并非是审美主体主导的过程，而是在充分尊重审美对象客观性的前提下的主体与客体相统一的过程。

审美活动之所以能够既保持自己的认识功能，又不违背感性活动的一般规律，关键在于理性因素在审美活动和科学认识活动中的参与方式有根本的区别。西方美学史上，很多美学家都对审美过程中存有理性因素持否定态度。康德认为科学、审美、道德分别属于知、情、意三种不同的心理功能，否认它们之间的联系，从而把审美活动和理智认识对立起来。康德以后，叔本华、尼采、柏格森等用直觉主义解释审美和艺术活动，认为审美和艺术是非理性的。最有代表性的当属克罗齐。他认为审美经验就是"形象的直觉"，和理解、思考是绝缘的。所以，事实上，对于理性因素在审美欣赏中的参与方式，以往的美学理论是缺乏深入认识的。杜夫海纳则打破传统，表明了一种与克罗齐等前辈截然相反的观点，认为审美活动中既有理解又有思考。而且，他对理性因素在审美欣赏中的参与方式也进行了较为细致的考察，这对于审美欣赏心理的研究是有进步意义的，也是一种更科学的态度。

应该指出的是，对审美活动中所包含的理性因素的问题作出分析的，在当代西方美学家中并非杜夫海纳一人。事实上，对于这一问题的理解，在当代西方发生了很大的变化，并且越来越受到重视。例如，传统的知觉理论认为知觉只能把握个别事物，其中不能形成概念，因而不能认识事物

---

① ［法］杜夫海纳：《审美经验现象学》，韩树站译，文化艺术出版社 1996 年版，第 455 页。英译本 p. 416。

的共性。阿恩海姆却提出了"知觉概念"的范畴，根据他的分析，视知觉也是一个形成概念的过程，也能把握事物的共性。再如，一般而言，抽象总是和哲学、逻辑学及科学思维联系在一起，因此，传统的知觉理论认为审美活动中不存在抽象思维。苏珊·朗格却指出："一切真正的艺术都是抽象的。"① 在朗格看来，抽象艺术不仅在西方现代艺术领域中占据统治地位，而且，也存在于埃及、秘鲁和中国的传统中。她对艺术抽象的追根溯源的探索更是令人不得不重新审视这一问题。这些论述的立论角度和所持观点虽然与杜夫海纳不尽相同，但是，也从不同方面支持着杜夫海纳对审美欣赏中的理性因素的分析。

　　在我们看来，杜夫海纳关于审美知觉中的理解与思考的阐述，基本与艺术欣赏的实际相符合。他对交感思考的分析，对于解释审美直觉的突然性提供了一种新的理论维度，这是他理论中比较新颖的地方。他对于理解与想象、思考与感觉的相互配合过程的分析，包含着许多合理的辩证的因素，有助于我们纠正机械唯物主义与直觉主义对审美活动认识的偏颇。所有这些也都说明审美主体对于对象之美的把握，绝非是一种被动接受的单纯的感性活动，而是积极能动的感性与理性相统一、主体与客体相统一的活动。

---

① ［美］苏珊·朗格：《艺术问题》，滕守尧译，南京出版社 2006 年版，第 177 页。

第四章　审美经验理论中的
主客体统一思想

　　现象学主张回溯到人类的原始经验，杜夫海纳认为审美经验最能显示人与世界在根源上的亲密联系。他的这种认识在《审美经验现象学》一书的引言中并未明确论及，相反，却是在论文集《美学与哲学》的"前言：美学对哲学的贡献"中，他系统论述了因何研究审美经验的问题。他指出："美学在考察原始经验时，把思想——也许还有意识——带回到它们的起源上去。这一点正是美学对哲学的主要贡献。""美学的注意力集中在文化之物的范围内。那么它力求做什么呢？它力求除了把握与文化之物既相对立又相联系的自然之物之外，更重要的是把握本原，即审美经验本身的意义，这既包括构成审美经验的东西，又包括审美经验所构成的东西。"① 显然，在杜夫海纳看来，美学对哲学的贡献来自于美学也可以把握本源的能力——人类的审美经验将把人带回到人与世界的源头："在人类经历的各条道路的起点上，都可能找出审美经验：它开辟通向科学和行动的途径。原因是：它处于根源部位上，处于人类在与万物混杂中感受到自己与世界的亲密关系的这一点上。"② 这也清楚地表明，在根源上，杜夫海纳对审美经验的研究与他的哲学立场是一致的，那就是克服自笛卡尔以来的二元对立思维模式。他特别强调这种特殊的经验之中所蕴藏着的主客体趋同的特点，这一点表现了他与其他重视审美经验研究的美学家的区别。

　　杜夫海纳对审美经验的研究，正如他所说，首先研究了"构成审美经验的东西"——审美对象与审美知觉，接下来，他主要是对审美经验进行反思，即思考"审美经验所构成的东西"。"我们将研究这种经验意味着什么，它在何种条件下才可能"，"我们必将探讨审美经验是否和如何能真实的问题"。③ 他对审美经验的反思实际上包括情感先验、艺术真

---

① ［法］杜夫海纳：《美学与哲学》，孙非译，中国社会科学出版社1985年版，第1页。
② 同上书，第8页。
③ ［法］杜夫海纳：《审美经验现象学》，韩树站译，文化艺术出版社1996年版，第23页。

实和审美深度①。情感先验解决的是审美经验何以能够发生的问题；艺术真实解决的是在创作—作品—欣赏的动态过程中，审美经验何以能被认同的问题；审美深度作为审美经验的具体形态，则是在审美经验内部探讨审美主体与审美对象能够达到的深度。这些思考都在致力于解决审美经验本体论的问题。

第一节　情感先验

情感先验是审美经验中沟通主体与客体的内在基础，是杜夫海纳为解决审美对象与审美主体的交流而提出的。不仅如此，杜夫海纳还把情感先验看作审美经验可能性的最终根源，由此可见它在杜夫海纳美学体系中的重要地位。尽管为了便于更清楚地表述审美主体与审美对象在审美活动中难分难解的关系，杜夫海纳把审美对象和审美知觉分而论之，但实质上，情感作为一条主线始终贯穿在他的整个体系中。因为有了情感这条主线，杜夫海纳的美学思想成为一种名副其实的主情论。与西方的各种艺术情感理论相比，杜夫海纳的情感论具有一个突出的特点：特别注重审美主体与审美对象所表现出来的情感上的主客交融。

一　审美对象的情感先验：情感特质

杜夫海纳的情感先验论是一种致力于对审美经验中的主客体交流关系进行探索的理论。他将审美经验中的主客体交流诉诸情感，认为审美对象与审美主体的深层相通之处就在于情感的相通。可是，审美主体与审美对象为何能因情感而得以交流呢？杜夫海纳为这种相通寻找到一种解释，这就是情感先验。情感先验是一种逻辑上的先在，它指的是情感交流的可能性。它先天地规定着主体与客体各自存在着能使对方感受到的某种情感。他认为情感先验中的主客体统一更为明显。他说："先验，尤其是审美经验中的情感先验，同时规定着主体和客体。"② 由此可知，在他看来，情感先验既体现在审美对象中，也体现在审美主体中。

---

① 审美深度在《审美经验现象学》一书中被杜夫海纳放在了审美知觉的部分，在笔者看来，审美深度既不能脱离审美对象，又不能脱离欣赏者，它实际上总是体现为审美经验的特定形态。

② ［法］杜夫海纳：《美学与哲学》，孙非译，中国社会科学出版社 1985 年版，第 60 页。

　　杜夫海纳把先验分为主客体两极，这就决定了他必须从客体极找到审美对象的情感先验。他把情感特质看作审美对象的先验。杜夫海纳的理解意味着情感特质在逻辑上先于审美对象而存在，它为审美对象的呈现提供了可能。那么，什么是情感特质呢？他说："审美对象在作为物质对象或作为意指对象出现之前也有意义。这种通过符号直接给予的意义就是情感特质。"① 可见，情感特质是直接伴随意义产生的。杜夫海纳对情感特质的这种认识说明，并非任何情感特质都构成一种先验，它只有被审美化时才能称得上是一种先验。这就决定了情感特质必然就是审美对象的构成成分。我们看到，杜夫海纳正是把情感特质作为构成性的先验来阐述的。

　　杜夫海纳关于先验的认识保留了康德理论中原有的构成功能，由此认为情感特质既构成审美对象，同时也是主体的构成要素。对于审美对象，情感特质的构成功能尤其体现在审美对象的表现的世界中："情感特质是表现的世界的灵魂，表现的世界本身又是再现的世界的根本。作品的整个世界只有通过情感特质才有统一性，才有意义；可以说情感特质激起作品，用作品来表明自己。正是这样情感特质才是构成因素，认识情感特质的感觉才在审美经验中享有一种优先地位。"② 不难看出，杜夫海纳十分强调情感特质对于构成审美对象的世界的重要意义：情感特质统一着审美对象中的各部分，是审美对象世界的灵魂。这当然与我们的审美实践是一致的。我们沉浸在审美对象的世界中往往就是被其中的意味丰富的情感世界所吸引。

　　在杜夫海纳看来，情感特质也是主体的构成要素。对此问题的认识，杜夫海纳表现出了鲜明的现象学立场。我们知道，情感特质不能独立表现自己，它必然有所依附。对于审美对象，情感特质与意义一起传达出来，而主体身上的情感特质是与主体的思想结合在一起展现出来的。因为思想本身不能形成世界，只有与情感特质结合在一起才有可能。杜夫海纳表示："这些思想实际上是包含在作品之中的，所以它在作品中处于情感状态，并且向情感传播。当我们对这种情感加以思考时，我们可以设法把它

――――――――――

　　① ［法］杜夫海纳：《审美经验现象学》，韩树站译，文化艺术出版社1996年版，第495页。英译本 p. 455。

　　② 同上书，第485—486页。英译本 p. 446。

恢复到思想状态，但这种思想只有变成情感时才能活跃在艺术家身上。"①
显然，杜夫海纳认为文艺作品中的情感应该与思想紧密结合在一起，这
样，情感特质才是由作品显示出来的主体的构成因素。在这里，杜夫海纳
采用了一种由作品追溯创作者的思路，他将传统的主体与世界的关系进行
了新的安排："主体的一个世界的概念应该倒转过来，用世界的一个主体
的概念来补偿。'世界'和'主体'应该处在平等地位。尽管像我们以前
所做的那样强调情感特质对一个主体而言是世界的特质，那也不应忘记它
对一个世界而言同样是一个主体的特质。换句话说，一个主体一定要有一
个世界，因为主体联结到一个世界时才是主体；同样，一个世界一定要有
一个主体，因为有了见证人世界才是世界。作者通过作品的世界表现自
己，作品的世界也通过作者表现自己。"② 可见，他反对将世界从属于主
体，而主张由世界来体现主体。作者之所以显得内在于作品是因为作品中
的表现。在这种表现中，我们无法区分作品与作者：作品显示的东西既适
用于作品，又适用于（作品体现出来的）作者。所以我们能这样说：情
感存在于客体，也存在于主体。

总之，杜夫海纳把情感特质看作是构成性的先验，它既构成主体，又
构成客体。在艺术作品而言，情感特质藏身于感性之中，在主体而言，情
感特质与主体的思想结合在一起。不管是哪种形式，情感特质只是一种可
能性，只有在具体的审美活动中，它才能现实地体现出来。

二　审美主体的情感先验：情感范畴

杜夫海纳把情感范畴视为主体的情感先验。不同于情感特质的构成
性，情感范畴是一种认识性先验。平常人们称为"审美范畴"、"审美类
型"、"审美价值"等的东西，就是杜夫海纳所谓的情感范畴，如崇高、
漂亮、雅致等。在杜夫海纳而言，情感范畴的先验性有两项证明：一是先
知直接内在于感觉。他认为情感范畴存在于感觉之中，这些范畴构成了一
种先知，在读解审美对象的表现时，感觉使这种先知复活。"我们之所以
能够感觉拉辛的悲、贝多芬的哀婉或巴赫的开朗，那是因为在任何感觉之
前，我们对悲、哀婉或开朗已有所认识，也就是说，对今后我们应该称为

---

① ［法］杜夫海纳：《审美经验现象学》，韩树站译，文化艺术出版社 1996 年版，第 491
页。英译本 p. 452。

② 同上书，第 493 页。英译本 p. 453。

情感范畴的东西有所认识"。① 二是情感范畴并非出于一种经验的概括。在杜夫海纳看来，情感范畴先于我们对这些特质的感觉。我们先能区分崇高与悲伤，而后才能区分不同种类的崇高与悲伤，如俄狄浦斯的悲伤和哈姆雷特的悲伤。所以，情感范畴不是一种概括的结果，不是来自对各种不同作品所揭示的各种不同情感特质所进行的对比。

尽管情感范畴是认识性先验，但杜夫海纳重视的是欣赏者从感知的角度来看待情感而不是反思的角度。在认真考察了雷蒙·巴耶的审美范畴表后，杜夫海纳一针见血地指出，雷蒙·巴耶所界定的完全不是作品世界，而是作品世界的客观结构。尽管作品的世界是在作品的客观结构上产生的，但必须把这种由批判性思考而得到的客观结构与诉诸情感范畴的直接经验进行区分。因为作品的客观结构显然不是欣赏者在感知审美对象时获得的，它恰恰是欣赏者放弃感知而在反思中获得的。而杜夫海纳重在强调情感范畴作为认识性先验的特殊性，它与反思中的认识是不一样的，是一种在审美活动中当即发生的认识，是在感知中的认识。

根据杜夫海纳的分析，欣赏者借助情感范畴认识审美对象所体现出来的情感特质，从而使欣赏者与作品的情感沟通成为了可能。"面对感觉揭示的这个世界，我不是像在一块陌生的土地上的陌生人，没有任何东西给我作指引。我仿佛已经知道我在表现中读解的东西。符号之所以一看就有意义，那是因为意义是在人们学习以前被认识的。所以任何学习只是对事先的认识的一种确认罢了。我们能够阐明感觉，能够为它传达的情感特质找出一些名称，这个事实本身就证明这种知的存在"。② 杜夫海纳意在指出，欣赏者面对一部新的作品时并不是纯然陌生的，他能够准确地理解作品包含的独特的情感特质，这是一种特殊的心理状况。"如果不借助于情感范畴，如果这个情感范畴不是我已经有所认识的，我又怎能发现情感特质呢？如果我同审美对象的表现没有某种暗中的亲属关系，如果我没有什么装备去理解表现，我又怎能感觉到出现在我面前的审美对象的表现呢？如果我与表现不串通一起，感觉怎么会具智力呢？"③ 这就证明欣赏者对于审美对象的情感先验是存在的，这种先验就是情感范畴。

---

① ［法］杜夫海纳：《审美经验现象学》，韩树站译，文化艺术出版社 1996 年版，第 504 页。英译本 p. 464。

② 同上书，第 509 页。英译本 p. 469。

③ 同上。英译本 p. 470。

　　杜夫海纳不仅分析了欣赏者的情感范畴，而且谈到了创作者的情感范畴。他提出"同情感特质一样，情感范畴不仅是一个世界的特征，还是一个主体的特征，而这二者是不可分割的"①，"如果说情感特质同时与主体和世界有关，在这两者之间建立起比从属关系更胜一筹的不能回避的连带关系，那么应该说情感范畴也是这样。情感范畴总意味着两种参照，一种是对一个世界和一个主体的参照，另一种是对一个具体主体的具体世界的参照，唯一不同的是，具体还没有体现出来，还只是一种可能的具体"。② 显然，这里提到的主体就是指创作者。但情感范畴不是艺术家在作品中力求达到的目标，当艺术家通过表现自己的世界而表现自己的时候，情感范畴就成为对创作者的一种馈赠：它因此既是审美对象的世界的主要氛围，因而也成为主体的一种特征。如我们说的"莫扎特的欢乐"、"福克纳的嘲讽"就是这个意思。

　　总之，杜夫海纳把情感范畴视为认识性的先验，所以，它仅存在于人的身上。情感范畴是代表人的本质存在的范畴，它是一个人对自己处身其中的世界所持的根本态度。情感范畴是主体认识世界的一种情感可能性，它代表着主体与世界的情感关系。情感范畴只有在情感特质的现实化中才真正体现出来，否则，它只能是连主体也可能不自知的一种潜在的能力。

三　审美经验中的主客体统一

　　根据上面的分析，为了给审美经验中的情感交流寻求理论上的可能，杜夫海纳创造出了"情感特质"和"情感范畴"两个概念。然而，情感特质与情感范畴的关系却成为一个问题。因为情感特质作为审美对象的先验，它要求的是独特性；情感范畴作为审美感觉的一种先验，它却是一般性的。主体身上的一般性如何能认识具有独特性的审美对象呢？杜夫海纳这里要解决的不仅是审美范畴有效性的问题，其实质更是要解决现象学自诞生以来就面临的唯我论问题。"这是因为，现象学所探讨的总是个体自我或此在的意识及生存体验，这就需要解决自我如何使他人理解自己的体验，以及自我如何把他人作为主体而不是客体来加以把握的问题"。③ 杜

---

　　① ［法］杜夫海纳：《审美经验现象学》，韩树站译，文化艺术出版社 1996 年版，第 507 页。英译本 p. 467。
　　② 同上书，第 512 页。英译本 p. 473。
　　③ 苏宏斌：《现象学美学导论》，商务印书馆 2005 年版，第 280 页。

夫海纳是通过审美经验中的主客体的情感交流来解决现象学的这一困境的。

　　情感范畴与情感特质怎样才能在审美经验中沟通起来呢？在杜夫海纳看来，情感范畴与情感特质的关系相当于一般与特殊、对先验的认识与先验的关系。这种关系可以从两方面获得证明。一方面，情感特质能够体现情感范畴的一般性。我们知道，每一部成功的艺术作品都会拥有一个自己的情感世界，构成这个世界的情感特质是独一无二的。然而，"艺术作品是这种因为它走到自己的独特性的尽头而达到普遍性的独特本质。所以作品孕育着普遍性而又不失为独一无二的东西"。① 这里，杜夫海纳洞察到的正是作品表现出来的独特性背后的人的情感范畴的一般性。另一方面，情感范畴本身包含着独特性。杜夫海纳认为，"范畴之所以能用于独特，是因为它既是一般的又是独特的。作为知，它是一般的；作为我所是的知，它是独特的"。② 这就是说，情感范畴具有的一般性不同于知性范畴的一般性，情感范畴本身的独特性使它能够认出作品中独特的情感特质。例如，面对一部作品，我们不仅能感觉到它传达的是悲还是喜，我们还能区分不同程度的悲或喜，乃至人类各种感情的细腻和幽微。

　　事实上，为了走出唯我论的困境，杜夫海纳转向求助于人性的普遍性。在他看来，情感特质之所以能够表现情感范畴的一般性，是因为情感特质中蕴含着人性："作品的情感特质在展现以我为灵魂和关联物的这个世界时，它概括和表现的正是在艺术作品中表现的这个深层的我。然而，或许当我们最深刻地成为我们自己时，我们与别人最为相近。这不但说明这时我们能够与别人沟通，成为别人的知己或榜样，而且还说明我们是与别人同体的、相象的：我们在自身深处又找到了人性。"③ 而审美范畴能够识别独特的情感特质，是因为人性的相通："我们能够认识人是因为我们自身带有对人的东西的一种知。正是这样人性才有可能。"④ 杜夫海纳所理解的人性与近代的人本主义者是不同的。他并不把人性看作人们先天具有的一种相同的结构，而是把人性视为一种可能性。他说："人性是我

---

　　① ［法］杜夫海纳：《审美经验现象学》，韩树站译，文化艺术出版社 1996 年版，第 521 页。英译本 p. 482。
　　② 同上书，第 522 页。英译本 p. 483。
　　③ 同上书，第 519 页。英译本 p. 480。
　　④ 同上书，第 523 页。英译本 p. 485。

们身上的一种可能性，而确立我们的现实性的正是这种可能性。只要我们通过创造和接受我们自身而强调我们的差别，因此只要我们发挥自己的现实性，我们就证实这种可能性。"① 显然，杜夫海纳想说明的是，人性是人们在现实生活中具有的走向一致的可能性。他把这种可能性作为人们相互理解与交流的基础，因而，在审美经验中，人们能够理解他人从而做出具有普遍性的审美判断。杜夫海纳从人性出发来寻求审美判断的普遍性的观点，抓住了审美活动与情感体验、人的本性之间的内在联系，一定程度上揭示了审美活动的本质特征。

　　根据以上论述，我们看到杜夫海纳把审美主体与审美对象的交流根源追溯到情感先验，认为情感先验是主客体统一的桥梁。一方面，情感先验赋予知觉主体以读解审美对象的情感意义的潜在认识能力；另一方面，情感先验赋予审美对象能被审美主体体验到的内在结构。情感先验的沟通功能使客体成为朝向主体的"准主体"，使主体成为体验客体的审美主体。从而，在审美经验中的审美主体与"准主体"的交流形成了一种主体间的对话。

　　如何认识审美经验中的主体与对象的关系，向来是西方美学史上的一个重要课题。比较有代表性的观点有：移情说、心理距离说、内模仿说、共鸣说、情物同构说等。就这几种观点来看，移情说和心理距离说都偏重于主体一方，强调主体情感的给予，其实是否认了审美对象的客观存在；内模仿说虽然较为注重客体的特征的主导性，但只能对于某些具有动感的审美对象有说服力，因而不具普遍性；共鸣说和情物同构说都很重视主体与对象的相互激发，共鸣说虽然能够说明主体与对象交流时的交流呼应，但却有较大随意性。情物同构说将力的结构作为主客体统一的基础，为审美经验的交流提供了新的思路，但力的结构仍然存在仅对部分艺术有效的缺陷。与上述几种观点相比，杜夫海纳的情感先验理论不是从主体或对象中的某一方出发，其思路类似共鸣说和情物同构说，是从双方分别去找寻这种根源。他坚持的是主客双重先验，并且把主客交流的可能性归之于情感。尽管利科在为《先验的概念》所写的序言中对杜夫海纳的先验理论中的情感与意义的不对等关系有所质疑，但他充分肯定了杜夫海纳主客双重先验对康德理论的克服，并赞同杜夫海纳在人与世界的关系上以情感连

---

① ［法］杜夫海纳：《审美经验现象学》，韩树站译，文化艺术出版社 1996 年版，第 519 页。英译本 p. 480。

接二者的做法。① 国内也有人评价："知觉主体和客体对象都因具有情感先验的共同基础和意向性作用而形成一种相互'构成'的统一关系。这种认识具有某种辩证因素。"② 这些评价都意在肯定情感在主体与对象之间的重要沟通作用。显然，文艺以情动人的根本特性更容易让人对以情感先验作为审美经验主客体统一的基础产生认同感。

第二节 艺术真实

艺术真实是一个历久弥新的话题，尽管每一位理论家都试图对这一问题做出完满的回答，但迄今为止尚没有令人普遍满意的答案。杜夫海纳的现象学美学经由审美对象走向审美经验的本体论，艺术真实是其中的有机组成部分。对于他，艺术真实既是衡量作品的重要尺度，又是审美经验普遍性的前提。因此，他从三个维度（作品真实、创作真实和鉴赏真实）对艺术真实进行了探讨。他的这种探讨打破了传统艺术真实观一维求真（只重鉴赏真实）的局面，突出了艺术真实的动态生成过程，也从不同维度展现了他对艺术真实中的主客体关系的思考。

一 作品真实

传统真实观往往将艺术真实视为鉴赏的真实，然则在杜夫海纳看来，在欣赏之前，艺术真实应该有"两种首要意义"，这就是作品的真实和创作的真实。作品真实首先应该是就作品本身而言的真实性，为此，作品必须独立自足；作品的真实更在于欣赏者以之为真，为此，作品必须具有能够满足审美知觉的内在完满性。杜夫海纳正是基于这两个要求展开论述的。

立足于作品的独立自足，杜夫海纳要求艺术真实必须建立在完成后的作品上，"一个真实的作品如果在物质上没有完成就不是真正的作品"。③杜夫海纳很重视作品的完整，认为作品只有在完成以后，它才能处于一种

---

① 参见 Mikel Dufrenne, *The Notion of the A Priori*, translated by Edward S. Casey, Northwestern University Press, 1966, pp. xiv – xvii.

② 黄南珊：《廿世纪西方情感美学的两类取向和两种关系》，《人文杂志》1996 年第 1 期，第 108 页。

③ ［法］杜夫海纳：《审美经验现象学》，韩树站译，文化艺术出版社 1996 年版，第 545 页。英译本 p. 506。

完满的形式之中，才能形成自足的世界，在此基础上才可以探讨其真实性。未完成的作品一切都在待定之中，无法探究其真实与否。对艺术作品自足性的强调，是从俄国形式主义开始的。他们第一次把作品本身真正作为本体来研究，作者、读者和社会都被看作是与作品无关的外在因素。俄国形式主义虽然开创了本体论的先河，但却没有将之明确化。兰色姆则明确地把新批评建立在文本中心论的基础上，完全排除文本之外的任何因素，1945—1955 年更被认为是新批评的"制度化"时期。杜夫海纳虽然是在此背景下强调艺术作品的独立自足，但他更加注重作品的完整性和作品的生命特征，视审美对象为"准主体"。他主张作品的真实就在作品内部，"就在作品的意义之中",① 而不在作者的意图、传统的影响或其他创作背景之中，这又明显是其影响的结果。

　　杜夫海纳主要从欣赏者的角度对作品提出要求：真实的作品要能充分满足知觉的要求，这即是说作品要经得起欣赏者的审美知觉的"考验"。审美知觉按照其不断深化的过程表现为三个阶段：显现、再现与思考，它们分别对应着审美对象的三个要素：感性、再现对象和表现世界。可见，感性必须生成为表现世界，才能满足欣赏者审美知觉的要求，使知觉认作品为真。对此，杜夫海纳明确地说："作品的真实性是指它想要成为而通过表演恰恰成为的东西：即审美对象。"② 因此，感性理论的深意与精髓在于，感性其实就是审美对象最早的雏形，它是在审美知觉中一步一步完成了向审美对象演进的过程。有鉴于此，下文结合审美知觉的三个阶段来介绍感性向审美对象的生成。

　　前文我们已经指出，当艺术作品被审美地感知时，它的物质材料就转变为一种给人以美感的东西，这种东西就是感性。感性中含有意义，意义是感性的秩序本身，它组织和统一感性，保证欣赏不会被分散成各种无意义的感觉。在审美活动中，审美对象之所以能作为整体被感知，原因就在于此。

　　感性的世界要想活起来，想象是必需的。想象把感性过渡到再现的世界：想象根据肉体在呈现中获得的经验调动知识，然后把这种经验转变成可见的东西，使之成为再现对象。为了忠实于审美对象，审美知觉中的想

---

　　① ［法］杜夫海纳：《美学与哲学》，孙非译，中国社会科学出版社 1985 年版，第 162 页。
　　② ［法］杜夫海纳：《审美经验现象学》，韩树站译，文化艺术出版社 1996 年版，第 48 页。英译本 p. 24。

象必须受到抑制。杜夫海纳的这一观点让人大吃一惊，这似乎与我们平常的认识截然相反，然而正是在这里，体现出了他的独到之处。在普通知觉中，想象丰富知觉，而在审美知觉中，杜夫海纳认为"审美对象给予的景象本身即已自足，毋须再添枝加叶"①。这一方面表现了杜夫海纳对审美对象自足性的维护，另一方面也证明意义应该来自审美对象内部，而不是从外部添加。而且，想象应该永远与知觉结合在一起，紧紧围绕审美对象，而不是由审美对象想开去，杜夫海纳抑制的正是假借审美之名的胡思乱想。他批评萨特就有这方面的考虑，因为萨特在想象中强调欣赏者豪情的运用，而杜夫海纳认为过分的想象会使审美知觉偏离它的轨道，影响再现的客观性。结合审美的实际过程，显然杜夫海纳的认识是更为合理的。

既然想象有可能干扰再现，理解就起到校正想象的作用，它使对象与实际经验引起的联想按照形象的指示客观再现。杜夫海纳所言之形象，是在感性的基础上发展起来的，是对象的原始呈现与观念对象的中介，众多形象构成的整体即是杜夫海纳所说的外观，"想象力把外观的空洞现实转变成充实现实"，② 这种"充实现实"就是再现的世界。

感性经由形象到达再现的世界，它所包含的意义逐渐庞杂，这些意义必须依靠"交感思考"将之保持在审美对象的范围内。交感思考清晰地点出了审美中独有的思考的特征："思考首先培养感觉，然后阐明感觉；反过来，感觉首先诉诸思考，然后指导思考。思考和感觉的交替构成审美对象愈益充分理解的、辩证的前进运动。"③ 这种感觉与思考的互相激发的运动，正是再现世界直达表现的过程。

这样，感性经过审美知觉的三个阶段在表现中达到了运动的顶点，不难看出，审美对象正是感性不断扩展和激发的结果。在此意义上，审美对象才是"感性最高峰"和"辉煌地呈现的感性"。审美知觉就是在辉煌的感性中体验到了不同于科学的、历史的真实——艺术真实。

总之，作品真实必须建立在完成后的作品上，要以作品的独立自足为基础。不仅如此，作品在其内部更要有一种能获得欣赏者认可的完满性，这种完满性体现在由感性生成的表现世界的氛围中，这种氛围使欣赏者在

---

① ［法］杜夫海纳：《审美经验现象学》，韩树站译，文化艺术出版社1996年版，第396页。英译本 p. 359。

② 同上书，第422页。英译本 p. 383。

③ 同上书，第463页。英译本 p. 423。

心满意足的审美愉悦中判定了作品的真实。杜夫海纳对作品独立性和知觉的特别强调颇有耐人寻味之处，真实既依赖于作品又依赖于知觉，这显然与他对主客体统一的追求是相符合的。

二　创作真实

艺术真实的另一种首要意义就是创作的真实。创作真实既是创作如何才能达到真实的根本性问题，也是一个艺术家如何运用技法进行创作的具体问题。为了远离心理主义，杜夫海纳在创作问题上更注重原则性的立场，对于具体技法的运用则甚少着力，相关论述，我们已经在"创作者的表演"部分予以讨论，这里主要探讨问题的前一方面。

创作要想达到真实，首先要求有一个真实的艺术家。这一点，杜夫海纳十分看重。他说："真实的艺术家是这样的人：对他来说，当他决定作品完成时就等于看到在作品的材料本身中突然发生了某种沉淀作用，突然实现了某种协调，从此再不许作任何修改；同时，他感觉到他自己就在作品之中，作品就是他所要创作的东西，也是他能期待于自己的东西。这对他来说，就等于满足一种技巧要求和一种精神要求，实现自己的作品和表述自己。"① 这其实是在说创作中的主客体统一问题。创作是主体的活动，在这个活动中主体沉浸于客体，从材料中发现意义，在作品中实现自我。一件作品的完成，体现的自然是主客体的统一。

不仅如此，"艺术家在创造作品时也创造自己。这不是因为他想要创造作品，而是因为他投身于自己的创作。所以作品不仅表现形式上的必然性，而且表现内部的必然性，即根据自己之所是进行创作的艺术家内心的必然性。"② 杜夫海纳提出真实的艺术家应该遵从自己内心的必然性。这并非是说艺术家的创作过程只是一个主观意识随意控制的过程，因为"他服从艺术时仍然是服从自己。换句话说，他被需要，又自己需要自己。主观性和艺术家揭示世界的真实性之间没有矛盾，艺术家的天职的有意识方面和无意识方面之间也没有矛盾。艺术家不改变自己的看法便是真正的艺术家。"③ 结合众多名家论创作的资料来看，我们知道艺术家的内

---

① ［法］杜夫海纳：《审美经验现象学》，韩树站译，文化艺术出版社 1996 年版，第543 页。
② 同上。
③ 同上书，第 597 页。

心必然性其实不是艺术家个人的主观意愿，这种内心必然性更多地体现为艺术家的一种朝向真理的追求——顺从作品内在生命发展的需要。巴尔扎克、托尔斯泰等伟大作家也都是如此创作的。因此，杜夫海纳说："艺术家的真实性不只是忠于他自己，而且忠于他的作品。"① 杜夫海纳对真实的艺术家的要求，这是艺术家之为艺术家的永恒问题。

在创作是反映、再现、认识还是表现这个根本问题上，杜夫海纳总体上继承了西方表现说的传统。这样，创作如何能达到真实的问题，就演变为主体如何表现和表现什么的问题了。我们看到杜夫海纳确实遵循了这一思路。他赋予创作者的使命就是表现："创作者是这样一个人，他离开再现的安全地带，返回呈现之中，接近人与世界尚未分裂的本原，从那种天然的亲密中汲取灵感，并以自己的方式表现它。"② 不难看出，表现"人与世界尚未分裂的本原"是杜夫海纳赋予创作者的使命，这也就是说，回归人与世界、主体与客体尚未分裂的本原应该是创作者的目的。

为了达到这一目的，创作主体就必然要处理如何在作品中表现自己的问题。杜夫海纳认为，表现不是主体的自我展示。他说："至于表现自己，也不是叙述自己，让人们看到自己身上的最花花绿绿的东西，如心情的动荡不安和热情的奔放，因为说到底这些都是假面具。相反，表现自己是通过压制对这些东西的泄露，使秘密、最隐蔽的东西得以显示。"③ 这里杜夫海纳明确了需要反对的做法。在《永远的绘画》一文中，他借用梅洛－庞蒂"姿势"（gesture）的概念正面阐述了如何表现的问题。在梅洛－庞蒂的知觉现象学看来，在姿势中，意义是内在的。他说："我在动作（gesture）中看出愤怒，动作并没有使我想到愤怒，动作就是愤怒本身。"④ 杜夫海纳受梅洛－庞蒂启发，将语言作为一种姿势来理解。在姿势中，我们能够读出一种意义，它以某种方式揭示了动作的发出者。同理，语言也以某种方式揭示了动作的发出者。费泽尔（Randolph M. Feezell）深中肯綮地指出："作为姿势的语言的概念，是杜夫海纳用以

---

① ［法］杜夫海纳：《审美经验现象学》，韩树站译，文化艺术出版社1996年版，第596页。

② Mikel Dufrenne, *Main Trends in Aesthetics and the Sciences of Art*, Holmes and Meier publishers, 1979, p. 236.

③ ［法］杜夫海纳：《审美经验现象学》，韩树站译，文化艺术出版社1996年版，第545页。英译本 p. 506。

④ ［法］梅洛－庞蒂：《知觉现象学》，姜志辉译，商务印书馆2001年版，第240页。

理解审美对象的表现性的模式。"① 确实，结合杜夫海纳语言既说又显示的观点，我们不难发现杜夫海纳的逻辑：语言显现了它的创作者，也就是说，创作者内在于他的作品。所以，不同的作家总是拥有不同的风格。杜夫海纳这样表述其原因："仅有的可能是，他的姿势是他自己的；他在作品上打下了他独一无二的印记。"② 因此，风格就是作者出现的地方，风格能够显示或表现作者所独有的、并使人能认出作者的那个世界的某种面貌，风格代表了一种创作的真实。反之，由于艺术家总是表述同样的东西，通过各种技巧和主题，我们可以认出他的风格。陆德夫之所以能在赵明诚的 50 首词作中认为李清照的两句最好，概也如此。这样，通过论述作家如何表现自己，杜夫海纳也就解决了创作者的主体意识与作品内在生命相冲突的矛盾。

　　杜夫海纳将风格与艺术真实相联系，是对风格的一种深化，也是对艺术真实的一种拓展。风格的研究在中西方都有悠久的传统。亚里士多德主要结合语言的运用来谈风格，认为修辞的高明就是风格。他从作品外部形式和修辞学的角度理解风格的观点，在后世产生了深远的影响。直到布封"风格却就是本人"的名言，才开始极力突出作家的思想、感情、智力对风格形成的决定作用。在布封的基础上，席勒、黑格尔、别林斯基等人都肯定了风格与个性的关系：不同的个性决定了不同的风格。杜夫海纳进而将风格与真实结合在一起加以探讨，明确了风格与艺术真实的密切关系，使两者都向前迈进了一步。

　　那么，真实的艺术家在作品中表现什么呢？表现具有普遍性的人类情感，这就是杜夫海纳的回答。《感性的呈现：美学论文集》的英译者说："自从 1946 年以来，人类或主体经验的首要性一直是杜夫海纳思想的中心"。③ 不管是人类的情感还是经验，杜夫海纳的出发点一直都是人类的共同感。浪漫主义者要求表现主体的情感，现代派要求表现主体的意识活动，其共同出发点都是关注个人，杜夫海纳却特别强调独特情感中蕴含的普遍性。这是他们最大的分歧。不是说作品不要表现自我，而是说，表现

---

① Randolph M. Feezell, Mikel Dufrenne and the World of the Aesthetic Object, *Philosophy Today*, 1980 (1), p. 22.

② Mikel Dufrenne, *In the Presence of the Sensuous: Essays in Aesthetics*, edited and translated by Mark S. Roberts and Dennis Gallagher, Humanities press international, 1987, p. 148.

③ Ibid., p. xvi.

自我是为了表现人类共同的东西。"艺术家即使不讲任何个人的东西，仍然给我们揭示某种人性的东西"。① 这里的人性就突出了人类的共同性。尽管每一部真实的作品都表现了独特的情感特质，为我们打开了一个独一无二的世界，然而作品表现的世界再独特，只要其中的情感是具有普遍意义的，它就能够获得广泛的认可。杜夫海纳强调的正是这一点。尽管浪漫主义的作品获得认可也是因为其表现了普遍的情感，但这只是客观效果，与他们的创作初衷并不符合。

　　杜夫海纳对创作真实的思考最终导向了艺术家对存在意义之领悟。在他看来，艺术家之所以急于创作，这是因为他感到了一种使命，这一使命来自存在的呼唤："艺术首先对自然来说是必不可少的；它是自然期待于人的一项服务。这时，真实性和灵感才获得自己的充实意义：艺术家感到存在在召唤他，并对存在负责。可是不要弄错，我们这里所说的存在不是一个一成不变地设立的法庭，它是意义的变异本身。只要人反映和表达现实向他提出的意义，协助这种变异，他就不是在存在面前受审，而是参与存在。"艺术家的价值在于他能够从源头上——他身处的现实之中领悟世界于人的意义，他就应该以此种姿态参与存在。因而，杜夫海纳进一步阐释说："作为真正的艺术家，他是清白无辜的。对他来说，存在与创作根本没有分界线，他的创作行为和现实之间也没有。他的行为处于主客体的区分之外。这种行为不是把人和现实摆在对立地位，因为在体现人性时，它既完善了人又完善了现实，同时又显示了它们之间的密切关系。"②

　　创作如何能达到真实的问题，其实是一个主体如何与其作品协调统一的问题。杜夫海纳首先要求的是"就艺术家而言的真实性"，他认为这是艺术真实的一个重要保证。杜夫海纳所提倡的创作真实主要指向的是表现，但在如何表现与表现什么上又与传统的表现说颇为不同。对于杜夫海纳，创作尽管是一种主体性高扬的主观活动，但他并不认为创作是艺术家率性而为的个人行为。创作的真实在于表现那些具有普遍性的人类情感，它所要求于艺术家的正是创作主体个人意识的隐匿。这样，他在实际上指出了只有主体与他的作品和谐地相融为一体时才有创作真实的事实。而他把创作真实的源泉导向存在的思考真正为艺术家的创作找到了根源。

① ［法］杜夫海纳：《审美经验现象学》，韩树站译，文化艺术出版社1996年版，第546页。英译本 p. 507。
② 同上书，第596—597页。

三　鉴赏真实

鉴赏真实是指欣赏者从作品中体验到的一种真实感。传统的真实观把真实感建立在再现的基础上，与之相反，对于艺术是再现，杜夫海纳持一种激烈的否定态度。当然，对模仿说的批判由来已久，"模仿原则从1756年开始，明确地受到英国学者伯克的质疑。他在《论崇高与美两种观念的根源》中，主要从主体经验的角度，否定了模仿对赞歌的重要性"。①此后这种批评不绝如缕，从康德、施莱格尔等人到20世纪的海德格尔、卡西尔、马尔库塞等人，都从自己的体系出发对模仿说给予了批评。杜夫海纳的批判与此批判潮流是一脉相承的。他主要从艺术创作的目的入手进行了批判。他指出，如果求之于艺术的是再现现实，那我们就是期待艺术重复科学上可解释的现实，这就使真实成为了模仿，而真实性不应该以相像与否来衡量，"把艺术囿于模仿，那就必须以现实已经存在并被认为是再现的原型为前提"，②这样导致的结果就是：只有真才美。这就意味着艺术家无须以自己的方式去寻求更为深刻的真实，艺术追求的只是客观性，是一种循规蹈矩、毫无神秘感可言的现实。所以，再现的真实不在于逼真地模仿、再现现实世界。

在杜夫海纳看来，如果有再现的真实，只能来自再现的方式。他说："当绘画向我呈现一个我能辨认和描述的物体时，我叫得出名字的这个物体不等于绘画再现的物体。"③这就是说，再现物与现实总是存在着差距，艺术不能把客观世界移植到作品中去，那么，再现的真实就不在于内容，而是在于再现的方式使得人们能从作品中认出现实中的存在之物。这样，杜夫海纳就颠覆了长期以来的物物对照的审美方式。至于一部作品被誉为真实的再现了……他认为那只是成功作品的附带馈赠，并不是作者的主要追求。遗憾的是，对于再现方式如何使再现之物具有真实性，杜夫海纳只说是"约定俗成"，没有详加说明。

在否定了作品世界与外在世界的物物对照的真实之后，杜夫海纳专门研究了"审美阐明的现实"来探讨艺术与现实的关系。他所言之现实，

---

① 朱志荣：《康德美学思想研究》，安徽人民出版社2004年版，第215页。

② ［法］杜夫海纳：《审美经验现象学》，韩树站译，文化艺术出版社1996年版，第550页。英译本 p. 511。

③ 同上书，第157页。英译本 p. 124。

指的是创作主体生存或体验过的生活范围。由于创作者总是生活在某一个历史时期，他必然要受到所处时代、社会、环境等方面的影响，所以，他的作品也就自然而然地流露出了这种影响。杜夫海纳所说"像现实浸透艺术家一样，可以说，艺术也浸透现实"① 即是上述意思。其实，只要是真正的作者，即使他并不企图再现现实，他的作品仍然会为现实提供某种程度的证明。"因为他在表现自己并忠于自己的存在先验时，他不可能不表现围绕他、支撑他、撞击他的现实，他的一切活动都是对这种现实的反应"。② 杜夫海纳的这一认识是深刻的。我们看到，即使是最离经叛道的西方现代文艺作品都不能摆脱现实的渗透，无论是热爱还是憎恨，其作品都充满了现实的影子。《等待戈多》很荒诞，然而，它是人类内心生活荒芜、绝望的写照，是在混乱的外部环境中体验生存的无意义的真实反映；《格尔尼卡》展现了一个畸形、破碎、疯狂的世界，然而，它不正是画家容身的那个混战的世界吗？所以，艺术无须照搬现实，它与现实的关系是：它表现现实，在表现中揭示现实。

在杜夫海纳看来，审美阐明的现实是真实的，这种真实就在于，艺术家根据自己对对象所把握的真实性来描绘对象。艺术创作的实践证明这是一种共识。作品的创造过程就是一个去粗取精、去伪存真的过程，其中必然包含着艺术家的精心加工。德国画家、雕刻家路德维格·利希特（Ludwig Richter）的一次经历很能说明问题。他有一次同三个朋友去风景胜地蒂沃利，由于不满在场的法国画家的画风，他们决定要画得与自然不失毫厘，结果却让他们大吃一惊：四幅画截然不同（指色彩运用等方面）。③ 可见，作品中呈现的现实是经过了艺术家"整理"的现实，即使是同一对象，也可以在作品中呈现出不同的景象。所以，审美阐明的现实，其真实性并不在于与客观世界对照的相似，而是由于创作者表现了自己所理解的现实。

不难看出，杜夫海纳在创作上主张表现，鉴赏的真实感也求诸表现。他强调表现是审美对象的最高意义。表现的真实就在于作品表现出来的情感本质，以及情感本质揭示出来的意义存在，这是艺术真正要达到的真

---

① ［法］杜夫海纳：《审美经验现象学》，韩树站译，文化艺术出版社1996年版，第587页。英译本 p. 545。

② 同上书，第586页。英译本 p. 544。

③ ［瑞士］H. 沃尔夫林：《艺术风格学》，潘耀昌译，辽宁人民出版社1987年版，第1页。

实。杜夫海纳所谓的表现是一种意指，它与情感紧密结合在一起，审美对象的世界就是艺术通过再现世界表现出来的情感世界。因而，欣赏者领会到的审美对象的世界，是一个由情感高度统一的意义世界。对情感的高扬是杜夫海纳美学的一个特点，彭锋指出："杜夫海纳强调艺术对现实的照亮。这种照亮是通过情感进行的，因为情感不仅是主体的情绪，而且显露了真实的'情感本质'。这是杜夫海纳美学最独特和深刻的地方。"① 这一评价正是看到了情感在艺术与现实关系中的重要性，欣赏者显然是通过情感从作品表现的氛围中领悟到了存在的意义。

总之，在鉴赏真实上，杜夫海纳主要探讨了艺术与现实的关系。在批评模仿说与再现说的基础上，他强调欣赏者的真实感就来自作品的表现的真实，即作品传达的那种情感意义的存在。杜夫海纳把情感作为沟通创作者—作品—欣赏者—现实的重要中介，欣赏者通过情感与审美对象达到了完全的融合，这里突出的依然是主客体的统一。

四　简要评价

杜夫海纳全面、动态的艺术真实观似乎可追溯至亚里士多德。亚里士多德提出要"把谎话说得圆"②，把作品看作"谎话"是承认作品的虚构，"圆"是针对欣赏效果而言的，"把谎话说得圆"是对创作者的要求，看似简单的一句话竟然包含着艺术真实的整个系统！正如艾布拉姆斯的文学四要素理论清晰地揭示了艺术活动的内在联系，杜夫海纳对各维度艺术真实的考察也使艺术真实的内在机制一目了然。

西方当代的真实理论有三大倾向：一是注重艺术与真理的探讨，如海德格尔、伽达默尔、夏皮罗及法兰克福学派；二是探讨原作与复制、赝品中的真实，如古德曼、莱辛、本雅明等人；三是继续传统真实理论的理路，一些理论家对艺术真实提出了较为深刻的看法：韦勒克、沃伦在《文学理论》中把艺术真实与生活真实、历史真实与哲学真实作了明确的区分，对于艺术的本体真实有着独到的见解；阿恩海姆提出，艺术真实的标准不是固定不变的，它应该随时代的变化而变化，这是一个非常值得重视的看法；英加登与塔塔尔凯维奇都曾对真实概念作过考察，对于系统理

---

① 彭锋：《完美的自然——当代环境美学的哲学基础》，北京大学出版社 2005 年版，第220 页。

② ［古希腊］亚里斯多德：《诗学》，罗念生译，人民文学出版社 2002 年版，第 75 页。

解这一概念大有助益。与之不同，杜夫海纳将真实放在创作者—作品—欣赏者的相互关联之中加以系统考察，既使各维度的艺术真实构成一个有机整体，又突出了艺术真实的动态特征。

杜夫海纳的艺术真实观对我国的艺术真实理论建设具有一定的借鉴意义。我国有自己民族的独特的艺术真实观，如"传神"、"写意"的传统。但五四运动以后，艺术真实被纳入了现实主义真实的轨道。"这种真实论的基本内容是，把是否符合社会生活本质（或曰'生活真实'）及符合的程度，作为衡量文艺作品有无真实性，以及真实性高低的唯一尺度，也即以忠实反映、再现生活为艺术真实追求的唯一真实"，"实际上只是一种单纯的'生活透视'论，一种忽视艺术自身特点的普泛的真实论"。[1] 正是看到了这种真实论的局限，中国理论界对艺术真实进行了全面反省和重建。20 世纪 80 年代，朱立元在《真的感悟》中主张以动态立体的思维方式来把握艺术真实，20 世纪 90 年代和 21 世纪还有学者在不断探索艺术真实的动态实现流程和系统。[2] 这里，我们看到了中西方的艺术真实理论在此问题上的交汇：对于艺术真实的理解不能局限于平面和单向度，而应向纵深伸展，艺术真实是一个动态的系统。杜夫海纳的艺术真实论不仅在体系上是完整的，而且注意了动态实现的过程，其中所包含的对主客体关系的思考也是深思熟虑的，无论创作真实、作品真实还是鉴赏真实都能一以贯之。无疑，正是在此层面上，杜夫海纳的艺术真实理论为中国的艺术真实理论的建设提供了一个参照系。

第三节　审美深度

审美深度作为审美经验的一种具体表现形态，它是审美主体的深度与审美对象的深度相互碰撞的产物。这一点在杜夫海纳的审美经验理论中得到了特别强调。作为审美范畴的深度，首先出现在文艺复兴时期的绘画艺术领域。囿于当时西方文艺领域中的模仿论的影响，这一时期对深度的审美理解与把握不可避免地局限在"相似"、"逼真"、"像不像"上，从而

---

[1] 朱立元、王文英：《真的感悟》，上海文艺出版社 2001 年版，第 124—125 页。

[2] 参见蒋承勇《论艺术真实的动态实现流程》，《杭州师范学院学报》1999 年第 5 期，第 53—56 页；王元骧《艺术真实的系统考察》，《江海学刊》2003 年第 1 期，第 177—184 页；常勤毅《艺术真实与真实系统》，《学习与探索》2008 年第 1 期，第 188—192 页。

削弱了深度作为审美范畴的应有之意。"现代绘画之父"塞尚在绘画艺术领域对审美深度的内涵的扩展具有历史性的意义。当他在其作品《风景》中有意识地放弃了焦点透视理论，立足绘画的二维平面本身来创作时，这意味着审美深度的内涵经历了一个极大的变革，也就是说，审美深度的内涵经历了从表层到深层、从模仿到表现的升华。杜夫海纳从作为客体的审美对象和作为主体的人以及二者的相互交融几方面系统而深刻地论述了审美深度。相较于以往的理论，他非常突出地描述了审美深度主客交融的特质，这无疑抓住了审美深度的本质特征，是对以往深度理论的一种拓展。

一　审美对象的深度

杜夫海纳对审美深度的研究是从审美对象的深度入手的。深度本是一个空间概念，本义指物体的深浅程度和距离，后来引申为对事物本质的触及程度，以及事物向更高阶段发展的程度。梅洛－庞蒂曾经说过："在文艺复兴对深度的'解决'过去了四个世纪，笛卡尔的理论过去三个世纪之后的今天，深度一直是个新的课题，而且它要人们去寻找它，不是'一生中只寻找一次'，而是终生寻找。"[1] 人们终其一生所寻找的当然不是一种可测量的或看得见的深度，而是一种不可见的东西。对于杜夫海纳，这种不可见的东西就是审美对象的无穷意味，即审美对象的深度。

杜夫海纳对审美对象的深度进行了歧义排查，他辩证地处理了其间的关系。首先，审美对象的深度与年代相关但又不限于年代。根据我们的经验，时间久远的东西往往容易使人产生深度感，因此，对象的深度似乎不可避免地与年代久远这样的含义联系在一起。杜夫海纳指出，一方面，作品的年代往往与风格联系在一起，它为我们提供了对象的性质和对象的一些重要信息，这些东西使得对象富有了耐人寻味的意味；另一方面，如果仅仅用年代去衡量审美对象的价值无疑是愚蠢的，因为年代久远并不能保证审美对象的深度。审美对象"就其自身而言，它倾向于逃脱历史，倾向于成为它自身的世界和自身的历史的源泉，而成为一个历史时期的见证"[2]。这就说明，审美对象首先是为自身而存在的，即使它与时间相关，它也以自己的方式为历史作证。可见，审美深度与时间有关但超越时间。

---

① ［法］梅洛－庞蒂：《眼与心》，刘韵涵译，中国社会科学出版社 1992 年版，第 152 页。
② ［法］杜夫海纳：《审美经验现象学》，韩树站译，文化艺术出版社 1996 年版，第 447 页。英译本 p. 408。

其次，审美对象的深度与惊奇有关，但不止于惊奇。如我们所知，审美对象往往引起惊奇之感。杜夫海纳承认："深度之所以常常含有某种奇异性，那是因为它只有使我们离开原有的生活环境，摆脱构成表面的我的那些习惯，把我们放置在一个要求新目光的新世界面前才是深度。当审美对象不能使我们感到惊奇、使我们发生变化时，我们就不能完全把它看成审美对象。"① 不难看出，杜夫海纳的这番话与俄国形式主义的"陌生化理论"如出一辙：审美对象必须要具有一种使人惊奇的力量，没有惊奇感，审美对象就不成其为审美对象了。但是，杜夫海纳也看到，奇异性并不是审美对象的深度的保证。否则，所有热衷于制造惊人效果的现代艺术都是具有深度的作品了。他还进一步认为，对于审美对象，引起惊奇本身不应成为目的。确实，审美对象的奇异性是为了使欣赏者更好地就其本身进行感知，它引起思考是为了否定思考，这正是审美惊奇与科学惊奇的区别所在。而且，审美对象的奇异性经久不衰，科学惊奇一旦获得解决就再不能引起任何奇异感。

再次，审美对象的深度也不是晦涩难懂。杜夫海纳提出，审美对象有时是难以把握的，这也容易使人产生深度感，人们误以为这是深度的标志。事实是，有深度的作品并非是难以理解的作品，难以理解并不等于有深度。一些包含哲理的作品往往具有思想深度，可是这些作品并不难以理解。如卞之琳的《断章》："我站在桥上看风景，看风景的人在楼上看我。明月装饰了你的窗子，你装饰了别人的梦。"何其简单的词句，然而有谁能说其中没有蕴含着哲人之思呢？杜夫海纳认为，确实存在一些难以理解的作品，"凡是再现对象不明显又无法加以辨识的作品都是难于理解的作品"。② 但是，正如杜夫海纳所说，对主题的理解并不是审美感知的最终目的，而且，通往作品表现的最后途径是感觉，所以，审美对象的深度与晦涩难懂并不具有必然的联系。

审美对象的深度到底在哪里呢？杜夫海纳认为，审美对象的深度就在与人相似的这种主体意识之中，也就是说，就在作品自身。因为作品归根到底是人创造的，人赋予作品以生命力。杜夫海纳说："必须在对象拥有的表现能力中去寻找。由于这种能力，对象成为一种主体意识的相似物。

<hr>

① ［法］杜夫海纳：《审美经验现象学》，韩树站译，文化艺术出版社1996年版，第447—448页。英译本 p. 408。

② 同上书，第450页。英译本 p. 410。

这种能力来自对象的内在性。因而我们必须首先阐明这种内在性。就像人的情况一样，这种内在性通过自己的存在的强烈程度显示出来，亦即在某个方面的某种存在方式中显示出来。"① 这里，杜夫海纳受康德的影响，认为审美对象像生命对象一样体现出一种内在合目的性，这种内在合目的性又被他称之为内在性。审美对象由于具有不同于一般物的内在性，可以看作是一种意识的代表，因而可以说是一个审美对象的世界。"审美对象的深度就是它具有的、显示自己为对象同时又作为一个世界的源泉使自身主体化的这种属性"。② 杜夫海纳把审美对象称作"准主体"，强调的也正是审美对象所显示出来的这种主体意识。

总之，审美对象的深度不在于它经历的时间，也并非是由于它的奇异和费解。审美对象的深度应该从对象内部去寻找，这实际上着重强调的是作品显现出来的人的存在的价值与意义，人与世界的本真关系，人和对象的情感性的价值关系。就是说，深度只有与人的生活世界，与人的历史文化联系在一起，才是真正的深度。正是在这一意义上，杜夫海纳将深度转向了人本身。

二　审美主体的深度

关于自我的认识在西方哲学史上是一个老问题。早在古希腊时期，便有"认识你自己"的神谕流传，从此便也开启了人们对于自我的探索之路。从古希腊到近代，这一线索绵延不绝。应该说，从古希腊到中世纪，哲学家们建立的是关于"人"的认识理论。"自近代以来，人们开始谈'我'，以至于得以建立起一整套的关于自我理论"。③ 近代哲学之父笛卡尔代表了一种主体性哲学的兴起。杜夫海纳的美学集中于审美经验的研究，对主体的探讨既是题中应有之意，又反映了杜夫海纳本人自觉的理论诉求。

对于审美主体的深度，杜夫海纳采取了与阐述审美对象的深度一样的思路，他对那些可能造成混淆的概念进行了正本清源的辨析。

首先，在他看来，人的深度不在于自己的过去。我们知道，人是历史

---

① ［法］杜夫海纳：《审美经验现象学》，韩树站译，文化艺术出版社1996年版，第451页。英译本 p. 411。
② 同上书，第454页。英译本 p. 415。
③ ［台］何佳瑞：《审美经验中的自我》，博士学位论文，辅仁大学，2006年，第74页。

时间中的存在，人的深度往往与过去结合在一起。一个有"过去"的人，人们往往觉得他是有深度的。因此，"过去"意味着时间和经历，它的确似乎是深度的保证。然而，杜夫海纳认识到，"存在于人身上的深度左右时间，而不是被时间左右"，① 而且，人的深度来源于"我们具有的、把我们与自身相连结以及在时间方面逃脱时间并通过忠于回忆和展望而建立新时间的这种能力"②。这就是说，过去对于深度的意义在于，它不仅仅代表了曾经发生，重要的是对过去的体验在个人当下的意义，过去在现在、将来中的汇合。中国古典诗词中大量慨叹时间流逝的作品，其深度也基于此。杜夫海纳精辟地指出，"过去"其实意味着："这是三重经验。首先，我们和自身形成一个整体，不管时间上的分散，我们都是统一的。其次，我们充满着自己的过去；……最后，我们感到时间在无情流逝，同时又感到我们身上有某种东西是不受时间侵害的，因为我们的过去不但没有消灭，而且与我们也不陌生。"③ 可以说，这三重经验是时间母题的必然构成。中国古典诗词常常通过对过去、现实和未来的交错，展现出强烈的历史感、人生感和宇宙感。其深度不是因为诗词展现的是过去，而是源自创作者驾驭过去的能力。

　　其次，杜夫海纳把深度与人的无意识进行了区别。精神分析学派对某些作品的分析，似乎当之无愧地证明人的无意识是人的深度之源。童年时期的经验，在精神分析中占有极为重要的地位。杜夫海纳非常清醒地指出，"心理学之所以要强调儿童经验，这并不因为这些经验来自儿童，而是因为这些经验是决定性的经验"。④ 杜夫海纳的这一见解是深刻的。我们知道，对于人生起决定作用的经验，包括儿童时期的经验，在人的记忆中占有特殊的地位，它影响着人生的抉择、态度、方向。在这一点上，它与"过去"的作用是一样的，即在这种经验中孕育着未来，这才是它对人的深度的意义。

　　重要的突破在于，杜夫海纳将审美主体的深度与存在关联起来。毋庸讳言，过去和无意识与人的深度总是存在着某种关联，但真实的深度存在

① ［法］杜夫海纳：《审美经验现象学》，韩树站译，文化艺术出版社 1996 年版，第439—440 页。英译本 p.400。
② 同上书，第439 页。
③ 同上。
④ 同上书，第442 页。英译本 p.403。

于我们之所为而不存在于我们之所是之中。杜夫海纳指出，我们是谁，我们是什么种族等并不重要，这些并不能成为深度的保证。"我"之所以有深度，是因为"我"的血统、种族和"我"的经历这些东西融合在"我"的血液之中，使"我"成为一个独特的"我"。它们成为"我"的内在的东西，是"我"的生命不可分离的成分，它们已经是一个整体，不能再被还原。"如果我只是偶然事件的会合场所，只是无穷无尽的片断事件的产物，只是自然史的一个时刻，那么任何深度都消失殆尽"。① 所以，人的深度往往与其经历有关，也显示出一个人历经世事成就自我的能力。因此，人的深度某种程度上是来自于自我的独特性，因为"我"就是"我"的全部存在，"我"的全部存在决定了"我"的深度。

　　在《林中路》里，海德格尔这样说："人之为人的方式和样式，亦即人之为其自身的方式和样式；自身性（Selbstheit）的本质方式，这种自身性绝不与自我性（Ichheit）相等同，而是根据与存在本身的关联而得到规定的。"② 可见，海德格尔认为人与自身的关系是根据人与存在的关系而确立的。根据倪梁康的说法，海德格尔自己曾指出，早在《存在与时间》中他就已经提出："人的本质是通过存在本身而从存在真理的本质（动词的）中得到规定的。"而"关于存在本身的问题是处在主－客体关系之外的。"③ 对于海德格尔，人在存在中得以成为人自身。梅洛－庞蒂对知觉的关注使他认为："深度比其它空间维度更直接地要求我们摒弃关于世界的偏见和重新发现世界得以显现的最初体验；可以说，深度最具有'存在的'特征。"④ 在他们的基础上，杜夫海纳将人的深度与存在相联系，这就为人的深度找到了坚实、可靠的来源。

　　根据杜夫海纳的认识，在审美经验的高潮中，审美主体呈现出来的是一个深层自我。这个深层自我集中体现了审美主体的深度，它就是"我"的全部存在，即他所说："有深度就是把自己放在某一方位，使自己的整

---

　　① ［法］杜夫海纳：《审美经验现象学》，韩树站译，文化艺术出版社1996年版，第441页。英译本 p. 402。

　　② ［德］海德格尔：《林中路》，孙周兴译，上海译文出版社2004年版，第106页。

　　③ 倪梁康：《自识与反思：近现代西方哲学的基本问题》，商务印书馆2002年版，第451页。

　　④ ［法］梅洛－庞蒂：《知觉现象学》，姜志辉译，商务印书馆2001年版，第326页。

个存在都有感觉，使自身集中起来并介入进去。"① 杜夫海纳的深层自我直接采用了柏格森的说法，虽然与柏格森的理论语境差异甚大，但在根本上依然表现出与柏格森的深层自我的一种相似。柏格森将自我区分为深层自我和表层自我。他的深层自我与"绵延"关系非常密切。只有在深层自我的意识状态之中，"绵延"才能以最真实的方式出现。杜夫海纳抛开柏格森"绵延"的具体语境，而将深层自我看作是主体的一种存在方式。那么，审美经验中袒露的"我"不是日常生活中的表层自我，而恰恰是抛却表层自我后的真实。无疑，相较于表层自我，这样的"我"更为真实。深层自我比表层自我更真实，在这方面正显示了二人的某种一致性。

总之，杜夫海纳继承近代主体性哲学对主体的关注，对于审美主体的深度给予了深刻的阐述，对审美主体深度的论述也使他的深度理论更为全面和深刻。审美主体的深度尽管与过去和无意识有密切的联系，但过去与无意识的意义在于，它们必须融化在主体的体验中，成为主体存在不可分割的一部分。杜夫海纳将审美主体的深度与人的存在相结合，使深度理论得到了深化。没有人的深度就不会有物的深度，物的深度又依赖于审视它的人的深度，审美深度正是在这二者的基础上才具有了可能性。

三　主客交融的审美深度

最早将客体的深度与主体的深度联系起来看问题的是利普斯。他说："客体深度实际上是我们自己的深度。"② 梅洛-庞蒂某种程度上也赞同"物的深度需要自我的深度来显示"③。杜夫海纳明确了这一认识，他说："审美对象的深度只有作为精神深度的关联物和形象才能被人把握。"④ 他从审美经验中的特殊的主客共融关系出发，充分地挖掘和充实了利普斯的这一提法，从而使审美深度获得了前所未有的深度探讨。

根据杜夫海纳的分析，审美深度是审美主体与审美对象相互作用的产

---

① ［法］杜夫海纳：《审美经验现象学》，韩树站译，文化艺术出版社 1996 年版，第 443 页。英译本 p. 403。

② 转引自［美］施皮格伯格《现象学运动》，王炳文、张金言译，商务印书馆 1995 年版，第 302 页。

③ Desire and Invisibility in "Eye and Mind": Some Remarks on Merleau-Ponty's Spirituality, *Merleau-Ponty in Contemporary Perspective*, p. 87. 转引自张永清《现象学审美对象论——审美对象从胡塞尔到当代的发展》，中国文联出版社 2006 年版，第 205 页。

④ ［法］杜夫海纳：《审美经验现象学》，韩树站译，文化艺术出版社 1996 年版，第 437 页。英译本 p. 398。

物，离开任何一方，都不可能形成深度。我们必须承认，无论多么有深度
的人，如果他面对的是一个肤浅的对象，那么他也无法感知到它的深度；
而一个肤浅的人，即使面对多么有深度的对象，也只能是一头雾水。可
见，审美深度的获得，必须是有深度的人与有深度的物在相互激发中达到
的一种境界。海德格尔对梵高《农鞋》的分析也从侧面深刻地体现了这
一点。他对《农鞋》的诗意描述，既使我们看到了《农鞋》的深度，也
使我们看到了海德格尔本人的深度。

　　立足于这样的认识，杜夫海纳十分注重从审美主体与审美对象的不可
分割的审美关系来分析审美深度。他说："审美对象的深度只能属于感
觉，特别是审美感觉。"① 可见，审美深度是通过审美感觉实现的，感觉
有智力无法到达的那种理解力，在主体与客体的相互呈现中，审美感觉充
分地调动我们的知识、情感，使我们入迷地参与审美对象的世界，这是深
度的最高保证。审美感觉固然不能给予审美对象以持久性，但它以自身特
有的瞬间的充实性来弥补这种不足。这就说明审美对象的深度离不开人的
参与，没有人的感知，就不会产生任何深度。同样，人的深度也在对象中
得到某种程度的回响："测量审美对象的深度的是审美对象邀请我们参与
的存在深度，它的深度与我们自己的深度是有关联的。"②

　　杜夫海纳提醒我们，审美深度不仅仅在于对象有多深，人性有多深，
而在于主体与客体的相互呈现能达到多深。他提出"只有我属于审美对
象，审美对象才真正属于我"③。作为审美主体的"我"如何属于审美对
象呢？关键在于面对审美对象欣赏者是否首先"呈现"了自己，就是说
当我们面对对象时，是否以一种审美的态度来审视它。这一时刻，审美对
象不允许我们使用判断力和思考能力，审美对象抵制理性，审美对象也拒
绝任何的心不在焉，如果你只给予它迅速的、表面的一瞥，审美对象也只
作为一般的物回馈你。所以，审美主体的完全呈现是深度的标志。"我越
是展现于作品，我越能感受作品的效果"。④ 事实上，审美主体属于对象
的过程既是一个向对象开放的过程，也是审美对象向欣赏者展现的过程。

---

　　① ［法］杜夫海纳：《审美经验现象学》，韩树站译，文化艺术出版社 1996 年版，第 443
页。英译本 p. 404。
　　② 同上书，第 437 页。英译本 p. 398。
　　③ 同上书，第 443 页。英译本 p. 404。
　　④ 同上书，第 444 页。英译本 p. 405。

在这种相互呈现中，审美深度得以产生。杜夫海纳把前一过程称作"与世界的关系"，指的是欣赏者感知审美对象时必须完全投入到审美对象的世界中去，这是一种外在化的过程。他还把后一过程称作"与自我的关系"，这就是说，审美对象的深度与欣赏者的深度是有关联的，感知审美对象的深度也反映了欣赏者自己的深度，这是一种内在化的过程。

　　由上述可知，杜夫海纳所论述的审美深度已经脱离了时空的有限、无限概念，也无关人的心理意识或无意识的隐秘，而是着重强调在审美深度中集中体现了欣赏者与审美对象的关系。他旨在说明，审美经验中的这种主客交融能够证实主体与客体的关系并非是截然对立的，在审美经验的高潮阶段——审美深度之中蕴含着主体与客体的同一和统一，这是人类与自然最接近的时刻，在此意义上，艺术就是人性。杜夫海纳对审美深度的论述，从理论上概括总结并提升了深度这一审美范畴，这对文艺的鉴赏和鉴赏能力的提高是不无裨益的。

结　语

对于杜夫海纳的整个哲学、美学体系来说，主客体统一是一个核心问题。在由胡塞尔开创的以超越笛卡尔以来的主客二元对立思维模式为目标的现象学运动中，杜夫海纳继承、借鉴和发挥了胡塞尔、海德格尔、梅洛－庞蒂以及康德等人的相关思想，走出了一条从美学领域着手寻找主客体统一的道路。他从人与世界的关系的思考开始，最后走向了自然哲学的建立，其中，主客体统一的思想始终是贯穿的主线。

杜夫海纳的主客体统一思想，在审美对象、审美知觉和审美经验等问题中得到了系统而集中的表现。在前人认识的基础上，杜夫海纳充分注意到了审美活动中主体与客体所能达到的深度和谐，并把这种主客体统一的追求贯穿到了审美对象和审美知觉共同构成的整个审美活动中。他把审美活动视为一个主体与客体始终交融、统一的过程，在他看来，审美对象、审美知觉、审美经验都是在主客交融、主客统一中生成的。具体来说：

在审美对象理论中，杜夫海纳始终力图贯彻"审美对象是一种主客体统一的产物"的思想。他通过综合胡塞尔和梅洛－庞蒂的意向性理论，把审美对象界定为知觉对象。并且认为，审美对象只能在审美知觉中诞生，而且，不可须臾脱离审美知觉。这就使得审美对象成为一种在主客体相互作用下的产物。审美对象的构成要素主要包括：感性、意义和形式。杜夫海纳认为"感性是感觉者和感觉物的共同行为"，这种认识决定了感性是一种主客体相互统一的行为。审美对象的意义尽管是主观赋予的，但杜夫海纳坚持一种意义客观性的立场。杜夫海纳认为形式是"主体同客体构成的这种体系的形状"，因而，每一个审美对象的形式都是不同主体在与他所处的世界的交往中形成的。对于审美对象的存在方式，杜夫海纳把审美对象看作"为我们"存在的"自在""自为"的"准主体"，这使得审美对象与作为欣赏者的"我们"形成了一种交流和对话的关系，从而成功地克服了传统美学在审美对象的存在方式问题上的主客二元对立的局限性。审美对象既然不是现成存在的，它就有一个如何显现的问题。杜夫海纳认为审美对象是通过"表演"而得以显现的。表演者的表演使表演者的主观意识与艺术作品的客观表现结合起来，创作者的"表演"使创作者的主观意志与他的作品的内在生命统一起来，欣赏者的"表演"使欣赏者与欣赏对象达成某种程度的一致。审美对象的世界突出了人与自己所创造的对象的相亲相融乃至亲密无间，它使人回到主客未分的本源，实现了人与世界的和谐。

杜夫海纳的审美知觉理论，始终以超越主客二元对立的思维模式为目标。他创造性地融合了现象学前辈的思想，将现象学的知觉理论推进到审美知觉的研究领域。杜夫海纳把审美知觉看作一种指向审美对象的特殊知觉方式，这主要是通过与普通知觉的对比得出的。无论是审美知觉的各要素、审美知觉的功能，还是审美知觉的特征，都指向一种主客体统一的特殊性，这与普通知觉总是企图驾驭对象的主客对立方式形成鲜明的对比。杜夫海纳还通过对审美知觉中的想象和理性因素的探讨，尝试克服主客二元对立思维模式的局限性。关于想象，他吸收康德的先验理论，把想象分为先验的想象和经验的想象。他认为先验的想象开拓了形象可以出现的空间，带来了客观性的可能性，而经验想象的执行能力决定了形象的客观性。总体上，杜夫海纳试图得出：虽然想象是人的主观能力，但想象和想象物可以是客观的结论；关于理性因素，杜夫海纳通过考察审美知觉三阶段中的理解，认为理解的过程是一个主体与客体统一、感性与理性统一的过程。而审美知觉中的"依附性思考"使审美欣赏的过程，不再是主体或客体各居一隅以图控制对方的过程，而成为互为主体不断交流深入的过程。总体看来，理解与思考的最大特点是非主导性。这就是说，审美知觉的过程并非审美主体主导的过程，而是在充分尊重审美对象客观性的前提下的主体与客体相统一的过程。

杜夫海纳审美经验理论中的主客体统一思想，是通过对情感先验、艺术真实和审美深度等问题的阐述实现的。情感先验是审美经验中沟通主体与客体的内在基础，是杜夫海纳为解决审美对象与审美主体的交流而提出的。不仅如此，杜夫海纳还把情感先验看作审美经验可能性的最终根源。在杜夫海纳看来，主体与艺术作品的交流，不同审美主体之间的交流，皆因情感先验的存在。艺术真实作为衡量艺术作品的一个重要尺度，它保证了审美经验的普遍性。杜夫海纳对艺术真实的探讨，从创作、作品和鉴赏三个维度展开。创作真实是创作主体与其作品的协调统一；作品真实是从欣赏者角度提出的对作品自足性的要求；鉴赏的真实是审美主体沉浸于审美对象的情感意义世界时，主体对客体的一种认同。审美深度作为审美经验的一种具体表现形态，它是审美主体的深度与审美对象的深度相互碰撞的产物。审美深度既取决于主体自身的深度，也取决于客体本身的深度。审美所能达到的深度，代表了审美主体与审美对象在审美经验中所能达到的最深层的和谐。

　　由上可知，杜夫海纳在有意识地寻求主体与客体之间的一种平衡。为了将审美对象与一般对象区分开来，为了凸显审美对象的独特性，他努力对审美对象中蕴含的主体性维度进行挖掘。杜夫海纳认为审美对象本身的存在即是与人"共谋"的结果。然而，一个对象如何能谋划呢？那是因为审美对象是一个"准主体"，它唤醒你关注它，它使你哭，它让你笑，它告诉你很多，所以，它不同于一般的物。可是，审美对象的构成要素，其"准主体"的存在方式，其通过"表演"而生成的途径，其所包蕴的审美世界，都无法脱离那个指向它的审美知觉。审美对象要想显现必须依靠肯于审美地感受它的欣赏者，这就是成为审美对象的必然命运。如此说来，审美知觉似乎为所欲为。杜夫海纳对于审美知觉所采取的策略恰恰是压制其主体性：面对审美对象，不能随意发挥想象，避免从审美对象想开去的现象；再现层次的理解要顾及审美对象本身的客观性，表现层次的理解已经让位于由作品引导的感觉；而审美知觉中的思考也与一般性的思考不同，一般性的思考是一种与对象分离的思考，审美知觉中的思考是一种依附性思考，它紧紧依附于审美对象，唯审美对象马首是瞻，更是在交感思考中得以领悟审美对象隐秘的言说。整个欣赏的过程，欣赏者与审美对象是完全平等的，完全敞开的，审美经验在这种平等交流中完成。因为有了二者的平等，才能产生审美的深度，才能有艺术的真实。而情感先验为二者的平等性交流提供了可能。概括而言，杜夫海纳通过挖掘审美对象的主体性，同时压制审美知觉的主体性，实现了审美经验中二者绝对的平等。

　　在《审美经验现象学》中，杜夫海纳立足审美领域对审美经验的研究，这是其"显"的一面，其"隐"的一面在于他对超越二元对立的追求，在于他通过审美经验追溯人类原初与世界的本真联系。我们知道，主体与客体的关系恐怕只有在审美经验中最为接近，所以，从美学领域着手寻找主客体统一的思路确实是一条捷径，它使杜夫海纳站在了一个极具优势的起点上。杜夫海纳的主客体统一是回到本源的一种统一，就是说，他追求的是回到主客未分的思想本源。杜夫海纳显然相信，主体与客体不是以二者的分裂开始的，而是以二者的混沌统一开始的，他所追求的正是要回到这种本源上的主客未分。海德格尔为了回到这种本源，求助于存在的结构，杜夫海纳求助的则是审美经验。因为在审美活动中，主体与客体表现出一种不自觉地相互吸引，客观的艺术作品饱含了主体的深情成为了审美对象，主体的知觉卷入了审美对象的世界成为了审美知觉，从而，在审美经验的高潮阶段，欣赏者似乎回到了那种主客未分的最初的本源状态。对于审美高潮中的主客体关系，中外诗学理论尽管表述不一，但都可为之提供佐证。这样看来，杜夫海纳对审美活动的阐述显然切中了我们的体验。因而杜夫海纳立足于审美领域来克服主客二元对立思维模式的局限性，大体上是比较成功的。这也是《审美经验现象学》获得普遍认可的原因。

总体上，杜夫海纳美学中的主客体统一思想具有如下几个特点：

首先，杜夫海纳美学中的主客体问题与现象学的意向性问题具有不可分割的联系。杜夫海纳对主客体问题的理解建立于他对意向性问题的理解上。受梅洛－庞蒂的相互投射说的影响，他并不承认胡塞尔的意向性的构成理论，即意向活动不是先验自我单向的构成活动，而认为意向活动是"主体与客体间的一种源始交流"[1]，这样，在他看来，现象学的意向性问题本身即与主客体问题具有一种内在的联系。意向性使主体区别于它指向的对象（客体），同时，又使主体与客体得以联系。这种对意向性的理解是杜夫海纳主客体统一思想的基础。因而，主客体问题与现象学的意向性问题在杜夫海纳的思想体系中是紧密联系在一起的，审美经验中审美对象与审美知觉的相互依赖性是以意向性学说为基础展开的。因为在审美经验中，"现象与审美对象的这种同一化，也许有助于说明意向性在主体与客体之间所缔造的联系"[2]。杜夫海纳在这样的前提下将"意向作用—意向对象"转换为"审美知觉—审美对象"。

其次，杜夫海纳主要从感知主客体的统一角度探究了主客体统一可以达到的深度。从严格的意义上来说，审美活动显然是有别于认识活动的。杜夫海纳选择从审美活动入手进行研究，在事实上区分了感知主客体与认识主客体，所以，他的主客体统一实际上是感知主客体的统一，而不是严

① ［法］杜夫海纳：《美学与哲学》，孙非译，中国社会科学出版社1985年版，第57页。
② 同上书，第54页。

格意义上的认识主客体的统一。因为认识活动的性质决定了主体和客体的
关系，它必然是一种主体对客体进行反思、裁定、判决的过程。在这个过
程中，认识主体游离于被认识物的周围，所以，认识从来不会使主体达到
一种融于对象的忘我状态。而在审美活动中，审美主体深入感知物的内
部，甚而可以达到物我两忘的境界。所以，我们可以说，审美活动中的主
客体是感知主客体，而认识活动中的主客体是认识主客体。如果以严格区
分感知主客体与认识主客体为前提，那么，杜夫海纳着眼于审美活动，实
际上研究的是感知主客体能够达到的统一。因为杜夫海纳所理解的进行审
美的主体，这是一个活生生的以肉体（身心整体）感知世界的人，他是
在梅洛－庞蒂的基础上理解主体的，所以，本书所言主客体统一，这里的
主体实际上不是传统意义的主体。

　　那么，我们如何看待他立足于审美领域来克服主客二元对立思维模式
的局限性这种努力呢？

　　除尼采外，近现代西方的哲学家大多止步于就哲学领域本身来超越主
客对立等二元对立模式，现象学似乎有些例外。在杜夫海纳之前，胡塞
尔、盖格尔、海德格尔、英加登、萨特、梅洛－庞蒂都已注意到了现象学
与艺术的内在关联，即现象学与艺术家在对待世界态度上的一致。胡塞尔
虽然已经意识到了这种关联但却没有充分展开。胡塞尔之后的各家都很重
视这一问题，并进行了专门的探究。不过，他们的阐述大多是自己哲学体
系的辅助手段。就连英加登的美学著作，其"用意是想把它作为讨论一
些基本哲学问题的导论，特别是观念论与实在论问题；因而，美学问题就
退居二线了"①。其中，最值得重视的是海德格尔，他在老师对此问题的
洞察中将其大加发挥。他写下了大量与艺术相关的著作，更是以对诗歌的
集中分析，将现象学存在论阐释得淋漓尽致。而海德格尔终从探究艺术品
的本源走向了对存在真理的发生与显现的思考。对他来说，艺术之思某种
程度上就是真理之思。他对艺术问题的研究仍可以看作是哲学之思展开的
一部分，艺术问题在海德格尔的哲学思想中的比重是有限的，海德格尔集
中全力研究的显然不是艺术问题本身。我们完全可以说，海德格尔的哲学
渗透着艺术之思，而杜夫海纳的美学渗透着哲学之思。杜夫海纳认为自己
的美学是通往哲学的一条特殊道路，那也是就他的美学研究的根本意义而

---

① 王鲁湘等编译：《西方学者眼中的西方现代美学》，北京大学出版社 1987 年版，第
76 页。

言的。因为哲学思考的根本性问题：人的生存意义，人在世界中如何存
在，人终将走向何方等始终渗透在杜夫海纳对美学问题的思索中。虽然杜
夫海纳的美学研究总是关联于哲学问题的思考，但他有关美学问题的论著
之多比之哲学有过之而无不及。他对各门类艺术的现象学研究，其领域之
广远超现象学前辈，其在美学领域的辛勤耕耘终其一生，杜夫海纳集中全
力研究的正是美学。所以，他在审美领域全面展开的对主客二元对立思维
模式的克服就是他最大的理论贡献。

　　如果把以上看作杜夫海纳所取得的成绩，那么，他也不是无可指责
的。杜夫海纳的主客体统一思想要面对的最大责问是主体性优先的问题。
现象学一般被认为："（现象学）特别专心于经验，因而也特别专心于描
述，专心于具体的事物，而且主体性显然具有优先权。"① 受限于现象学
的局限，杜夫海纳在"主体优先权"这点上也常常被指责。显然，杜夫
海纳的思想"特别专心于经验，因而也特别专心于描述，专心于具体的
事物"，那么，在杜夫海纳的美学中，主体性具有优先权吗？这里我们要
辨析一下。我们看到，在主体、客体划分的视野中，西方哲学向来承认主
体对客体存在一种优先权。这种优先权逐渐成为近代西方哲学的"唯我
论"和"人类中心主义"。同样，在审美活动中，人类也有一种看似优先
的权利，这就是西方现代美学中的审美态度理论，这种理论主张只要采取
审美态度世间万物都是美的。杜夫海纳是反对这种理论的。② 从正面来回
答这个问题，我们认为杜夫海纳并没有给予主体性以优先权。这样说的原
因有以下几点：第一，杜夫海纳自己不仅明确反对"唯我论"和"人类
中心主义"，③ 而且，他非常注意提防唯心主义和心理主义，这一点他一
再申明；第二，杜夫海纳尽可能地对审美对象的自在性做出了强调，他始
终把审美对象看作一个自律的对象，如果仅仅把审美对象理解成是出现在
审美意识中的对象，这是有违杜夫海纳原意的；第三，直接阐述审美对象
与审美知觉的关系时，杜夫海纳认为二者是一种相互依赖的关系，他一般
将其喻为一种姻亲关系。所以，我们认为杜夫海纳的主客体统一思想并未

　　① ［法］弗朗索瓦·多斯：《从结构到解构——法国20世纪思想主潮》（上卷），季广茂
译，中央编译出版社2004年版，第51页。
　　② 参见杜夫海纳《审美经验现象学》中的审美态度部分。
　　③ 参见 Mikel Dufrenne, *In the Presence of the Sensuous*: *Essays in Aesthetics*, edited and transla-
ted by Mark S. Roberts and Dennis Gallagher, Humanities press international, 1987, p. 53.

落入主体性优先的窠臼。

　　依我们看来，杜夫海纳对主客体统一思想的研究，其缺陷也许在于他未能圆满解决主客体关系和现象学的主体间性理论之间的冲突。根据我们在第二章中的阐述，杜夫海纳把审美对象是作为"准主体"来对待的，因为审美对象不是普通的物或客体，从而，审美主体与审美对象的交流可以被看作是一种主体间的对话。由于审美对象总是不可避免地代表着它的作者的世界，因而审美主体事实上也与作者形成了一种对话关系。据此，审美经验无疑应该是一种主体间的交往活动。这一结论显然与杜夫海纳对于情感先验的阐述相冲突。因为在情感先验一节中，杜夫海纳认为情感先验先天地规定着主体与客体，而审美主体与审美对象之所以能够沟通是因为情感先验的作用。不难看出，在阐述审美主体与审美对象的交流时，杜夫海纳实际上是按照主体与客体的关系来处理的。这实则反映了杜夫海纳在主体性与主体间性之间的困惑。深入挖掘这个问题，这其实是杜夫海纳以主体与客体的分裂为前提，去寻求主体与客体的统一这种思路造成的，也是在这一点上，杜夫海纳思想的深刻性要输于海德格尔。这里显示出来的是话语体系的重要性。海德格尔为了克服形而上学的弊病，创造出一系列的术语，"此在"成功地消解了主体与客体的对立。而杜夫海纳重拾法国语境下的主体、客体的术语，无论他再怎么努力把主客未分的本源归之于造化自然，主体与客体的关系也难以企及中国古代哲学的那种浑然一体。

　　总而言之，杜夫海纳为解决哲学上的主客二元对立困境，对美学中的主客体关系展开了研究，他借此走出了一条由美学通向哲学的道路，并由此破解了主客对立的困局。虽然他的体系中也存在缺陷，然而，不可否认的是，在克服二元论思想的道路上，杜夫海纳在美学领域的努力，不仅使得现象学美学的相关研究更加深入，而且推动了西方现代哲学批判主客对立思维模式的进程。我们看到，黑格尔曾经提出的从主客体统一的角度研究审美活动的方法，经过杜夫海纳的发展，越来越广泛地运用到了美学问题的研究中，成为审美活动研究的重要思维方式，并在当代美学的研究中产生了重要影响，这也正是他的理论价值之所在。

参考文献

外文部分

一 杜夫海纳的著作

1. *Phénoménologie de l'expérience esthétique*, Presses Universitaires de France, 1967.

2. *Phenomenology of Aesthetic Experience*, Translated by Edward S. Casey, Northwestern University Press, 1973. （本书注释中提到的英译本均指此版本。）

3. *The Notion of the A Priori*, Translated by Edward S. Casey, Northwestern University Press, 1966.

4. *Le Poétique*, Presses Universitaires de France, 1963.

5. *Esthétique et philosophie*, Tome II, Klincksieck, 1976.

6. *In the Presence of the Sensous*: *Essays in Aesthetics*, Edited and Translated by Mark S. Roberts and Dennis Gallagher, Humantities Press International, 1987.

7. *Jalons*, Martinus Nijhoff, 1966.

8. *Language and Philosophy*, Translated by Henry B. Veatch, Indiana University Press, 1963.

9. *Main Trends in Aesthetics and the Science of Art*, Holmes & Meier Publisher, 1979. （杜夫海纳执笔其中一部分）

10. *Karl Jaspers et la philosophie de l'existence*, éditions du Seuil, 1947. （与利科合著）

二 杜夫海纳的文章

11. Introduction to *JALONS*: My Intellectual Autobiography, *Philosophy Today*, 1970 （3） pp. 170 – 189.

12. The Role of Man in the Social Sciences, *Philosophy Today*, （1960：Spring）pp. 36 – 44.

13. Existentialism and Existentialisms, *Philosophy and Phenomenological Research*, （1965：September）pp. 51 – 62.

14. The Aesthetic Object and the Technical Object, *the Journal of Aesthetics and Art Criticism*, （1964：Fall）pp. 113 – 122.

15. Perception, Meaning and Convention, *Journal of Aesthetics & Art Criticism*, 1983 （2）, pp. 209 – 211.

16. La Connaissance de Dieu dans la Philosophie Spinoziste, *Revue Philosophique de la France et de l'Étranger*, T. 139 （1949）, pp. 474 – 485.

17. Brève Note sur l'Ontologie, *Revue de Métaphysique et de Morale*, 59e Année, No. 4 （Octobre-Décembre 1954）, pp. 398 – 412.

18. La Mentalité Primitive et Heidegger, *Les Études Philosophiques*, Nouvelle Série, 9e Année, No. 3 （Juillet/Septembre 1954）, pp. 284 – 306.

19. Maurice Merleau-Ponty, *Les Études philosophiques*, Nouvelle Série, 17e Année, No. 1, LE TEMPS （JANVIER-MARS 1962）, pp. 81 – 92.

20. "Sartre and Merleau-Ponty", In *Jean-Paul Sartre：Contemporary Approaches to His Philosophy*, edited by Hugh J. Sliverman and Frederick Elliston, pp. 309—320. Pittsburgh：Duquesne University press.

三　杜夫海纳思想与现象学相关研究

博硕士学位论文

1. Allen, David Gordon. *The Phenomenological Aesthetic of Mikel Dufrenne As a Ccritical Tool for Dramatic Literature*, Ph. D. , The University of Iowa, 1976.

2. Berg, Richard Allan. *Towards a Phenomenological Aesthetics：a Critical Exposition of Mikel Dufrenne's Aesthetic Philosophy with Special Reference to Theory of Literature*, Ph. D. , Purdue University, 1978.

3. Whitman, Joan Catherine. *Intentionality：an Inquiry into Mikel Dufrenne's Phenomenology of Aesthetics*, Ph. D. , The American University, 1982.

4. Feezell, Randolph Mark. *Mikel Dufrenne and the Ontological Question in Art：A Critical Study of "The Phenomenology of Aesthetic Experience"*, Ph. D. ,

State University of New York at Buffalo, 1977.

5. Mcmackon, Ian. , *Aesthetic Perception in Mikel Dufrenne's "Phenomenologie de l'experience esthetique"*: *A Phenomenological Critique*, Ph. D. , University of Ottawa, 1990.

6. Lamb, V. , *The Aesthetics of a Phenomenologist*: *Mikel Dufrenne's La Phenomenologie de L'experience Esthetique*, Ph. D. , University of Warwick (United Kingdom), 1976.

7. Scalapino, Lisa Marie, *Anne Sexton*: *A Psychological Poetrait*, Ph. D. , University of Albert, 1999.

8. Smitheram, Robert Hale, *The Lyrics of Zhou BangYan* (1056—1121) (*Sung Dynasty, China*), Ph. D. , Stanford University, 1987.

9. Victoria, Madeleine Rosa, *Dancing Bodies, a Celebration of Life！A Phenomenological Study of Dance*, Ph. D. , DePaul University, 2000.

10. Steckline, Catherine Turner, *Ideas and Images of Performed Witnessing*: *A Cross-genre Analysis*, Ph. D. , Southern lllinois University at Carbondale, 1997.

11. Martinez, David, *The Epic of Peace*: *Poetry as the Foundation of Philosophical Reflection*, Ph. D. , State University of New York at Stony Brook, 1997.

12. Ferreira, Vivaldo M. , *Vir (ac) tualities in the Works of Stephane Mallarme*, Rainer Maria Rilke and Claude Debussy, Ph. D. , Brandeis University, 1997.

13. Balan, Thirunavukarasu, *Wallace Stevens and Phenomenology*, Ph. D. , the University of Toledo, 1994.

14. Webb, Nicholas, *The Notion of Autonomy as Integral to the Idea of a Work of Art*, Ph. D. , The Pennsylvania State University, 1981.

15. Johnston, Kaarin Spencer, *Pueblo Ritual*: *Theatre for a Nation*, Ph. D. , Southern lllinois University at Carbondale, 1980.

16. Langellier, Kristin Marie, *The Auduence of Literature*: *A Phenomenological Poetic and Rhetoric*, Ph. D. , Southern lllinois Unicersity at Carbondale, 1980.

17. Martins, Maria Isabel de Azevedo, *A Critical Study of Communication Aes-*

thetics in "Phenomenologie de l'experience Esthetique" by Mikel Dufrenne,
M. A., University of South Africa, 1986.

18. Treger, Shirley Malca. A Communication Study of the Recipient's Role in Art
with Reference to the Paintings of Adolph Jentsch, M. A., University of
South Africa, 1986.

19. Tomaszewski Ramses, Veronique Nathalie, Aesthetic Heaven and Artistic
Hell: An Intellectual Journey, Ph. D., York University, 2000.

研究性论著与论文

20. Glendinning, Simon, In the Name of Phenomenology, the Taylor and Fran-
cis e-Library, 2007.

21. Kaelin, Eugene Francis, An Existentialist Aesthetic: the Theories of Sarte
and Merleau-Ponty, The University of Wisconsin Press, 1962.

22. Kearney, Richard, Modern.Movements in European Philosophy, Manches-
ter University Press, 1986.

23. Macann, Christopher, Four Phenomenological Philosophers: Husserl, Hei-
degger, Sartre, Merleau-Ponty, the Taylor and Francis e-Library, 2005.

24. Mcbride, William, The Development and Meaning of Twentieth-century Ex-
istentialism, Garland Publishing, 1997.

25. Marlies Kronegger, Phenomenology and Aesthetics, Kluwer Academic Pub-
lishers, 1991.

26. Moran, Dermot, Introduction to Phenomenology, the Taylor and Francis e-
Library, 2002.

27. Continental Aesthetics Reader, edited by Clive Cazeaux, London: New
York: Routledge, 2011.

28. The Cambridge History of Literary Criticism, Vol. VIII, From Formalism to
Post structuralism, Cambridge University Press, 1995.

29. Handbook of Phenomenological Aesthetics, Edited by Hans Rainer Sepp,
Lester Embree. London: Springer, 2010. [electronic resource] http://
www. Springerlink. com.

30. Saison, Maryvonne, Mikel Dufrenne et les Arts, Université de Paris X-Nan-
terre, 1998.

31. Gilson, E., Langan, T., Maurer, A. Recent Philosophy: Hegel to the

Present, Random House, 1966.

32. Casey, Edward S. , *The Fate of Place*: *A Philosophy History*, Universityof California Press, 2013.

33. Roholt, Tiger C. , *Key Terms in Philosophy of Art*, Bloomsbury Academic, 2013.

34. Crowther, Paul. , *Phenomenologies of Art and Vison*: *A Post-Analytic Turn*, Bloomsbury Academic, 2013.

35. Allen, David Gordon, Esthetic Perception in Mikel Dufrenne's Phenomenology of Aesthetic Expirience, *Philosophy Today*, 1978, pp. 50 – 64.

36. Feezel, Randolph Mark, Mikel Dufrenne and the World of Aesthetic Object, *Philosophy Today*, 1980, pp. 20 – 32.

37. Gillan, Garth, Mikel Dufrenne: The Mytology of Nature, *Philosophy Today*, Fall 1970, pp. 168 – 169.

38. Silverman, Hugh, Dufrenne's Phenomenology of Poetry, *Philosophy Today*, 1976, pp. 20 – 24.

39. Max Rieser, Problems of Artistic Form: The Concept of Form, *The Journal of Aesthetics and Art Criticism*, Vol. 25, No. 1 (Autumn, 1966), pp. 17 – 26.

40. Kaelin, E. F. , In the Presence of the Sensuous (Book Review), *The Journal of Aesthetics and Art Criticism*, 1990 (1).

41. Elliott, Eugene C. , Esthetique et philosphie (Book Review), *The Journal of Aesthetics and Art Criticism*, 1978 (2).

42. Silverman, Hugh J. , The Phenomology of Aesthetic Experience (Book Review), *The Journal of Aesthetics and Art Criticism*, 1975 (4).

43. Elga Freiberga, Phenomological Interpretation of the Work of Art: R. Ingarden, M. Dufrenne, P. Ricoeur, A. -T. Tymieniecka, *Analecta Husserliana* XCII, Springer, 2006, pp. 93 – 102.

44. Elga Freiberga, Creativity and Aesthetic Experience: The Problem of the Possibility of Beauty and Sensitiveness, A. -T. Tymieniecka, *Analecta Husserliana* LXXXIII, Kluwer Academic Publishers, 2004, pp. 405 – 418.

45. Townsend, Dabney. *Aesthetic Objects and Works of Art*, Longwood Academic, 1989.

46. Roman Ingarden, *The Cognition of the Literary Work of Art*, Trans. R. A. Crowley and K. R. Olson, Northwestern University Press, 1973.

47. *Merleau-Ponty Aesthetics Reader*: *Philosophy and Painting*, edited by Galen A. Johnson, Michael B. Smith, Northwestern University Press, 1993.

48. *Linguistic Analysis and Phenomenology*, edited by Wolfe and S. C. Brown, London: Macmillan, 1972.

49. Francis J. Coleman, A Phenomenology of Aesthetic Reasoning, *Journal of aesthetics and art criticism*, Winter 1966, Vol. 25, pp. 197 – 203.

50. Beata Stawarska, Defining Imagination: Sartre between Husserl and Janet, *Phenomenology and the Cognitive Sciences*, (2005) 4: 133 – 153.

中文部分

一 现象学和现象学美学著作

1. ［比］乔治·布莱：《批评意识》，郭宏安译，广西师范大学出版社 2002 年版。

2. ［波］罗曼·英加登：《对文学的艺术作品的认识》，陈燕谷译，中国文联出版公司 1988 年版。

3. ［波］罗曼·英加登：《论文学作品——介于本体论、语言理论和文学哲学之间的研究》，张振辉译，河南大学出版社 2008 年版。

4. ［德］莫里茨·盖格尔：《艺术的意味》，艾彦译，华夏出版社 1999 年版。

5. ［德］马丁·海德格尔：《存在与时间》，陈嘉映、王庆节译，三联书店 2006 年版。

6. ［德］马丁·海德格尔：《荷尔德林诗的阐释》，孙周兴译，商务印书馆 2000 年版。

7. ［德］马丁·海德格尔：《林中路》，孙周兴译，上海译文出版社 2004 年版。

8. ［德］马丁·海德格尔：《诗·语言·思》，彭富春译，文化艺术出版社 1991 年版。

9. ［德］马丁·海德格尔：《现象学之基本问题》，丁耘译，上海译文出版社 2008 年版。

10. ［德］马丁·海德格尔：《形式显示的现象学：海德格尔早期弗赖堡文选》，孙周兴编译，同济大学出版社 2004 年版。

11. ［德］马丁·海德格尔：《在通向语言的途中》，孙周兴译，商务印书馆 2004 年版。

12. ［德］赫尔曼·施密茨：《新现象学》，庞学铨、李张林译，上海译文出版社 1997 年版。

13. ［德］埃德蒙德·胡塞尔：《纯粹现象学通论——纯粹现象学和现象学哲学的观念（Ⅰ）》，李幼蒸译，中国人民大学出版社 2004 年版。

14. ［德］埃德蒙德·胡塞尔：《笛卡尔式的沉思》，张廷国译，中国城市出版社 2002 年版。

15. ［德］埃德蒙德·胡塞尔：《逻辑研究》，倪梁康译，上海译文出版社 2006 年版。

16. ［德］埃德蒙德·胡塞尔：《欧洲科学危机和超验现象学》，张庆熊译，上海译文出版社 1988 年版。

17. ［德］埃德蒙德·胡塞尔：《生活世界现象学》，克劳斯·黑尔德编，倪梁康、张廷国译，上海译文出版社 2002 年版。

18. ［德］埃德蒙德·胡塞尔：《现象学的方法》，倪梁康译，上海译文出版社 2005 年版。

19. ［德］埃德蒙德·胡塞尔：《现象学的观念》，倪梁康译，上海译文出版社 1986 年版。

20. ［德］埃德蒙德·胡塞尔：《哲学作为严格的科学》，倪梁康译，商务印书馆 1999 年版。

21. ［法］米盖尔·杜夫海纳：《当代艺术科学主潮》，刘应争译，安徽文艺出版社 1991 年版。

22. ［法］米盖尔·杜夫海纳主编：《美学文艺学方法论》，朱立元、程未介编译，中国文联出版公司 1992 年版。

23. ［法］米盖尔·杜夫海纳：《美学与哲学》，孙非译，中国社会科学出版社 1985 年版。

24. ［法］米盖尔·杜夫海纳：《审美经验现象学》（上、下册），韩树站译，文化艺术出版社 1996 年版。

25. ［法］莫里斯·梅洛－庞蒂：《可见的与不可见的》，罗国祥译，商务印书馆 2008 年版。

26. [法] 莫里斯·梅洛－庞蒂:《行为的结构》,杨大春、张尧均译,商务印书馆 2005 年版。

27. [法] 莫里斯·梅洛－庞蒂:《眼与心——梅洛－庞蒂现象学美学文集》,刘韵涵译,中国社会科学出版社 1992 年版。

28. [法] 莫里斯·梅洛－庞蒂:《眼与心》,杨大春译,商务印书馆 2007 年版。

29. [法] 莫里斯·梅洛－庞蒂:《知觉的首要地位及其哲学结论》,王东亮译,三联书店 2002 年版。

30. [法] 莫里斯·梅洛－庞蒂:《知觉现象学》,姜志辉译,商务印书馆 2001 年版。

31. [法] 让－保罗·萨特:《存在与虚无》,陈宣良等译,三联书店 2007 年版。

32. [法] 让－保罗·萨特:《存在主义是一种人道主义》,周煦良、汤永宽译,上海译文出版社 2005 年版。

33. [法] 让－保罗·萨特:《萨特文学论文集》,施康强等译,安徽文艺出版社 1998 年版。

34. [法] 让－保罗·萨特:《想象心理学》,褚朔维译,光明日报出版社 1988 年版。

35. [法] 让－保罗·萨特:《影象论》,魏金声译,中国人民大学出版社 1986 年版。

二 国外相关著作

36. [波] 塔塔尔凯维奇:《西方六大美学观念史》,刘文潭译,上海译文出版社 2006 年版。

37. [丹] 扎哈维:《胡塞尔现象学》,李忠伟译,上海译文出版社 2007 年版。

38. [德] 阿多诺:《美学理论》,王柯平译,四川人民出版社 1998 年版。

39. [德] 爱克曼辑录:《歌德谈话录》,朱光潜译,人民文学出版社 1978 年版。

40. [德] 恩斯特·卡西尔:《人论》,甘阳译,上海译文出版社 1985 年版。

41. ［德］黑格尔：《精神现象学》（上卷），贺麟、王玖兴译，商务印书馆 1979 年版。

42. ［德］黑格尔：《美学》（第一卷），朱光潜译，商务印书馆 1979 年版。

43. ［德］汉斯－格奥尔格·加达默尔：《真理与方法——哲学诠释学的基本特征》，洪汉鼎译，上海译文出版社 1999 年版。

44. ［德］汉斯－格奥尔格·加达默尔：《哲学解释学》，夏镇平、宋建平译，上海译文出版社 1994 年版。

45. ［德］康德：《判断力批判》，邓晓芒译，人民出版社 2002 年版。

46. ［德］克劳斯·黑尔德：《世界现象学》，孙周兴编，倪梁康等译，三联书店 2003 年版。

47. ［德］莱辛：《汉堡剧评》，张黎译，上海译文出版社 2002 年版。

48. ［德］中共中央马克思、恩格斯、列宁、斯大林著作编译局编：《马克思恩格斯选集》（第四卷），人民出版社 1972 年版。

49. ［德］施太格缪勒：《当代哲学主流》（上卷），王炳文等译，商务印书馆 1986 年版。

50. ［德］叔本华：《作为意志和表象的世界》，石冲白译，商务印书馆 1982 年版。

51. ［德］耀斯：《审美经验与文学解释学》，顾建光、顾静宇、张乐天译，上海译文出版社 2006 年版。

52. ［俄］别林斯基：《别林斯基选集》（第一卷），满涛译，上海译文出版社 1979 年版。

53. ［俄］列夫·托尔斯泰：《艺术论》，丰陈宝译，人民文学出版社 1958 年版。

54. ［法］丹纳：《艺术哲学》，傅雷译，广西师范大学出版社 2000 年版。

55. ［法］弗朗索瓦·多斯：《从结构到解构——法国 20 世纪思想主潮》（上下册），季广茂译，中央编译出版社 2004 年版。

56. ［法］皮埃尔·特罗蒂尼翁：《当代法国哲学家》，范德玉译，注：（北京出版）三联书店 1992 年版。

57. ［法］约瑟夫·祁雅理：《二十世纪法国思潮——从柏格森到莱维－施特劳斯》，吴永泉、陈京璇、尹大贻译，商务印书馆 1987 年版。

58. ［古希腊］亚里士多德：《工具论》，李匡武译，广东人民出版社 1984

年版。

59. ［古希腊］柏拉图：《文艺对话集》，朱光潜译，人民文学出版社 1963 年版。

60. ［古希腊］亚理斯多德：《诗学》，罗念生译，人民文学出版社 2002 年版。

61. ［荷］泰奥多·德布尔：《胡塞尔思想的发展》，李河译，三联书店 1995 年版。

62. ［捷］欧根·希穆涅克：《美学与艺术总论》，董学文译，文化艺术出版社 1988 年版。

63. ［美］鲁道夫·阿恩海姆：《艺术与视知觉——视觉艺术心理学》，滕守尧、朱疆源译，中国社会科学出版社 1984 年版。

64. ［美］阿恩海姆、霍兰、蔡尔德等：《艺术的心理世界》，周宪译，中国人民大学出版社 2003 年版。

65. ［美］M. H. 艾布拉姆斯：《镜与灯——浪漫主义文论及批评传统》，郦稚牛、张照进、童庆生译，北京大学出版社 1989 年版。

66. ［美］杜威：《艺术即经验》，高建平译，商务印书馆 2005 年版。

67. ［美］弗莱德·R. 多尔迈：《主体性的黄昏》，万俊人、朱国钧、吴海针译，上海人民出版社 1992 年版。

68. ［美］H. G. 布洛克：《美学新解——现代艺术哲学》，滕守尧译，辽宁人民出版社 1987 年版。

69. ［美］加里·古廷：《20 世纪法国哲学》，辛岩译，江苏人民出版社 2005 年版。

70. ［美］M. 李普曼编：《当代美学》，邓鹏译，光明日报出版社 1986 年版。

71. ［美］罗伯特·索科拉夫斯基：《现象学导论》，高秉江、张建华译，武汉大学出版社 2009 年版。

72. ［美］罗伯·索科罗斯基：《现象学十四讲》，［台］李维伦译，台北心灵工坊文化事业股份有限公司 2004 年版。

73. ［美］R. 玛格欧纳：《文艺现象学》，王岳川、兰菲译，文化艺术出版社 1992 年版。

74. ［美］门罗·C. 比厄斯利：《西方美学简史》，高建平译，北京大学出版社 2006 年版。

75. ［美］赫伯特·施皮格伯格:《现象学运动》, 王炳文、张金言译, 商务印书馆 1995 年版。

76. ［美］苏珊·朗格:《情感与形式》, 刘大基、傅志强、周发祥译, 中国社会科学出版社 1986 年版。

77. ［美］苏珊·朗格:《艺术问题》, 滕守尧译, 南京出版社 2006 年版。

78. ［美］艾·威尔逊等:《论观众》, 李醒等译, 文化艺术出版社 1986 年版。

79. ［日］今道友信等:《存在主义美学》, 崔相录、王生平译, 辽宁人民出版社 1987 年版。

80. ［日］今道友信主编:《美学的方法》, 李心峰等译, 文化艺术出版社 1990 年版。

81. ［日］今道友信:《东西方哲学美学比较》, 李心峰、牛枝惠、蒋寅、张中良译, 中国人民大学出版社 1991 年版。

82. ［瑞士］H. 沃尔夫林:《艺术风格学——美术史的基本概念》, 潘耀昌译, 辽宁人民出版社 1987 年版。

83. ［苏］斯坦尼斯拉夫斯基:《我的艺术生活》, 瞿白音译, 上海译文出版社 1984 年版。

84. ［苏］斯坦尼斯拉夫斯基:《斯坦尼斯拉夫斯基全集》(第 1 卷), 史敏徒译, 中国电影出版社 1958 年版。

85. ［苏］斯坦尼斯拉夫斯基:《斯坦尼斯拉夫斯基全集》(第 4 卷), 郑雪来译, 中国电影出版社 1963 年版。

86. ［苏］尤·鲍列夫:《美学》, 冯申、高叔眉译, 上海译文出版社 1988 年版。

87. ［意］克罗齐:《美学原理 美学纲要》, 朱光潜等译, 外国文学出版社 1983 年版。

88. ［英］克莱夫·贝尔:《艺术》, 薛华译, 江苏教育出版社 2005 年版。

89. ［英］李斯托威尔:《近代美学史评述》, 蒋孔阳译, 上海译文出版社 1980 年版。

90. ［英］乔治·贝克莱:《人类知识原理》, 关文运译, 商务印书馆 1973 年版。

91. ［英］特里·伊格尔顿:《现象学, 阐释学, 接受理论——当代西方文艺理论》, 王逢振译, 江苏教育出版社 2006 年版。

92. ［英］特雷·伊格尔顿：《二十世纪西方文学理论》，伍晓明译，北京大学出版社 2007 年版。

三　国内相关著作

1. 安道玉：《意识与意义——从胡塞尔到塞尔的科学的哲学研究》，中国社会科学出版社 2007 年版。

2. 北京大学哲学系美学教研室编著：《西方美学家论美和美感》，商务印书馆 1980 年版。

3. 北京大学哲学系外国哲学史教研室：《古希腊罗马哲学》，三联书店 1957 年版。

4. 陈立胜：《自我与世界——以问题为中心的现象学运动研究》，广东人民出版社 1999 年版。

5. 陈卓猷：《演员创造论》，新文艺出版社 1953 年版。

6. 程孟辉主编：《现代西方美学》（上编），人民美术出版社 2001 年版。

7. 戴茂堂：《超越自然主义——康德美学的现象学诠释》，武汉大学出版社 2005 年版。

8. 杜定宇编：《西方名导演论导演与表演》，中国戏剧出版社 1992 年版。

9. 冯俊：《从现代走向后现代——以法国哲学为重点的西方哲学研究》，北京师范大学出版社 2008 年版。

10. 冯俊：《开启理性之门——笛卡尔哲学研究》，中国人民大学出版社 2005 年版。

11. 高秉江：《胡塞尔与西方主体主义哲学》，武汉大学出版社 2005 年版。

12. 高宣扬：《当代法国思想五十年》（上、下册），中国人民大学出版社 2005 年版。

13. 高宣扬：《当代法国哲学导论》（上下卷），同济大学出版社 2004 年版。

14. 高宣扬主编：《法兰西思想评论·2012》，人民出版社 2012 年版。

15. 高宣扬主编：《法兰西思想评论．第 5 卷》，同济大学出版社 2010 年版。

16. 高宣扬：《萨特的密码》，同济大学出版社 2007 年版。

17. 洪汉鼎：《重新回到现象学的原点——现象学十四讲》，人民出版社 2008 年版。

18. 洪汉鼎：《斯宾诺莎哲学研究》，人民出版社 1993 年版。

19. 黄颂杰等：《西方哲学多维透视》，上海人民出版社 2002 年版。

20. 蒋济永：《现象学美学阅读理论》，广西师范大学出版社 2001 年版。

21. 蒋孔阳、朱立元主编：《西方美学通史》（第六卷），上海文艺出版社 1999 年版。

22. 靳希平、吴增定：《十九世纪德国非主流哲学——现象学史前史札记》，北京大学出版社 2004 年版。

23. 金元浦：《接受反应文论》，山东教育出版社 1998 年版。

24. 李钧：《存在主义文论》，山东教育出版社 2000 年版。

25. 李兴武：《当代西方美学思潮评述》，辽宁人民出版社 1989 年版。

26. 李泽厚：《批判哲学的批判——康德述评》，人民出版社 1984 年版。

27. 刘纲纪主编：《现代西方美学》，湖北人民出版社 1993 年版。

28. 刘立群：《超越西方思想——哲学研究核心领域新探》，社会科学文献出版社 2000 年版。

29. 刘旭光：《海德格尔与美学》，上海三联书店 2004 年版。

30. 陆贵山：《审美主客体》，中国人民大学出版社 1989 年版。

31. 罗克汀：《从现象学到存在主义的演变——现象学纵向研究》，广州文化出版社 1990 年版。

32. 罗克汀：《现象学理论体系剖析——现象学横向研究》，广州文化出版社 1990 年版。

33. 毛崇杰：《存在主义美学与现代派艺术》，社会科学文献出版社 1988 年版。

34. 苗力田主编：《亚里士多德全集》（第 9 卷），中国人民大学出版社 1994 年版。

35. 倪梁康：《胡塞尔现象学概念通释》，三联书店 1999 年版。

36. 倪梁康主编：《面对实事本身——现象学经典文选》，东方出版社 2000 年版。

37. 倪梁康：《现象学的始基：对胡塞尔〈逻辑研究〉的理解与思考》，广东人民出版社 2004 年版。

38. 倪梁康：《现象学及其效应——胡塞尔与当代德国哲学》，三联书店 1994 年版。

39. 倪梁康：《意识的向度——以胡塞尔为轴心的现象学问题研究》，北京大学出版社 2007 年版。

40. 倪梁康：《自识与反思：近现代西方哲学的基本问题》，商务印书馆 2002 年版。

41. 牛宏宝：《西方现代美学》，上海人民出版社 2002 年版。

42. 潘卫红：《康德的先验想象力研究》，中国社会科学出版社 2007 年版。

43. 彭锋：《完美的自然：当代环境美学的哲学基础》，北京大学出版社 2005 年版。

44. 彭锋：《引进与变异——西方美学在中国》，首都师范大学出版社 2006 年版。

45. 彭万荣：《表演诗学》，中国社会科学出版社 2003 年版。

46. 齐振海主编：《认识论探索》，北京师范大学出版社 2008 年版。

47. 汝信主编：《外国美学》第五辑、第六辑，商务印书馆 1989 年版。

48. 单少杰：《主客体理论批判》，中国人民大学出版社 1989 年版。

49. 宋继杰主编：《BEING 与西方哲学传统》，河北大学出版社 2002 年版。

50. 苏宏斌：《现象学美学导论》，商务印书馆 2005 年版。

51. 孙周兴、高士明编：《视觉的思想："现象学与艺术"国际学术研讨会论文集》，中国美术学院出版社 2003 年版。

52. 孙周兴：《说不可说之神秘——海德格尔后期思想研究》，上海三联书店 1994 年版。

53. ［台］吴汝均：《胡塞尔现象学解析》，台湾商务印书馆 2001 年版。

54. ［台］郑树森编：《现象学与文学批评》，东大图书公司 2004 年版。

55. 汤拥华：《西方现象学美学局限研究》，黑龙江人民出版社 2005 年版。

56. 滕守尧：《审美心理描述》，中国社会科学出版社 1985 年版。

57. 涂成林：《现象学的使命——从胡塞尔、海德格尔到萨特》，广东人民出版社 1998 年版。

58. 王鲁湘等编译：《西方学者眼中的西方现代美学》，北京大学出版社 1987 年版。

59. 王晓东：《西方哲学主体间性理论批判——一种形态学视野》，中国社会科学出版社 2004 年版。

60. 王岳川：《现象学与解释学文论》，山东教育出版社 1999 年版。

61. 王子铭：《现象学与美学反思》，齐鲁书社 2005 年版。

62. 吴光耀：《西方演剧史论稿》（上下册），中国戏剧出版社 2002 年版。

63. 谢东冰：《表现性的符号形式："卡西尔－朗格美学"的一种解读》，学林出版社 2008 年版。

64. 香港中文大学现象学与人文科学研究中心：《现象学与人文科学 2004》，边城出版社城邦出版有限公司 2004 年版。

65. 徐崇温：《存在主义哲学》，中国社会科学出版社 1986 年版。

66. 徐辉富：《现象学方法与步骤》，学林出版社 2008 年版。

67. 阎国忠主编：《西方著名美学家评传》（下），安徽教育出版社 1991 年版。

68. 杨大春：《感性的诗学——梅洛－庞蒂与法国哲学主流》，人民出版社 2005 年版。

69. 杨大春：《身体的神秘——20 世纪法国哲学论丛》，人民出版社 2013 年版。

70. 杨大春：《杨大春讲梅洛－庞蒂》，北京大学出版社 2005 年版。

71. 杨大春：《语言·身体·他者：当代法国哲学的三大主题》，三联书店 2007 年版。

72. 杨玉成：《奥斯汀：语言现象学与哲学》，商务印书馆 2002 年版。

73. 叶秀山：《思·史·诗——现象学和存在哲学研究》，人民出版社 1988 年版。

74. 尹航：《重返本源和谐之途：杜夫海纳美学思想的主体间性内涵》，中国社会科学出版社 2011 年版。

75. 于润洋：《现代西方音乐哲学导论》，湖南教育出版社 2000 年版。

76. 张法：《20 世纪中西美学原理体系比较研究》，安徽教育出版社 2007 年版。

77. 张弘：《西方存在美学问题研究》，黑龙江人民出版社 2005 年版。

78. 张汝伦：《海德格尔与现代哲学》，复旦大学出版社 1995 年版。

79. 张祥龙：《海德格尔思想与中国天道——终极视域的开启与交融》，三联书店 2007 年版。

80. 张祥龙、杜小真、黄应全：《现象学思潮在中国》，首都师范大学出版社 2002 年版。

81. 张旭曙：《英伽登现象学美学初论》，黄山书社 2004 年版。

82. 张永清：《现象学审美对象论——审美对象从胡塞尔到当代的发展》，中国文联出版社 2006 年版。

83. 张云鹏、胡艺珊：《审美对象存在论：杜夫海纳审美对象现象学之现象学阐释》，中国社会科学出版社 2011 年版。

84. 张云鹏、胡艺珊：《现象学方法与美学》，浙江大学出版社 2007 年版。

85. 《哲学译丛》编辑部编译：《近现代西方主要哲学流派资料》，商务印书馆 1981 年版。

86. 郑保华主编：《康德文集》，改革出版社 1997 年版。

87. 《中国现象学与哲学评论》（特辑），上海译文出版社 2003 年版。

88. 《中国现象学与哲学评论》（第一辑），上海译文出版社 1995 年版。

89. 《中国现象学与哲学评论》（第二辑），上海译文出版社 1998 年版。

90. 朱狄：《当代西方美学》，武汉大学出版社 2007 年版。

91. 朱狄：《美学·艺术·灵感》，武汉大学出版社 2007 年版。

92. 朱光潜：《西方美学史》（上下卷），人民文学出版社 1979 年版。

93. 朱立元主编：《西方美学范畴史》（第 2、3 卷），山西教育出版社 2005 年版。

94. 朱立元、张德兴：《现代西方美学流派评述》，上海人民出版社 1988 年版。

95. 朱立元：《接受美学》，上海人民出版社 1989 年版。

96. 朱立元、王文英：《真的感悟》，上海文艺出版社 1989 年版。

97. 朱志荣：《康德美学思想研究》，安徽人民出版社 2004 年版。

附录　Introduction to *JALONS*：My Intellectual Autobiography[①]

by mikel dufrenne

How much has gone with the wind···but still that does not forbid us from casting a glance toward the past. A book can be the occasion to pause and take one's bearings. Nothing less will do, since the philosopher is a perpetual beginner. But this could be not only the moment of a new beginning but of a new point of departure. This book is a collection of articles. The oldest goes back twenty years: it was on the occasion of a course given in *Oflag II B* that I confronted Spinoza.

Rereading oneself is a curious experience. One finds himself to be different, nevertheless he is the same. He is tempted to be astonished by this. And there is little reason for rejoicing: it is not so much that he has grown old as that he has not advanced. But toward what would he advance? The promised land is not at the end of the road. And if he escapes the illusion of absolute knowledge, the same, diffiult terrain is there for the traveler.

Nevertheless, he follows a path. Certain changes in vocabulary confirm this. And the readings which nourish him mark out the route. I will be forgiven for proposing these articles as so many snapshots taken of the movement of a thought. What is involved is an example which is not at all intended to be a model. Such a movement, if it merits being presented, does so because one can see here evidence concerning the itinerary of a generation and testimony concerning a few of the masters it chose for itself. Bringing these articles together, which all deal with philosophers, is for me first of all the means of acknowledging my debts. For the title of this volume I wavered between *Landmarks* and *Hommag-*

---

　　① 此资料来自 Mikel Dufrenne，Introduction to *JALONS*：My Intellectual Autobiography，*Philosophy Today*，1970（3）pp. 170 – 189。由 Garth Gillan 译自杜夫海纳的论文集 *Jalons*，The Hague：Martinus Nijhoff 1966，pp. 1 – 27.

es. [1] As homages they are too modest. These brief studies in no way represent the patient and exact work of an historian, but rather the spontaneous reaction of a reader who, without renouncing interpretation in order to understand in his own way, tries to teach himself. But without a doubt this is an oddly mixed atmosphere which together Spinoza, Kant and Hegel form, or, nearer to us, Husserl, Wittgenstein and Sartre. Does one actually use references so far apart? However I do not think that great doctrines diverge so much that they impose on the reader exclusive choices; no more, of course, than they impose an eclectic reconciliation. The dialogue which one sets up between them obliges one, rather, to deepen them, one by means of the other. One will also observe that, when they have come to the point of revealing their differences, as Sartre and Merleau-Ponty have done with rather remarkable discretion, it is for each to measure himself according to the standard of the other. And what remains irreducible between them is due less to the ideas which proceed from thought alone than to the options which issue from the whole person and are confirmed in the practical attitudes which they inspire. A philosophy, however much it be rationalist, is always in some way a "rationalization" and that is to the good, for it is in that way that it brings a particular quality to the harmony of thought. To take up again for its own sake the intention of these singular intellectual endeavors is to re-awaken in oneself the awareness of problems and to renew their expression. If that consciousness is sufficiently alive, it is never just passing from one solution to another in a kind of philosophical quadrille.

It is in this limited sense that one can speak of a movement of contemporary thought, which the order of these articles perhaps represents rather well (they have been reproduced in the chronological order of their publication). Our generation first of all received the inheritance of classical rationalism; through the teaching of Brunschvicg and Alain it was initiated into the debate between Spinozistic dogmatism and Kantian criticism. With Kant, it is no longer a question of beginning with God and of composing metaphysical discourse with analytical propositions. But if substance is no longer but a category of the understanding, the Idea remains the guiding star of research. And, on the other hand, "the first principle (unfathomable for us)"[2] which accounts for the origin, "rational and nontemporal," of evil in human nature bears witness to an essence in man, and one which is not incompatible with freedom: "radical, innate evil yet none the less brought upon us by ourselves."[3] Thus critical philosophy prohibits dogmatism but also justifies it. It is impossible for reason not to desire the unconditioned. Whether it be in the dreams of the surrealist visionary, in the will to establish by revolutionary means a Republic of ends, or in the victorious course of logical and scientific thought, the period between the two wars proposed many examples of that quest to us. But is it possible that reason manifests itself in history and that the eternal expresses itself or realizes itself in the temporal? In France, our generation was more sensitive to the historical situation — to the Russian experience and to the rise of Fascism — than to the conquests of logical imperialism. Through Marx it discovered Hegel and while all alone Cavailles did mathematics it asked about the relationships between the *Logic* and the *Phenomenology*, between ontology and anthropology.

Then came the war, the occupation and the resistance. The most courageous showed there in agony the proof of their freedom. Then Existentialism took the part of the *Phenomenology* and issued, with admirable force, a proclamation of faith in man. The *logos* was dead, history had slain it by dint of horrors and absurdities; it was necessary to save man. Dualism, which had been for Descartes the means of building a new science upon the ruins of medieval cosmology, and which had been for the Kant of the Copernician revolution the means of affirming the autonomy of knowledge and moral action, became for Sartre the means of establishing the freedom and responsibility of the *pour-soi* upon the ruins of the philosophies of history. Still today, when Marxism is no longer for him only an enterprise of demystification, Sartre seeks (in human *praxis*) the sole terrain of the dialectic and the sole province of the intelligibility of history.

Extentialism had also found a source of inspiration in a certain interpretation of Husserlian phenomenology. To the extent that the disasters of the war lost their sharpness and history offered a less inhuman face, posing for man problems rather than challenges, it was thought that phenomenology could discover and describe a relationship of man with the world less polemic and less tragic. Merleau-Ponty dedicated himself to describe, with an astonishing minuteness which required the invention of a new style, the enrootedness of man in the world which perception reveals. Between intellectualism and empiricism, he carved out for himself a difficult path, where all the traditional concepts were called into question "on the terrain of experience…, in contact with being. "[4] An effort comparable to that of Hegel, but which refused every system: it was necessary to let "this universe of brute being and of coexistence"[5] be and to speak in opening us up to it in order to regain it. However, legislating understanding is not to abandon its rights. Contemporary logicism, following Wittgenstein, forcefully claims them and today many of the young French philosophers put themselves in his school. They take from their own century what is most spectacular and they also call philosophy back to a task which it just cannot forget, the defense and elucidation of rationalism. But Wittgenstein, after the *Tractatus*, wrote the *Investigations*; and Bachelard paid equal attention to the labors of the theoretical *cogito* and to the labors of the dreaming *cogito*. Within the world of co-existence, in giving to them their equal rights, how are the *savant* and the dreamer to be reconciled? Within the universe of discourse, science and poetry? And finally in the universe of things, images and structures?

This interrogation seems to me to impose a positive response to the question: are philosophers still necessary? Certainly, as Jaspers says, we have lost *naiveté*; we are no longer able to adhere to philosophical systems uncritically than to religious myths: neither to Spinoza after Kant, nor to Hegel after Marx, nor to the first Wittgenstein after the second. We do not want what has mystified us to mystify us again: we distrust Marxism and Freudianism as soon as they seem ready to take up the inheritance of the Churches. Most of the time we have renounced absolute knowledge, under the double form of a knowledge of the absolute and an absolute of knowledge. We do not pretend to be either the shepherds of Being or the demiurges of the Cosmos. But we can not give up questioning ourselves about ourselves and about this world in which we are, "because the existing world," writes Merleau-Ponty, "exists in an interrogative manner. "[6] A mysterious formulation which its author does not explain; perhaps it means that the world only has a meaning when questioned, but perhaps also that our questioning is part of things, because the being who questions being is completely intermingled with them and finally that they constitute with it an incessantly moving and ambiguous totality where meaning is only proposed in order to be welcomed and contested at the same time. It is man who is the question, but the world is not that massive affirmation which supplies man with definite answers. First of all, because it is never independent of the questioner and also because its becoming exposes it to the work of the negative and thus submits it to the question. Behind individual questions in which man luxuriates and for which he finds answers as soon as he asks them well, there seems to show up, as knowledge progresses, one central question for "interrogative thouglrt. "[7] It is perhaps better to say that man is exposed to this central question than that he asks it, being himself in question. The philosopher does not cease to bring that kind of question to consciousness when he renounces philosophy and understands systems as interrogations.

However, the philosophers of interrogation do not always write in an interrogative manner. But we are not going to reproach them with being, as are certain sceptics, disguised dogmatists. It is rather that interrogation is often a disguised form of exclamation. For if the question does not call for a response and dissimulates itself under an assertion, it is because all is given: contrary to scientific problems, where intelligilibility requires the creation of a model with respect to which it is necessary to be convinced that the facts verify it, so that the given is there to be constructed, here it is only a question of describing. The philosopher only seeks to take cognizance of the situation of man in the world. Nothing is hidden: the world is there, man is in the world. But what is more astonishing than that nothing is hidden? that the world comes to consciousness in man? that man, being in the world, is in the truth? Philosophy scrutinizes that astonishment: the unthinkable, to parody a saying of Einstein, is that the world is always thinkable. In the depths of pre-history, in the light of the first rupestral paintings, the world takes form: man names the gods, and light shines forth. Where does it come from?

If one knew what the light is ... On rereading the articles reproduced here, I am surprised by the persistence of one *leit-motiv*: the theme of the unthinkable. Everywhere my readings reveal it. The highest level of thought — knowledge of the third degree, idea of reason, absolute knowledge — appears to me to be the most obscure, as if the summit of thought was precisely the avowal of the unthinkable, an avowal which is not an abdication, where reason does not give place to faith, but where it discovers the faith upon which it basis itself. The unthinkable is not a definite object of thought, it is rather the fact that thought has an object and that there is thought. But that is also what thought claims to think: the universally true, the universe, the One. Light identifies itself with what it illuminates, thought identifies itself with being in order to think the totality of being. Just as mathematics, according to the statement of Cavailles, begins with the infinite, so philosophy begins with totality. All the divisive concepts which it receives from its past or which it elaborates on its own (thought and extension, soul and body, subject and object, for-itself and in-itself, essence and existence) it feels forced to go beyond, and it is in this way that it has the inspiration to look further and that it creates for itself a history. It could be said that it begins with reflection and realizes itself with the discovery of what rejects reflection. But why pursue the One? Is it an aberrant desire, an arbitrary decision? Reason, is it unreasonable? Nevertheless it does not have to give its reasons; and perhaps it is totality itself which inspires reason and expresses itself through reason.

How, then, are we to think the One? Does not thought run the risk of altering or denying it by the very fact that it thinks it and that it supposes itself distinct in order to think it. How is one to situate the thought of the One within the One? How is one to conceive the correlation of thinking man and the world, of the microcosm and the macrocosm? The itinerary of monism, which we are going to be tempted to follow, in fact always passes through dualism. And already, even before thought has turned back upon itself to oppose the subject to the object or consciousness to the world, we have lived the experience of separation and dispersion. Before me there are the others, near and indecipherable, from whom I would wish to extract from time to time their secret. They exist by themselves, and from time to time I would like them to exist for me and moreover I would like to exist for them, — for certain ones among them. To live for the other, to live in the other . . . it is for such practical tasks that love and polities belong to us. But already desire or the will refuse, in some fashion, pluralism. Now, if pluralism can be surpassed in some respects, within hearts or within institutions, this is because individuals feel themselves to be complementary and, also, beyond the differences which tie them one to the other, similar. This immanence of the *existential* in the *exietentiel* gives them a common destiny. But this desting, is it not one of being. distinct from the world: of existing for oneself and of experiencing incessantly, in action and in thought, the exteriority, the indifference and often the inhumaninity of things?

And in effect, while pluralism is surmounted at least in hope or in certain priviledged experiences, the consideration of a human nature, if thinking constitutes its specific difference, introduces the principle of a new separation, which the diverse formulations of dualism have as their task to express. To think is always to separate, to distinguish, in order to classify and combine. Every operation proceeds on the basis of discrete elements, whether they be separated beforehand in the world or in a lexicon. Certainly to think is also to unify, to make synthesis, to define classes, relations and structures. But the totalities that are thus constituted must still be discernible to be intelligible. The clear idea must also be distinct. The One can only be thought starting from the many, and the universe for the scientist always has a fibrous structure; thresholds, differences of gradation, ontological regions maintain diversity even within significations. The meaning of disease is not comprehended at the level of atomic structures, even if disease must find there its explanation, no more than the meaning of words is comprehended at the level of phonemes.

Perhaps the principle of this activity of separation resides in the distinct being of thought. In effect, to think is also to set oneself apart. And here dualism affirms itself. The "I think," as a primordially synthetic unity, claims the status of the transcendental, which consecrates it as distinct at the same time that it consecrates it as legislator. Even beneath its legislative activity, it is the power to step back, to hollow out a distance which is for things the space of their surging forth, thanks to which those things, instead of being confined within the body, appear to consciousness. They do not migrate from the world *into* thought, they are *for* thought, instead of being only for the body. And that thought which brings them to light in holding them within the distance of the gaze, in separating itself from them, can also, in the same movement, yield them up to darkness. The function of the real, as Bachelard often said, is always bound to the function of the unreal. The treasure of the imaginary seems to be, from the dawn of mythic times, the first manifestation of thought, the first expression of its freedom. And it is rather remarkable, as Lévi-strauss has well shown, that the creativity of the imagination articulates itself through a logical formalism. The elaboration of the formal puts in play the same power — stepping back and creating a field for consciousness — that constitutes thought, thanks to which, an ideal object can be constructed as well as an imaginary object can be dreamed. However differently used, the instrument of thought is the same in both cases, language always substitutes the sign for the thing and makes possible the grasp of meaning in place of direct corporeal contact with the object. It matters little, moreover, whether it be thought of as the act of a transcendental ego or of a speaking individual, for thought always defines a subject in opposition to an object.

In addition, this thought which sets itself apart to constitute itself as thinking, demands for its own thoughts the hallowedness of a status identical to its own. That is sometimes the claim of a rather hasty psychologism, such as that which Wittgenstein denounces and which the Husserlian theory of intentionality also condemns, according to which an "interior" reality duplicates "external" reality. [8] Thought is assuredly not the possession of an interior object, it is the intending of the exterior object, "the thing itself". But it is still a fact that this intending is its own, it is its act, and this act is distinct from the object which it intends. Likewise when it is a question of an ideal object — concept, mathematical individual or formal object — is it necessary to say that thought constructs it at the moment it intends it? The logical necessity which weaves together the system of these objects seems to guarantee for them an autonomous reality. In fact some philosophers from Plato on have given them a being of their own, homogeneous with that of thought, and, in relation to the being of things, at once distinct and isomorphic. Dualism introduces itself here between the world of things and the world of ideas, and, at the same time, at the interior of the system which ideas or the dialectical *logos* constitute. It annuls the distance of thought to ideas.

Thus it is that for Spinoza the soul is its ideas. And it also is one idea among others in the divine understanding. The dualism of the attributes reabsorbs pluralism, then, in doing away with subjectivity. And it turns easily into monism. Thought and extension constitute two certainly distinct domains, but at their interior nothing is distinct: individuals represent there nothing more than indifferent and interchangeable variables, whose sole property is to belong to the whole, or, more exactly, to be apprehended within the system, either as a theorem is apprehended with a discursive series, or an effect is apprehended within a causal sequence. And these two expressions are equivalent, for the two domains are advanced to the heading of attributes of substance. Each attribute is thought under the sign of totality, one is able to think the totality of the attributes. For totality is not an addition, it is a coordination of elements bound by a necessary relation. Between the attributes, this relation can be an isomorphism which assures, not their identity, but their equivalence, "the order and connection of ideas are the same as the order and connection of things. "[9] This means that the logical necessity which assures the unity of ideas is equivalent to the physical necessity which assures the unity of things. The concept is the fixed image of the thing, the duration where things link themselves together is the moving image of eternity where concepts link themselves together, the real is rational and knowledge is absolute. But, to be convinced of that, reflection must raise itself to the level of the absolute: it is in the midst of totality that every idea finds its truth and every thing its positivity, and that the system of things can be transposed into the system of ideas. In the heart of totality, to be sure, for a perfect science, which no man possesses, but of which all have the idea. We have a true idea of the truth, and that is the idea of God. Totality is the infinite within which knowledge and the known are joined together again and are sure of each other. Consequently every determination by which an individual is differentiated is a negation. Within the system nothing exists by itself but the system and the dependence of the mode is radical, it possesses its positivity from its integration into the system. Man, finite mode among finite modes, is suppressed within the substance.

This austere and difficult doctrine has not ceased to haunt me. To comprehend Spinoza, that would be truly to be equal to the task of the philosopher! Everywhere one continually finds echoes of this doctrine, within the philosophies which will themselves to be circular in order to embrace everything and which invent dialectic in order to bind the Idea to Nature. But also in those less systematic philosophies which dispossess man for the benefit of some entity written with a capital letter: History, Concept, Language, even Freedom which in Heidegger takes hold of man and "makes him *numb*. "[10] Fascination of Nothingness or call of Being, one can describe man inhabited by desire, in search of work or truth, in such a manner that nothing he produces belongs to him, and he belongs to what he produces. The necessity which presides in logical organizations is divested of its conventional character, the necessity which presides in the play of natural forces is stripped of its accidental character and, if necessary, consecrated by the eternal return. And those two necessities are thought of as inspiring rather than as constraining. For the philosopher nothing is hidden, the end is at the beginning and the possible is before the real. He knows that man is moved by the silent force of the possible, and that his entire freedom consists in assuming necessity, or in willing the true, or in letting the existent be, in short in making himself the instrument of some, more or less, transcendent solicitation.

Logicism does not spare man either. The first Wittgenstein substitutes the impersonal logic of an ideal language for thought. What then remains for the subject? "The philosophical self is not the human being, not the human body, or the human soul with which psychology deals, but rather the metaphysical subject, the limit of the world — not a part of it. "[11] This subject is able, almost immediately, to avail itself of solipsism; but "the self of solipsism shrinks to a point without extension, and there remains the reality co-ordinated with it. "[12] Thus "solipsism, when its implications are followed out strictly, coincides with pure realism," but that realism is also an idealism: is not logical space — "within which the facts constitute the world"[13] — the truth of physical space?

The concept of the thing, invoked at the beginning of the *Tractatus*, appears at the end of the book as a pseudo-concept, and Carnap will propose turning the material language of the Wittgensteinian cosmology into a formal language which does not bear upon the object, but upon the designations of the object. In the u-niverse of discourse which nominalism conceives, the possible reigns, and the real is only an accident of the possible. There thought is no longer astonished by what is because, drunk with logic, it reabsorbs that which is into itself. But who thinks here? If it is language, who speaks? And what is a speaking subject who is not able to be a center or a point of view, and who for the sake of being does not place itself in the midst of things? Thought is not given its due. At the same time that it is separate thought affirms itself as sovereign and dualism is turned toward idealistic monism. But it seems to me that here monism and ideal-ism disavow each other. Idealism because it abolishes the thinking subject in the anonymity of thought, a thought in some measure completed or whose comple-tion is directed to a trans-historical movement. And monism because, instead of integrating two terms, it spirits one away in substituting for the thing a thing turned into thought. In order to come to monism toward which the *aporiae* of du-alism point, reflection must guard itself against the idealism that expresses those *aporiae* rather than settling them. A new examination of thought, of its veracity, and, first of all, of the conditions of its exercise within the thinking subject im-poses itself upon us. We can not be deaf to the protest which the philosophies of subjectivity raise against monistic totalitarianism. Spinoza himself, what is his last word? In the *Ethics*, the singular essence of the mode, which witnesses to the immanence of the infinite in the finite, manifests itself as effort and pow-er. Because he can form true ideas and thereby become aware of himself and of God, man can progress along the difficult road of salvation. Is he not thus capa-ble of selfhood and self-determination. At least certain men are, for health of soul and of body is not given to all. And that singularity itself attests to the indi-viduality of man. And undoubtedly those blessed ones are predetermined by their nature to self-determination; they become what they are, they are fully men. Yet of all men it can at least be said, according to a celebrated axiom, *homo cogitat*, even if their thought is doomed to error. However weak it may be in them, the *vis nativa* of the understanding suffices to assure self-determination for them. In any case, in the philosophies of Cartesian or Sartrean style, it is as thinking in distinguishing itself from its works, from thought which is thought, that thought claims the dignity of a substance or of the for-itself. The *cogito* expresses itself in the first person and that person is a singular essence.

Yet this ontological determination of thought once again imposes dualism, this time at the interior of the thinking subject. It seems that it is impossible to separate man from the world without separating him from himself, without distinguishing in him what is *lumen naturale* and what joins him to things. Man is present to the world but something in him is not of this world — a soul. — It is the soul which thinks and not the body. Theology is not far off. It is true that, to oppose man to the world, one can appeal to another duality in him, which does not bear with it any eschatological promise, the duality of nature and freedom, of being and non-being. The claim of the "I think" is not necessarily triumphant and the separation can appear, if not as the principle of culpability, at least as the expression of finitude. This distance about which we said that it must hollow itself out so that light might be and that things might appear, is nothing, but that nothing is everything: it is subjectivity itself. It is because he is nothingness that man withdraws himself from being, and freedom has, first of all, the look of a curse. That distinction of being and nothingness rediscovers the old duality of the soul and the body. It sanctifies it in reversing it. Being is on the side of the body, nothingness on the side of the soul, and it is from the soul that finitude proceeds because the infinity of freedom proceeds from the undeterminateness of nothingness. And, without a doubt, it is no easier, once they have been separated, to join being and nothingness than to join the soul and body.

This new avatar of dualism has as its object the replacement of the dualism in question. It is apparently easy to think the duality of man and the world. Man does not cease to exclude himself from the world in order to think it, he pretends to be that absolute observer who is no longer situated anywhere as soon as he claims the strict objectivity of knowledge. But how are we to think man, if he is excluded from the world? How are we going to think his being in the world and the body which mediates that being? How far can one divide man? In fact, in every dualist ontology, one asks how the soul is able to rejoin the body, and whether the body is not only the form of the soul. So, in Sartre, at least in *Being and Nothingness*, the body, in as much as it is lived, is a sign rather than a reality. "it is the contingent form which the necessity of our contingency takes."[14] To define man through negativity and deny him every nature is to go in the direction of denying him. Sartre, in an article of his youth, proposed to substitute for the *cogito* a *cogitatum est*. To give the subject its due, to give it its density, it is necessary to think it as one and as integrated into the world. It is necessary to return to a monism but to one which is not idealist. Not naturalist either; and some new difficulties await us: how are we to integrate the individual into the world without losing him there? Are we not going to expose him to a new alienation, in refusing him his characteristic of being the correlate of the world and in conceiving him under the sign of extention rather than under that of thought?

In any case, it is the idea of totality that is now necessary to express the substantial union, not only of the soul and the body, but also of man and the world. It is necessary for thinking, in our own way, the Spinozist substance or, as we will soon say, Nature. We spoke of the One. Yet an old tradition invites us to situate the One beyond the thinkable, and as a principle rather than a reality. And a One emaciated by its transcendence, unless it figures as the All-Powerful. But it is rather on this side of the thinkable, and within the most profound immanence, that we seek really real being. To keep its character of primary reality, we refuse to maintain the famous "ontico-ontological difference." Being is not what happens to a being, which illuminates it or hides it, it is the existent itself which is always already there, with all its density and its force, in its totality. What befalls it when a thought awakens in order to bring it to light is secondary. Secondary also are the differences which that thought will reveal. It is necessary first of all that man, thought and ideas be inscribed in the totality, among things. And, of course, a certain materialism offers its services here, easily accepted as soon as one forgets on what plane reflection must move.

Against this humanism immediately protests: from the point of view of the person, the idea of totality always seems disastrous. Sartre, in the *Critique of*

Dialectical Reason, tells us that totality closes over the individual and emprisons him, robs him of the meaning of his acts, and to this he opposes totalization, which realizes itself in and through the individual. History does not alienate man to the extent that he bears it within himself and does not let himself be caught in the snare of totalities which immobilize him as soon as he abandons himself to them. It is within him that the province of the dialectical movement resides and it is due to him that that movement is never completed. If the system could be closed, either because inertia establishes the reign of the anti-dialectic or because the dialectical movement is committed to an indefinite repetition and time congeals into eternity, that Medusa would petrify man. Yet it is a question of knowing whether the restauration of the individual necessarily splits up totality. That is the thought of Lévinas, who opposes exteriority to totality. The exteriority is of the other whose face — why? — already calls up the Completely-Other and reveals the infinite. To the bad infinity of totality Lévinas opposes the good infinity of the distance revealed to the ethical conscience — to which I would oppose for my part the infinity of the power of Nature revealed to the poetic consciousness.

That distance, even consecrated by respect or generosity, must it be so great that totality is destroyed? Let us observe first of all, with Lévinas, that between the same and the other are interposed those mediations which partially fill up that distance. Culture, which assigns to man a form and a status, is a powerful principle of unification. It personalizes man through contact with the impersonal: languages, customs, norms, sciences, this entire heritage is anonymous. But is it not, then, a totality which man interiorizes as far as he can? If he totalizes, is it not in order to be initiated into a totality? That he assumes, transmits and alters the culture changes nothing. Cultural positivism clarifies and justifies the recurrence of which we spoke, which hypostatizes *Logos* or History. The Great Being which Comte celebrates is truly a totality whose sovereignty all human gestures confirm. On the other hand, if men do not remain fallow, it is because the terrain lends itself to cultivation. There is in them, from the beginning, a community of nature—a certain ensemble of needs and aptitudes— which makes them available for Humanity. That nature pertains to what is general in them, to the impersonal. By this body which places me in the world, I not only resemble others, but I am in some way outside of myself. I do not belong to myself, I belong rather to this environment with which, as far as the furthest horizon, I am in contact. There is, as Merleau-Ponty says, a flesh of things which is one with my flesh, and there is also an anonymity of the perceiving *cogito* which is not the fulness of disinterestedness or of objectivity but the fact of a natal attachment to the earth, of an original lack of distinction between the subject and the object.

To the metaphysical problem of monism, positivism suggests a response that is also a theme to explore. But that response is not clear on two points: the status of man and the relationship of culture to nature which is substituted for the relationship of thought to extension. Can one make man the product of the world which bears him and of the culture that nourishes him? The critical analysis which uncovers in him an a priori, and places him consequently on an equal footing with the world, can it be dismissed by historical research? Certainly, cultural anthropology skillfully reduces the a priori: what is anterior to experience and makes it possible is not at all, in the individual, mental equipment. The individual is educated to use cultural tools and particularly language which places at his disposition an impressive sum of functional possibilities, a logical space into which every deed can inscribe itself. The a priori pertains to the cultural, objectified and sedimented in the course of a history. It is truly anterior to individual experience, as language is anterior to words, because it is anterior to the individual himself, as humanity is anterior to man. But when one passes from the conditions of possibility to the exercise of that possibility, the individual recaptures his rights. He has to be able to receive what is taught him and to put it into practice (similarly in Sartre he must be capable of totalizing history). The tool is nothing without the hand that uses it. This aptitude confers upon the a priori an *existentiel* aspect — the *existentiel* a priori being the particular capability of assuming the transcendental — and guarantees for man his irreducibility. Undoubtedly positivism will object that this *existentiel* a priori which gives direction to the history of the individual is itself a fact of nature, a biological given and as such irreducible to the cultural. But that comes back to saying that the biological is invested with the dignity of the transcendental, or, in other words, that the body of man, in as much as it is lived, is not a body like others. It is a body which culture can animate because it opens itself up to the world and, from the first, finds itself through the senses initiated into a proto-meaning (*un pré-sene*) offered by things. From the first a silent *cogito* affirms itself within the body by which man appears as the correlate of the world.

To put it otherwise: the a priori, in as much as it is considered in its subjective aspect — we intend to come back to its constituting power — is unengenderable, and one does not unduly psychologize it in calling it innate. Where does man begin? With the first glance, the first gesture, the first human word—with the aforementioned which open man upon a world already charged with meaning. With the advent of that man, nothing which evolutionism says is false, and we will soon see that philosophy must side with it, but on the condition of understanding it analogically. For it does not say anything important about the historical origins of man and, in any case, it does not prove that man has an origin. Nevertheless, it is a decisive stage on the road toward monism. If man is separate from nature, it is necessary that that be in virtue of what binds him to the world. Already the a priori confers upon him a nature which binds him to the world. Already the a priori confers upon him a nature which binds him to Nature. And further, it is necessary that he find within that Nature his place of seems to maintain himself is not, first birth. The nothingness in which he of all, the work of a nihilating freedom, it is the expression of his enrootedness in the world, and particularly of his temporal condition. For whatever may be the way he thinks or takes up time, he first undergoes it, and it is in that way as we will see, that he is engaged with Nature.

We are rejecting, then, a monism which does not let man be the correlate of the world. We have however advanced: what presents an obstacle to monism is going to prohibit a dualism also, as much at the interior of the subject as outside of it. For if we are unwilling to explain man as the product of an objectively determined evolution, it is man as a whole who appears to us to separate himself from the world. And we must concede to positivism that it is not the thought which is in him that is a distinct urgency and the source of his separation, on the condition that inversely the body is not simply a thing among things capable, with complete justice, of feeling the sting of the real and of recording empirical diversity. The living and animated body, informed by habits and enlarged by the tools which it makes for itself, acts in connivance with the world, understanding it and being understood, as male and female know each other. And it is also in function of this corporeal a priori that there is wrought in each individual the substantial union of nature and culture which prevents considering culture as separate. But we have not denied thought just to underline its incarnation. It is still necessary to show that with respect to the world it is, neither separate nor separating.

After having considered thought in its being, in its relationship to the thinking subject, it is necessary to consider it in its function, in its pretention to truth. The duality which still proposes itself here is that of thought and the thing thought. It is necessary at least to make that less sharp by showing that the world lends itself to thought. But we will not be able to do better, under pain of disqualifying that thought. Dualism is evidently at its peak when it can recommend itself as a dualism within the subject; foreign to the body, thought is also incommensurate with things. The idea is radically distinct from what is thought, the picture which pictures the thing, as Wittgenstein says, is also distinct from it. But, then, how is it possible to represent the thing? How is the symbolic function possible?

If thought is to be capable of the truth, then things must not be foreign to thought, no more than the body be foreign to the soul. The adequation which defines truth supposes an accord, almost a pact, between thought and things, instead of a parallelism according to which truth can only be understood as validity, an agreement of thought with itself. As soon as one takes seriously the semantic definition of truth (the proposition has a meaningful content whose verification must show that it is real), one must necessarily admit that the real lends itself to thought. Without a doubt what we call the real is already worked over by thought and by the hand. But nevertheless, it is by contact with the real that thought and hand inform themselves: the thoughts which man implants in the world, the world on its own has suggested. This mingling of thought and things can only operate on the basis of a previous affinity. That does not mean that thought and things exist first in a pure state, but that what affirms itself as thought manifests itself first in things. The isomorphism of the picture and the thing implies that the logic which presides in the organization of the picture finds a source in the logic of the world. It is necessary, to follow Wittgenstein, that things have properties or that they establish relations between themselves. It is necessary, to speak the language of epistemology, that invariants or constants reveal themselves. In short, so that subsumption is possible, it is necessary that substance be manifested by some permanence; so that the determining judgment may be possible, it is necessary that it encounter some determinable. And reflecting judgment can with good reason be astonished and rejoice over that: Nature manifests some satisfaction with respect to our power of knowing. That benevolence authorizes adequation: the real can be adequately thought because it is thinkable. And that imposes upon dualism its limit. Perhaps we are now returning to Spinoza: in taking account of the truthfulness of the idea, does it suffice to say that thought and extension express each other in a reciprocal manner, without any need to refer them to a *tertium quid* which integrates them?

But first, how are we to understand that the thing lends itself to thought? It seems to us that the theory of the a priori was of help here. If one considers now the a priori in its constitutive function, it is that which, in the object, makes experience possible. But must not thought introduce it there by some kind of legislative activity on the part of a demiurge? Certainly, it is not a matter of contesting the activity of thought and the power that it has of forming and stringing together ideas. But does it form thereby the intelligible appearance of the world? Is the given only an unintelligible manifold? What thought elaborates, to the extent that science is developed, is rather a secondary meaning, but one which founds itself on a primary meaning directly offered by the object. For example, it conceives structures, but those which organize already signifying terms and which call for structuration: heaven and earth, water and fire, beauty and the beast, pleasure and pain. If experience is possible, it is because meaning inhabits things, and that man is immediately in accord with it. It is because the a priori is for things a way of revealing themselves to man and for man a way of opening himself up to things. Nothing is anterior to experience, but experience puts into play a fundamental accord between man and the world. The a priori is that principle of unity which binds thought to the thing and grounds its truthfulness. And what seems to consecrate man as separate is also what joins him to the world.

It is in following the same route that one can bring together formal truth and material truth, something that logical positivism has so carefully discerned. The a priori is often placed on the side of the formal, and reduced to the analytical by logicism. But is the formal truly a priori? If it is independent of experience, that is due to the fact that it has been extracted from it by the procedures of formalization that begin with language, where thought manifests in effect its own power. It does not assume the constituting function of the a priori ··· at least it does not possess from its origin the privilege of saying, in addition, something about the real. Inversely can not what is material be a priori? It is such, if it expresses what constitutes the object and if it expresses what thought knows or rather recognizes from the very beginning in the object. That is precisely what Husserl teaches us. Let us follow up, very freely, for a moment, the road which he takes to join what is material and what is formal in extending formal logic by means of a transcendental logic. He undertakes an eidetic experience: we live ordinarily in a kind of compromise, in an intermediary world mid-way between the cave and the sun. The perceived is already covered over with a covering of ideas, ideas are still held captive in the image. Let us unravel the threads which the ordinary practice of life entangles. On one hand there is the effort of logico-mathematical thought to empty thought of all empirical content and to seek pure evidence which owes nothing to sensible intuition. We see here the field of the apophantic take shape and become increasingly wider. On the other hand, we can explore the other pole of evidence: the immediate evidence of the bare soil of experience. This is not very easy and perhaps would mean calling upon natural art, nonrepresentative painting, or a certain surrealism. But why this investigation? Why go back to lived-experience — not daily lived-experience, which is a mixed affair, but to the authentically original, subterranean lived-experience. To show that we must live in the region between the two: the

Friends of the forms are also the Sons of the Earth, and it is on that condition that formal thought has a meaning and that logic is a logic of truth. For every truth is enrooted in the nuptial pact which binds man to the world, when things disclose themselves and allow themselves to be named. The primary truth of sensible experience, even if it is first error in comparison with a thought better formed or more competent, is the model of every truth. And that is why formal truth, if it is truth, is still a material truth. Otherwise, the concept, in as much as it is empty by dint of its purity, is still not true. Thus Husserl rediscovered the phenomenal field where the accord of man and the world is at work.

What phenomenological archeology reveals, as well as the pre-history of consciousness, are the first appearances of the world. Not at all because the forms of the world are the forms of consciousness, as in the Hegelian dialectic, but because consciousness and world are completely intertwined with each other. Here the imaginary rules. But the imaginary is not the illusory, it is in it that truth becomes rooted. For it is not, at first, the act of a man separated from the world, who denies the real in order to affirm himself. The imagination is rather the power to welcome, less for the sake of the possible, than for the sake of the real. Kant, Heidegger has clearly shown, made of the imagination the source of all knowledge; it is that by which man is *lumen naturale*, it adds the dimension of an horizon to what is perceived. But for this something must be given, for man there is the gift of a presence. It is the existent that responds, a gift for man who conjures it up. And the existent is revealed first of all by those images which lay man under a spell and never cease to call for and inspire art. Consequently this savage being, of which Merleau-Ponty speaks, is the place where meaning is born, a meaning which constitutes at once the object and the subject and which is exchanged between one and the other. Since things have the qualities of man and man has the qualities of things, one hardly knows whether purity belongs to snow or to the maiden, whether a pure soul is necessary to imagine purity or whether purity is necessary to form a pure soul. Is it the world which speaks to the man who names things? This primeval state of the world poetic consciousness loves to relive in abandoning itself to the emergence of the image and for an instant it sees a *cosmos* where the real and the unreal are still confounded. Bachelard nourished himself on these joys. He took less delight in myths which are already a rationalization, because he preferred to be joined to his own childhood than to the childhood of humanity. But the mythic consciousness is also attentive to beginnings. The narrative is always a genesis, it recounts the birth of the world and of the first-born. However, when *logos* takes the place of *mythos*, as Clemence Ramnoux observes, "the Greeks will form the concept of an unborn, always existing being. "[15] And this they will soon call being; then the idea of genesis will be discredited. And in reality reflection upon the beginning certainly appears to stumble over the unengenderable: not only the uncreated being which a new theology will call creator, but man himself. Both man and language always seem to be contemporary with and implicated in savage being. Bachelard is "a dreamer of words"; it is in words that he traps things, and the myth which celebrates the origin is already discourse. Nothing is more surprising, then, than that fundamental ontology originates from a phenomenology of subjectivity under the auspices of transcendental logic. Starting with man, it just does not know how to abandon him on the way.

　　We still have not escaped the dualism of man and the world. To think totality, it is still necessary to conceive a genesis of man. Is that possible? "Greek man," Clemence Ramnoux says, "lives with the awareness of a past which is literally lost, in the Void and in the Night. "[16] Modern man is no more advanced. Does not that Night impose silence upon philosophy? Certainly, the idea of totality is in the end unthinkable; we have said it often enough. It makes the reduction of man to the level of part or element necessary. But one cannot forget that it is always for consciousness that there is a world, even if this consciousness is one with the body, and even if it is for the world only a sonorous echo. Since its very own movement is to be present to things rather than to coil itself up within nothingness, consciousness is indeclinable and totality, as Sartre says, is always detotalized. But can one bring forth the consciousness of totality itself? If so, it would be necessary to attribute to that totality a dynamism and a becoming. The difficulty is that it is, at first, only conceived *sub specie aeterni*, everything is given, everything is true, the system closes in upon itself, there is no break in it, no chaos which commits it to change or to becoming. At the heart of substance, at the moment the individual identifies himself with God, essence is eternal. The vicissitudes of existence are then only an illusion, a deformed image of eternity. But can eternity truly be thought? The desire for eternity is awakened by the passions, the feeling of eternity is nourished by the fullness of certain privileged moments. But the concept of eternity? It seems to be assured by the necessity and the atemporality of the truth. But, if it is true that a logical articulation has nothing in common with a temporal sequence, it is nonetheless within time that it is discovered and formulated. Ideal objects are the most fragile and the most ephemeral. They are only the time of a thought, the thought which invents them or reactivates them. Their inventory is not made without reference to a situation for culture only fixes and transmits their inert signs. Undoubtedly according to their essence, they are true at all times but not outside of time. And it is within time that they have a claim upon this omni-temporality, according to the expression of Husserl. Similarly in Nietzsche the eternal return is the metaphorical consecration of what has absolute worth. Nothing escapes time, not even meaning or value, which are not temporal as are things or psychological events, but which need time to be conceived and to prove themselves. Does not this reign of time impose the renunciation of totality?

Now, nothing escapes time... but time itself. This time, as Kant says, "neither flows away nor changes, and perdures."[17] This time is not within time and has neither beginning nor end. If the word "eternal" has a meaning, it is to time that it must be applied. Would not time, then, be the totality which we seek? Strange totality, which nothing can account for and which can only recommend itself on the basis of its indefinite character. But in truth, time is not a being, it is only a manner of being, a form. Form of what? To define it as form of sensibility, one must bend it toward the side of the subject, as, according to the reading of Kant which Heidegger proposes, one makes of it "the ground of the ground," the condition of every "there is." Flowing is then understood as self-affection and the self which surges up in that way is the image of the transcendence which constitutes the subject. Time is the origin of subjectivity. But does not one thus again confer upon it a being or a power? If it is nothing, it can produce nothing, not even the possibility of the overture which characterizes an ecstatic existence. One can only deduce the possible from the real, if the possible is understood at least ontologically and not logically. And if one does not wish to posit, from the first, spirit as naturizing universal, in the manner of the idealist interpreters of Kant, it is necessary to posit the real. Time is the form of the given, the given form of every given. We are then led back to a temporal being.

It is only with respect to that being that there can be totality. But because that being is temporal, one understands that it could not be governed by a system which would congeal it. Logical thought places time within parentheses because it also places things within parentheses. It constructs tools that take hold of certain formal aspects of reality, but that reality is not logical throughout. Diachrony always comes to disturb synchronic structures, progress is never simply the development of order. To think the real in its history, one has to invoke the probable against the unforeseeable. And even order can not be controlled by thought; space is as indefinite as time. Totality is not, then, better understood than God, nor was it for Descartes. But it is always attested to by the way the real exceeds the thinkable, it is always at the horizon of the gaze or of the system, it is that very horizon. And why do we say totality rather than reality? Because thought is not possible if it is not unifying and if it does not conceive the world as universe? Yes, but also because time and space, if they overflow every limit, call for totalization and invite one to think spacio-temporal being *sub specie totalitatis*.

On the other hand, because temporality keeps totality from ever being wholly understood, one gets the idea that it could integrate man into the system without reducing him or alienating him. It is here that the kinship between space and time, disclosed by the Heideggerian interpretation of Kant, finds its use. If time is that opening which leaves being "wide open," the subject is, in being, the being for whom that overture becomes a point of view, the space where a light can direct itself toward a gaze. The temporality of being calls for the kind of being which, without ceasing to flow, draws itself together within a present where things appear as present. It prefigures and calls to consciousness what in the world is not of the world. The idea of genesis — a genesis of man — proposes itself here, as twice suggested by the temporality of being. Time is the possibility of emergences and, in the temporal being which alone has the power of engendering, the presentiment of subjectivity.

But did we not say that the subject was unengenderable? Exactly, and it is engendered as unengenderable. It is unengenderable in as much as it carries within itself the pre-comprehension of being, because what is given in experience can not produce a being capable of the a priori and presupposed by experience. Every thought of the world implies a thinking subject, and one cannot rigorously speak of a world before man since it is man who speaks of that world. In that sense, every man comes into the world as the equal of the world, and every birth is an absolute event, the advent of an absolute. But perhaps, to find a totality capable of engendering man, it is necessary to go beyond the idea of the world, namely beyond the being correlative to consciousness. Then with respect to this, consciousness can always appear as the bestower of meaning. The idea of the a priori as constitutive of the object and proposed by it opens a way for us. It at least allows the renunciation on the part of consciousness of the activity of a demiurge. But it is still necessary to conceive of a being which has no meaning as long as consciousness is not there to recognize it, *THE SHADOW* before the Light, a totality which would still not be a world if the world is always for consciousness. That totality we have proposed to call Nature. It is the Substance, but, however, without attributes, and thus unthinkable, and one can only know it beforehand — or imagine it as do myths and poems — following the appearances of the world. It alone can integrate man, because it carries him within itself in order to engender him, and in doing justice to him, in bestowing upon him the dignity of the transcendental, because it looks to him in order to be known. *Fiat lux*, that is the word which Nature pronounces in producing man to whom it reveals itself. It is not light, in as much as it does not kindle in itself the sun of a gaze. It is the total and complete existent, but rich with those powers which will be able to realize themselves in the course of time, opaque, but not forever impenetrable, if only the consciousness to whom it offers itself to be realized comes to maturity within it.

About time before consciousness, science can say nothing, since it is the work of consciousness. For measuring time, science substitutes a measured time, and it only understand genesis through its product. It presupposes consciousness when it describes its gestation. For science, the end is at the beginning and it can only state the obscure force of the possible which plays in beginnings. What it says is true, but by virtue of a truth which is for consciousness and up to its standard. How nature comes to the truth, how it gives rise to a truthful thought and lends itself to its activity, science cannot say. Evolutionism here only provides an indication, which must inspire a more radical thought, a thought before thought. That thought must substitute for the determining judgment a reflective judgment, where "a hypothetical use" is made of reason because the concept is not given. And how could the concept of totality be given? That concept is an Idea of reason, which must surpass experience in order to ground the possibility of experience. It surpasses experience not only by requiring "absolute totality in the use of the concepts of the understanding,"[18] but also in supposing that the given lends itself to that use in positing as undetermined limit the unity of Natures. But perhaps that unity is only assumed by reason because it has been proposed to it by the world. And perhaps it is necessary to look for the origin of the Idea somewhere else than in a separate and sovereign reason, especially if totality is less a given totality than a giving totality, capable of conceiving the consciousness which will be its correlate. Transcendental reflection takes here a Husserlian turn, it becomes archeology. But in going back to the ground, to the inextricable intermingling of object and subject which is produced in perception, it catches a glimpse of the ground, the original power by which man is given to himself. It discovers and justifies the feeling for Nature which man continues to experience, even when he forces himself to break the umbilical cord. Art today is still committed to the expression of this feeling.

That feeling is already expressed in Spinoza in an almost mystical way, in the *Short Treatise*: to know oneself as eternal, is to know oneself united to naturizing Nature. The experience of truth signifies for the sage his salvation since he is identified with the truth which he discovers, according to a mode of knowledge which "united him to the object," such that "the soul in so far as it knows is a part of the divine understanding."[19] Many of us, undoubtedly, have today laicized the divine understanding. But already in Spinoza it does not designate a distinct faculty of a Specific God. To the extent that it does not distinguish itself from the ideas it forms, it is the logical necessity which presides in the deployment of what is true. And since what is true is truly true and not only valid, if it speaks the real, that necessity bespeaks something of Nature, its formal being by which it lends itself to formal thought. To follow this route, one can invoke other experiences where, in the actions or work of man, something of Nature is spoken. Consequently in the act directed toward a value, above all in the work of art. For art is the means man possesses to let himself be a being. I would say, the means he possesses to let Nature express itself. And more than ever, when finding again the inspiration of his beginnings, he gives up imitating Nature, gives up comparing himself by dint of consciousness with a created Nature which already carries the mark of consciousness, in order to restore the elementary, the dark powers of the ground. If what is unrepresentative sometimes seems unformed, that is because, in reality, it loses itself in the night. Certainly, a very keen consciousness is necessary for an artist to commit himself to an unconsciousness which, far from being only the expression of a particular moment, makes him the echo of what is prior to consciousness. He is pledged to place in his work a necessity in the image of the powers of becoming; he is no longer exposed to the temptation of facileness or imposture. But, in authentic works, he shows us how to recognize the stridencies which are the voice of a Nature still very close to chaos.

Do I dare say that I have tried to follow Spinoza in my own way, in substituting for consciousness in the third degree, the esthetic experience, and, for the consciousness of being united with God in the clarity of logical thought, the consciousness, as Hölderlin says, of dwelling poetically within the world? For Nature, seat of all possibilities, is also the home of man. The Sons of the Earth are at home in the world, they have no other homeland. Prodigal Sons, they will themselves to be separate from the world, and that is their glory, but they do not cease to return to the Earth to draw from there new strength. They experience the presence of totality and belong to it without despoiling it and without losing anything of their prerogatives as thinking beings. Perhaps that is the same experience that ethical doctrines in the Stoic manner propose, when they tell the sage to integrate himself into the *cosmos*. In a parallel way, love (aside from the fact that it makes us suffer, even in delights or torments, the strange reality of another) invites us to see the other adorned with a worldly halo, and to sense within the elan which carries us toward him the primordial force of Nature, of an immanent infinity which is situated less in otherness than in the passion which joins one being to another.

Undoubtedly reflection here seems to give up its throne. What good are philosophers as long as there are artists and lovers? But philosophy can at least gather together and increase, even in rational language, those privileged experiences which however only mobilize the voices of silence or the voices of poetic language. Lacking the ability to do more than evoke Nature, it can describe the feeling for it, and it can bring there the same care that Merleau-Ponty brought to the descriptions of perception. But it can do more: for want of taking hold of the original totality, accepting the duality of object and subject which clear thought imposes, it can disclose everything which helps to make that duality less sharp. It can seek the signs of an accord between man and the world, which itself suggests seeking, for man and for the world, a common origin in Nature. It is possible that the a priori proposes these signs to the extent that it constitutes at the same time the subject and the object. That is why I am attempting at present to examine the modes of the a priori. For that work in the offing, the articles presented here are indispensable sign-posts.

REFERENCES

1. There is, however, a considerable debt which is not recognized in this volume: that which I have contracted with respect to Alain, whose student I was and whose reader I always am. The vogue which Alain has among amateurs must not lead professionals to forget his admirable analyses. Alain did not want philosophy to be reduced to technique, or to be employed in discovering a technology: only the technocrats of philosophy can be irritated about that.

2. *La religion dans les limites de la simple raison*, p. 39 (Immanuel Kant. *Religion Within the Limits of Reason Alone*. trans. Theodore M. Greene and Hoyt H. Hudson. New York: Harper and Row, 1960, p. 17).

3. Ibid. , p. 52 (Ibid. , p. 28)

4. *Le Visible et l'Invisible*, p. 105 (Maurice Merleau-Ponty. *The Visible and the Invisible*. trans. Alphonso Lingis. Evanston: Northwestern University Press, 1968, p. 75. translated as quoted by author).

5. Ibid. , p. 136 (Fr. , p. 137, trans. , p. 101).

6. Ibid. , p. 139 (trans. , p. 103).

7. It is public knowledge that such is the title of a book by Jean Delhomme.

8. For example, in Wittgenstein: "The feeling of an unbridgeable gulf between consciousness and brain-process: how does it come about that this does not come into the consideration of our ordinary life?" (*Investigations*, 412) (Ludwig Wittgenstein. *Philosophical Investigations*. trans. G. E. M. Ascombe. New York: Routledge and Kegan Paul, 1963).

9. *Ethique*, II. , prop. VII (*The Chief Works of Benedicte de Spinoza*. trans. R. H. M. Elwes, Vol. II. New York: Dover Publications, 1955).

10. To hypostatize "a transcendent Meaning and a primordial Logos," is the act of a "recurrence" which science denounces, and which R. Ruyer employed to discern the place of illusion and the place of truth. (*L'Animal, l'Homme, la Fonction symbolique*, p. 263).

11. *Tractatus*, 5. 641. (Ludwig Wittgenstein. *Tractatus Logico-Philosophicus*. Trans. D. F. Pears and B. F. McGuinness. New York: Routledge and Kegan Paul, 1963).

12. Ibid. , 5. 64.

13. Ibid. , 1. 13.

14. p. 371.

15. *Mythologie ou la Famille Olympienne*, p. 26.

16. Ibid. , p. 22.

17. *Critique de la raison pure*, tran. Themesaygues et Pacaud, p. 207. (A182, B224—225; Immanuel Kant. *Critique of Pure Reason*. trans. Norman Kemp Smith. New York: St. Martin's Press, 1965; p. 213. translated as quoted)

18. Kant, *op, cit.* , p. 312 (A326, B383; Ibid. , p. 318. Translated as quoted).

后　记

　　本书是在我的博士论文的基础上修改而成的，部分内容进行了改写，因此亦作为由我主持的教育部人文社会科学青年项目"杜夫海纳美学思维方式研究"的中期成果出版。

　　时光匆匆，还是在 2000 年夏，我拜入克冰先生门下，从先生习学文艺学。先生对现象学的几位大家很是青睐，在课上他带领我们一起精读了海德格尔和杜夫海纳的代表性美学著作。正是从这时开始，我对杜夫海纳的美学思想产生了浓厚兴趣。那时，我们读的是韩树站先生翻译的 1996 年版的《审美经验现象学》，这一中文版本根据法国大学出版社（Presse Universitaire de France）1991 年版译出，先生让我们将之与爱德华·S. 凯西翻译的 1973 年版的英译本对照阅读。相比于海德格尔抽象、玄奥的艺术之思，杜夫海纳对于审美经验的描述与反思，在当时更能引起我的兴趣，因而，后来我选择了以杜夫海纳的艺术真实论作为硕士学位论文的选题，这大概就是我走上现象学美学研究道路的开始吧。

　　硕士毕业后我赴秦皇岛任教，但心中对杜夫海纳美学思想念念不忘，一直惦念能再作更深入的研究。2006 年夏，蒙恩师朱志荣先生不弃，我考入苏州大学从志荣师学习。志荣师特别重视美学研究的方法，所以，他对现象学美学的关注往往着眼于宏观而根本的问题，他要求我从方法论的角度去看待杜夫海纳的美学思想，这一思路对我影响至深。在研读杜夫海纳和现象学美学各家著作时，他们普遍关注主客体关系这一现象引发了我的思考。作为东方文化背景中的研究者，我很自然地联系到了古老中国"天人合一"的主客思想。杜夫海纳的主客体统一思维着力于美学，与东方思维颇有"殊途同思"之妙。也正是基于这样的思考，我有了研究杜夫海纳美学主客体思想的初步构思，并以此为题撰写了我的博士论文，亦即本书之雏形。

　　博士毕业以后，我在高校讲授文艺学相关课程，也可算作是一名专业的美学研究者了。能将工作和兴趣结合，也是很让人欣慰的事情。在工作的几年里，我从杜夫海纳美学思想与中国古典美学的主客思想的比较、西方文艺理论思维方式对中国当代文论建设的影响、杜夫海纳语言观与其主客体统一思想的关系等几个角度展开更多的深入思考。几年下来，虽辗转于教学、科研，又忙于家务，但对杜夫海纳现象学美学的思考研究却不以为疲累烦难。而今蓦然惊觉我博士毕业已近五年，接触现象学与现象学美学已近十五年。十五年对于历史长河来说不过是白驹一隙，而对于我来说，生命中最美好的岁月始终致力于探知这样一门学问。然而，我还是愿意继续这一份执着，因为我的记忆、体验在这十五年来一直与这样一种美学密切相关，它已经不知不觉融入了我的生活。我常常会因为读到某一段现象学或现象学美学的文字而发出由衷地赞叹，也常常被诸位现象学家追求严格科学的精神而打动，有时却也因其枯燥艰涩而哀叹……慢慢地就到了现在，成为我最平常的生活状态。

本书得以出版，我要特别感谢的是渤海大学的夏中华教授。没有他的鼓励与大力支持，本书的问世不会这么顺利。他对后辈的奖掖、对学术的坚持和为人的宽厚，都令我感动不已，并将永久铭记于心。

这本小书既是我此前研究的一个总结，也可看作是未来研究的一个起点。书中论述还有很多不足，衷心欢迎方家指正。

另：国内对杜夫海纳著作的引入译介尚不周全，笔者愿与有志于杜夫海纳美学研究的朋友们分享杜夫海纳的著作，希望大家能够节省时间把更多的精力用于文本本身的研究。我的邮箱是 dhf8514377@ sohu. com，欢迎与我联系。

董惠芳

2015 年 4 月 20 日